高等学校应用型本科创新人才培养计划系列教材

高等学校云计算与大数据专业课改系列教材

云计算与大数据概论

青岛英谷教育科技股份有限公司　编著

西安电子科技大学出版社

内 容 简 介

高等学校云计算与大数据技术专业
系列教材编委会

❖❖❖ 前　　言 ❖❖❖

随着互联网、物联网、云计算等技术的快速发展，以及智能终端、网络社会、数字地球的普及和建设，全球数据量出现爆炸式增长，据 IDC 预计，到 2020 年全球数据量将增加 50 倍。毋庸置疑，云计算和大数据时代已经到来。

云计算和大数据的发展是相辅相成的。一方面，云计算为大数据提供存储和运算平台，并运用人工智能技术从海量的、多样化的数据中发现知识、规律和趋势，为决策提供信息参考；另一方面，大数据利用云计算的强大计算能力，可以提高数据分析的效率，从而更迅速地从海量数据中挖掘出有价值的信息，其不断增加的业务需求也拓展了云计算的应用领域。然而，云计算和大数据的发展也进一步增加了信息的开放程度，隐私数据及敏感信息的泄露事件亦随之时有发生。面对云计算与大数据产业的新特点和新挑战，如何保障数据安全也逐渐成为业界内外十分关注的重点课题。

目前，云计算已成为 IT 建设不可缺少的基础技术。国际领先的信息技术企业(如 Google、Amazon、微软、IBM 等)都构建了自己的云平台生态系统。中国的云计算市场经过技术和商业模式的积累，也已进入稳定发展阶段，云计算产业链、行业生态环境基本稳定，其中，阿里巴巴、百度、腾讯借助自身互联网业务的优势，逐步奠定了国内云计算市场的霸权地位；用友、金蝶等企业的软件云服务也逐渐成型；在国家政策的引导下，政府和企事业单位的公共云服务布局也在加快建设当中。

伴随着云计算技术的成熟，大数据也得到了日益广泛的应用。国际上，IBM、微软、Google、甲骨文、Amazon 等主要大数据服务提供商的大数据业务均呈稳步增长态势；在国内，阿里巴巴、腾讯、百度等企业的大数据业务也已经全面展开，为政府决策、日常出行、就餐购物、休闲娱乐等提供了诸多便利。

作为引领实体经济转型升级的重要突破口，云计算和大数据产业的发展已受到国家决策层的高度关注，国务院先后出台多个文件，支持和规范相关行业发展。2014 年 3 月，"大数据"首先进入《政府工作报告》；2015 年 1 月，国务院印发了《关于促进云计算创新发展培育信息产业新业态的意见》，以促进云计算创新发展，积极培育信息产业新业态；2015 年 6 月，国务院常务会议决定将在重点领域引入大数据监管系统；2015 年 7 月，国务院办公厅印发《关于运用大数据加强对市场主体服务和监管的若干意见》，进一步拓展大数据的应用领域；截至 2017 年 3 月，大数据已第四次进入《政府工作报告》，云计算和大数据产业的发展已然被提升到国家战略的高度，是具有广阔发展前景和旺盛人才需求的朝阳产业。

本书是面向高等院校云计算和大数据专业方向的标准化教材，兼顾完善的理论性和较强的实用性。前三章主要介绍了云计算技术，包括云计算的概念、云计算的核心技术、当前主流的云计算平台等内容；第 4 章至第 8 章主要介绍了大数据技术，包括大数据的概念、大数据的关键技术、当前的主流大数据服务和开源开发平台等内容；最后一章重点介绍了云计算与大数据当前面临的主要安全问题及解决方案。希望读者能够通过对本书的学习，了解云计算和大数据的发展概况，掌握云计算技术及其体系架构，了解 Hadoop 等主流云计算平台，掌握大数据开发技术以及 MapReduce、Pig 和 HBase 等大数据分析工具的使用，并对云计算与大数据安全的标准和规范有一个基本的了解。

本书由青岛英谷教育科技股份有限公司编写，参与本书编写的人员有张伟洋、张杰、王万琦、马秀娟、侯方超、孟洁等。本书在编写期间得到了各合作院校的专家及一线教师的大力支持和协作，在此要特别感谢给予我们开发团队大力支持和帮助的领导及同事，感谢合作院校的师生给予我们的支持和鼓励，更要感谢开发团队每一位成员所付出的艰辛劳动。

书中难免有错误或不当之处，读者在阅读过程中如有发现，可以通过邮箱 (yinggu@121ugrow.com)与我们联系，以期进一步完善。

编　者
2017 年 6 月

❖❖❖ 目　　录 ❖❖❖

第1章　云计算与大数据概述

本章目标

- 掌握云计算的基本原理
- 掌握云计算的特点与优势
- 掌握大数据的特点
- 了解全球和国内云计算和大数据的发展状况
- 掌握云计算的分类
- 了解主流云服务供应商提供的云服务
- 掌握云计算和大数据的关系

目前，云计算和大数据时代已经到来，云计算已经普及并成为 IT 行业的主流技术。云计算的实质是由越来越大的计算量以及越来越多、越来越动态、越来越实时的数据需求催生出来的一种基础架构和商业模式。云计算时代，个人用户可以将文档、照片、视频、游戏存档记录上传至"云"中永久保存，企业客户根据自身需求，也可以搭建自己的"私有云"，或者托管、租用"公有云"上的 IT 资源与服务。

"大数据"在物理学、生物学、环境生态学等领域以及军事、金融、通信等行业的存在已有时日，近年来，互联网和信息行业的发展令其越发引起人们的关注。最早提出"大数据"时代已经到来的是全球知名咨询公司麦肯锡，麦肯锡称："数据，已经渗透到当今每一个行业和业务职能领域，成为重要的生产因素。人们对于海量数据的挖掘和运用，预示着新一波生产率增长和消费者盈余浪潮的到来。"

本章旨在让读者更好地认识和了解云计算和大数据的基本知识，包括云计算和大数据的概念及发展状况、云计算的分类、主流云计算和大数据服务供应商以及云计算与大数据的联系等。

1.1　云计算和大数据的概念

云计算是什么？它是一种开创性的新计算机技术，还是一种新的信息化应用模式？什么是大数据？它有什么特点？对企业的发展又有什么影响？本节将回答这些问题，介绍云计算和大数据的概念、特点与优势。

1.1.1　云计算概述

本节主要从两个方面来介绍云计算：一是云计算思想如何产生，二是什么是云计算。

1. 云计算思想的产生

传统模式下，企业建立和开发一套系统，或者个人使用计算机软件，都需要花费较高的成本。对企业来说，企业如果需要建立一套软件系统，不仅需要购买硬件等基础设施，还需要购买软件的许可证，并需要专门的人员维护，随着企业规模的扩大，更是需要升级各种软、硬件设施以满足需要，但计算机的硬件和软件本身并非企业真正需要的，它们仅仅是完成工作、获取盈利、提高效率的工具而已；对个人来说，使用电脑需要安装许多软件，而有些软件是收费的，对不经常使用该软件的用户来说，购买软件非常不划算。

那么，服务提供商可不可以提供某种服务，将软件以租赁的方式提供给用户？这样，用户只需要在使用时交纳少量租金，即可租用这些软件服务，从而节省许多购买软、硬件的资金。

这种服务模式其实在日常生活中已经存在：我们每天都用电，但不是每家自备发电机，电是由电厂集中提供的；我们每天都用自来水，但不是每家都有井，水是由自来水厂集中提供的。这种模式极大地节约了资源，方便了我们的生活。将这种服务模式在计算机应用中推广的想法最终导致了云计算的产生。

云计算模式即为电厂集中供电模式在计算机行业的应用；在云计算模式下，用户的计算机可以变得十分简单，不大的内存就可以满足需求，甚至可能不需要硬盘和各种应用软件，因为用户的计算机只需要通过浏览器给"云"发送请求和接收数据，就可以很方便地使用云服务提供商提供的服务，比如计算资源、存储空间和各种应用软件等，这就像连接显示器和主机的电线无限长，从而可以把显示器放在使用者的面前，而把主机放在很远乃至计算机使用者本人也不知道的地方。云计算把连接显示器和主机的电线变成了网络，把主机变成了云服务提供商的服务器集群。

在云计算环境下，用户的使用观念也会发生彻底的转变：从"购买产品"转向"购买服务"，因为他们直接面对的将不再是复杂的硬件和软件，而是最终的服务。用户不需要拥有看得见、摸得着的硬件设施，也不需要为机房支付设备供电、空调制冷、专人维护等费用，更不需要等待漫长的供货周期或冗长的项目实施时间，只需要把钱汇给云计算服务提供商，就能马上得到需要的服务。

云计算的最终目标：将计算、服务和应用作为一种公共设施提供给公众，使人们能够像使用水、电、煤气和电话那样使用计算机资源。

2．云计算的概念

云计算(Cloud Computing)是由分布式计算(Distributed Computing)、并行处理(Parallel Computing)和网格计算(Grid Computing)发展而来的，是一种新兴的商业计算模式。云计算与网络密不可分，云计算的原始含义即是通过互联网提供计算能力。云计算一词的起源与 Amazon 和 Google 两家公司有十分密切的关系，它们最早使用了"Cloud Computing"的表述方式。随着技术的发展，对云计算的认识也在不断地发展变化，目前云计算仍没有形成普遍一致的定义。

狭义的云计算指的是厂商通过分布式计算和虚拟化技术搭建数据中心或超级计算机，以免费或按需租用的方式向技术开发者或者企业客户提供数据存储、分析以及科学计算等服务，比如 Amazon 数据仓库出租服务、阿里服务器出租服务等。

广义的云计算指厂商通过建立网络服务器集群，向各种不同类型的客户提供在线软件使用、硬件租借、数据存储、计算分析等不同类型的服务。广义的云计算包括了更多的厂商和服务类型，例如国内用友、金蝶等管理软件厂商推出的在线财务软件，Google 发布的 Google 应用程序套装等。

通俗的理解是，云计算的"云"就是存在于互联网上的服务器集群上的资源，它包括硬件资源(服务器、存储器、CPU 等)和软件资源(如应用软件、集成开发环境等)，本地计算机只要通过互联网发送一个需求信息，远端就会有成千上万的计算机提供所需资源，并将结果返回到本地计算机，本地计算机几乎不需要做什么，所有的处理都可以由云计算提供商所提供的计算机群完成。

1.1.2　云计算的特点和优势

云计算是信息行业的一项技术变革，下面简单介绍云计算的特点和优势。

1．云计算的特点

云计算将计算分布在大量的分布式计算机上，而非本地计算机或远程服务器中。打个比方,这种新型计算方式相当于使企业从古老的单台发电机模式转向了电厂集中供电的模式,意味着计算和存储能力也可以作为一种服务形式提供给用户,而用户则可以通过购买获取云端提供的产品和服务。

目前,被大众普遍接受的云计算特点如下:

(1) 超大规模。

组成"云"的集群一般由较多台机器构成。例如,Google 云系统已拥有一百多万台服务器,Amazon、IBM、微软、Yahoo 等的"云"均拥有几十万台服务器,企业私有云也一般拥有数百上千台服务器,这些机器可以一起提供庞大的计算能力。

(2) 虚拟化。

云计算支持用户在任意位置使用各种终端获取应用服务,所请求的资源来自"云",而不是固定的有形实体。应用在"云"中某处运行,但用户无需了解,也不用关心应用运行的具体位置,只需要一台笔记本或者一个手机就可以通过网络获取所需的一切服务,甚至包括超级计算这样的任务。

(3) 高可靠性。

"云"使用了数据多副本容错、计算节点同构可互换等措施来保障服务的高可靠性,使用云计算比使用本地计算机可靠。

(4) 通用性。

云计算不专属于特定的应用,在"云"的支持下可以构造出千变万化的应用,同一个"云"可以同时支持不同的应用运行。

(5) 高可扩展性。

云计算的规模可以动态伸缩,满足应用和用户规模增长的需要。

(6) 按需服务。

云计算有一个庞大的资源池,用户按需购买,可以像使用自来水、电、煤气一样计费。

(7) 极其廉价。

"云"的特殊容错措施使其可以用极其廉价的节点来构成;"云"的自动化集中式管理使大量企业无需负担日益高昂的数据中心管理成本;"云"的通用性使资源的利用率较之传统系统大幅提升。用户可以充分享受"云"的低成本优势,经常只要花费几百美元、几天时间就能完成以前需要数万美元、数月时间才能完成的任务。

2. 云计算的优势

云计算是一种新型的商业和服务模式,它的主要优势在于由技术特征和规模效应所带来的较高性价比,简单来说就是:通过廉价的普通机器即可建立集群,并能向使用者提供高性价比的计算和存储等服务。

全球企业的 IT 开销大致分为三部分:系统建设、能耗和管理成本。根据 IDC(Internet Data Center,互联网数据中心,为企业、政府提供服务器托管、租用以及相关增值等服务的公司)在 2007 年做过的一个调查和预测,从 1996 年到 2010 年,全球企业 IT 开销中的硬件开销是基本持平的,但能耗和管理的成本上升非常迅速,以至于到 2010 年,管理成本占了 IT 开销的大部分,而能耗成本则越来越接近硬件开销,如图 1-1 所示。

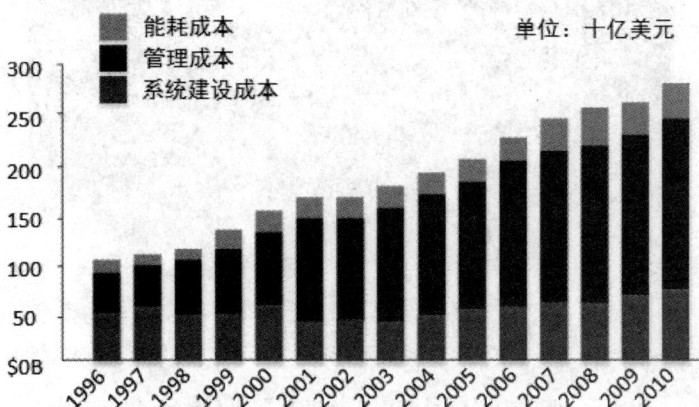

图 1-1　全球企业 IT 开销发展趋势

使用云计算的话，在系统建设和管理成本方面与传统数据中心会有很大区别，如表 1-1 所示：一个拥有 5 万个服务器的特大型数据中心与拥有 1000 个服务器的中型数据中心相比，特大型数据中心的网络和存储成本只相当于中型数据中心的 1/5 到 1/7，而每个管理员能够管理的服务器数量则扩大到 7 倍之多。因此，对于规模通常达到几十万乃至上百万台计算机的 Amazon 和 Google 云计算而言，其网络、存储和管理成本比中型数据中心至少可以降低 5～7 倍。

表 1-1　中型数据中心和特大型数据中心的成本比较

技术	中型数据中心成本	特大型数据中心成本	比率
网络	$95 每 Mb/秒/月	$13 每 Mb/秒/月	7.1
存储	$2.2 每 GB/月	$0.4 每 GB/月	5.7
管理	每个管理员约管理 140 个服务器	每个管理员约管理 1000 个服务器	7.1

云计算与传统数据中心的电力和制冷成本也会有明显的差别。虽然我国的电价是全国统一的，但实际上不同地区的电力成本是不同的，举例来说：水资源丰富的地区可使用水力发电，不需长途输送，电价相对便宜；而岛屿等本地无电力资源的地区，需将发电的能源海运到岛上或使用电网长途供电，电价就会相对较贵。二者最多相差 7 倍。

正由于电价存在显著的差异，Google 的数据中心一般选址在人烟稀少、气候寒冷、水电资源丰富的地区，这些地点的电价、散热成本、场地成本、人力成本等都远远低于人烟稠密的大都市，唯一的挑战只是要专门铺设通向这些数据中心的光纤。不过，由于光纤密集波分复用技术(DWDM)的应用，单根光纤的传输容量已超过 10 Tb/s，在地上开挖一条小沟埋设的光纤所能传输的信息容量几乎是无限的，远比将电力用高压输电线路引入城市要容易得多，而且没有衰减——引用 Google 的表述："传输光子比传输电子要容易得多"。Google 的这些数据中心采用了高度自动化的云计算软件来管理，需要的人员很少，而为了技术保密也拒绝外人进入参观，令人有一种神秘的感觉，故被人戏称为"信息时代的核电站"，如图 1-2 所示。

图 1-2　被称为"信息时代的核电站"的 Google 数据中心

再者，云计算与传统互联网数据服务相比，资源的利用率也有很大不同。以某公司采用 IDC 提供的服务器托管和虚拟主机服务举例来说，租用 IDC 的网站所获得的网络带宽、处理能力和存储空间都是固定的，然而绝大多数网站的访问流量都不是均衡的，有的时间性很强，白天访问的人数少，到了晚上七、八点钟就会流量暴涨；有的季节性很强，平时访问人数不多，但是到圣诞节前访问量就很大；有的一直默默无闻，但如遇到某些突发事件(如新闻事件)，极易使得网站因访问量暴增而陷入瘫痪。网站拥有者为了应对这些突发流量，一般会按照峰值要求来配置服务器和网络资源，造成资源的平均利用率只有 10%～15%，如图 1-3 所示。

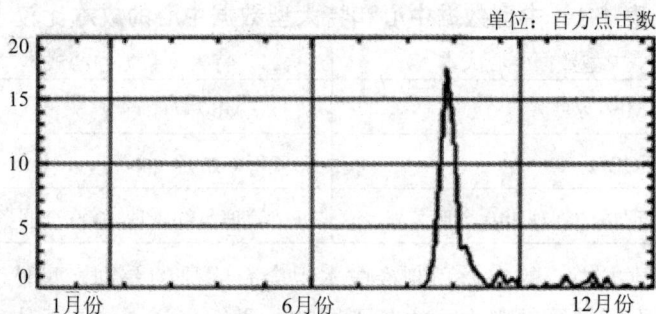

图 1-3　某典型网站的流量数据

云计算平台提供的则是有弹性的服务，它根据每个租用者的需要在一个超大的资源池中动态分配和释放资源，而不需要为每个租用者预留峰值资源。而且，云计算平台的规模极大，租用者数量非常多，支持的应用种类也是五花八门，比较容易实现平稳整体负载，因此云计算的资源利用率可以达到 80%左右，是传统模式的 5～7 倍。

Google 前中国区总裁李开复曾表示：Google 在 2008 年花了 16 亿美元建设云计算数据中心，如果不采用云计算技术，要达到同样的效果，则需要 640 亿。也就是说，Google 的云计算成本只相当于传统方式的 1/40。云计算技术的使用可能是 Google 迅速成为全球第一大互联网公司的关键原因之一。

综上所述，云计算能够大幅节省成本，规模是极其重要的因素。那么，如果企业要建设自己的云系统，规模不大，也无法享受到电价优惠，是否就没有成本优势了呢？答案是否定的，自建云系统的优势仍然会有数倍之多：一方面，硬件采购成本仍会节省好几倍，这是因为云计算技术的容错能力很强，使我们可以用低端硬件代替高端硬件进行建设；另一方面，对云计算设施的管理是高度自动化的，极少需要人工干预，可以大大减少管理人员的数量。如中国移动研究院就建设了 256 个节点的 BigCloud 云计算设施，用它进行海量数据挖掘，大大节省了人工成本。

目前，云计算服务已经涵盖了应用托管、存储备份、内容推送、电子商务、高性能计算、媒体服务、搜索引擎、Web 托管等多个领域。对云计算用户而言，不需要开发软件和安装硬件，用较低的使用成本就可以获取高效的云服务。一个经典的例子是，《纽约时报》曾经使用 Amazon 云计算服务，在不到 24 个小时的时间内就处理了 1100 万篇文章，累计花费仅 240 美元，而这项工作如果使用自己的服务器，则需要花费数月时间和多得多的费用。

综上所述，云计算拥有更低的成本开销(包括硬件和网络成本、管理成本和电力成本)以及更高的资源利用率，二者相乘能将实际成本节省 30 倍以上(如图 1-4 所示)，这是个惊人的数字，也是云计算成为划时代技术的根本原因。

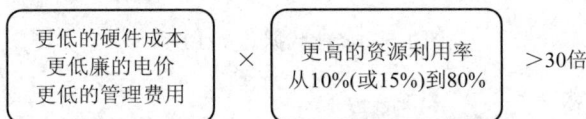

更低的硬件成本
更低廉的电价
更低的管理费用

×

更高的资源利用率
从10%(或15%)到80%

>30倍

图 1-4　云计算较之传统数据服务方式的性价比优势

1.1.3　大数据概述

随着以博客、社交网络与基于位置的服务为代表的新型信息发布方式的不断涌现以及云计算、物联网等技术的兴起，数据正以前所未有的速度不断地增长和累积，大数据时代已经到来。

1. 大数据产生的背景

半个世纪以来，随着计算机技术全面融入社会生活，信息爆炸已经积累到了一个有能力引发变革的程度，21 世纪是数据信息大发展的时代，移动互联、社交网络、电子商务等极大拓展了互联网的边界和应用范围，各种数据正在迅速膨胀并加速增长。

大数据到底有多大？一组名为"互联网上一天"的数据告诉我们，一天之中，互联网产生的全部内容可以刻满 1.68 亿张 DVD；发出的邮件有 2940 亿封之多(相当于美国两年的纸质信件数量)；发出的社区帖子达 200 万个(相当于《时代》杂志 770 年的文字量)；卖出的手机为 37.8 万台。

截止到 2012 年，全球数据量已经从 TB(1 TB = 1024 GB)级别跃升到 PB(1 PB = 1024 TB)、EB(1 EB = 1024 PB)乃至 ZB(1 ZB = 1024 EB)级别。IDC 的研究结果表明，2008 年全球产生的数据量为 0.49 ZB，2009 年的数据量为 0.8 ZB，2010 年增长为 1.2 ZB，2011 年的数量更是高达 1.82 ZB，相当于全球每人产生 200 GB 以上的数据。而到 2012 年为止，人类生产的所有印刷材料的数据量是 200 PB，全人类历史上说过的所有话的数据量大约是 5 EB。IBM 的研究称，整个人类文明所获得的全部数据中，有 90% 是过去两年内产生的，而到了 2020 年，全世界所产生的数据规模将达到 35 000 EB，如图 1-5 所示。

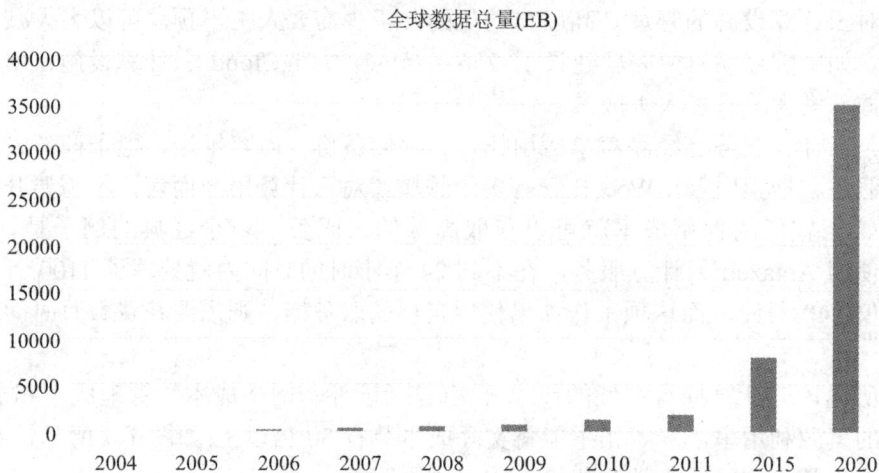

全球数据总量(EB)

图 1-5　全球数据总量(EB)

2．大数据基本概念

大数据本身是一个宽泛的概念，业界尚未给出统一的定义，不同的研究机构和公司都从各自的角度诠释了什么是大数据。

2011 年，美国著名的咨询公司麦肯锡(Mckinsey)在研究报告《大数据的下一个前沿：创新、竞争和生产力》中给出了大数据的定义：大数据是指大小超出了典型数据库软件工具收集、存储、管理和分析能力的数据集。

美国国家标准技术研究所(National Institute of Standards and Technology，NIST)的定义为：大数据是指那些传统数据架构无法有效地处理的新数据集。这些数据集特征包括：容量、数据类型的多样性、多个领域数据的差异性、数据的动态特征(速度或流动率、可变性等)，因此，需要采用新的架构来高效率完成数据处理。

维基百科(Wikipedia)的定义为：(海量数据或大资料)指的是所涉及的数据量规模巨大到无法通过人工在合理时间内实现截取、管理、处理并整理成为人类所能解读的信息。

百度百科的定义为：大数据，或称巨量资料，指的是所涉及的资料量规模巨大到无法通过目前主流软件工具在合理时间内实现获取、管理、处理并整理成为帮助企业经营决策的资讯。

按国内普遍的理解，大数据可以认为是具有数量巨大、来源多样、生成极快、形式多变等特征且难以使用传统数据体系结构有效处理的包含大量数据集的数据。

从以上不同的大数据定义可以看出，大数据的内涵不仅仅是数据本身，还包括大数据技术和大数据应用。

从数据本身角度而言，大数据是指大小、形态超出典型数据管理系统采集、储存、管理和分析能力的大规模数据集，而且这些数据之间存在着直接或间接的关联性，可以使用大数据技术从中挖掘模式与知识。

大数据技术是挖掘和展现大数据中蕴含价值的一系列技术与方法，包括数据采集、预处理、存储、分析挖掘与可视化等；大数据应用则是对特定的大数据集和集成应用大数据系列的技术与方法，以获得有价值信息的过程。大数据技术的研究与突破，其最终目标就是从复杂的数据集中挖掘有价值的新信息，发现新的模式与知识。

1.1.4　大数据的特点与作用

从大数据的定义当中，可以总结出大数据的特征及作用。

1．大数据的特征

阿姆斯特丹大学的 Yuri Demchenko 等人在 IDC 的 4 V 定义的基础上增加了一项，形成了对大数据特征的 5 V 描述，如图 1-6 所示。

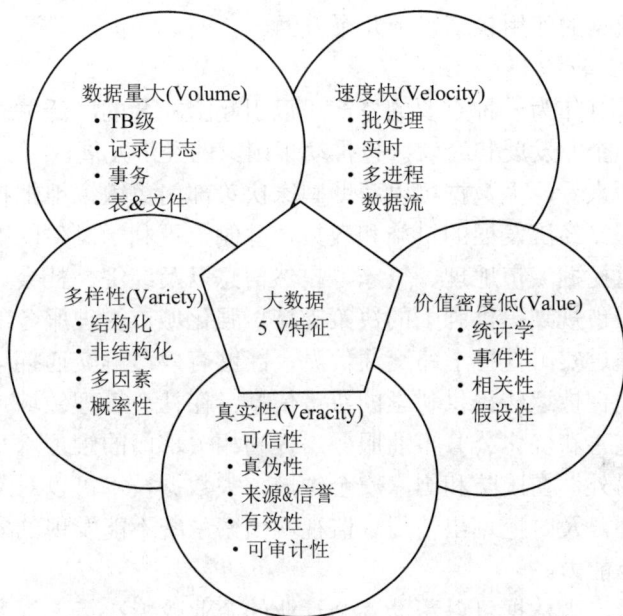

图 1-6　大数据的 5 V 特征

大数据的第一个特征是数据量大(Volume)。大数据采集、存储和计算的数据量都非常大，其起始计量单位至少是 TB(1 TB = 1024 GB)，甚至可以达到 PB(1 PB = 1024 TB)、EB(1 EB = 1024 PB)乃至 ZB(1 ZB = 1024 EB)。

大数据的第二个特征是数据种类和来源多样化(Variety)。除了结构化数据，大数据也包括非结构化数据(文本、音频、视频、点击流量、文件记录等)以及半结构化数据(电子邮件、办公处理文档等)。数据的多样化对数据的处理能力提出了更高的要求。

大数据的第三个特征是数据价值密度相对较低(Value)，或者说是浪里淘沙却又弥足珍贵。随着互联网以及物联网的广泛应用，信息无处不在，但信息价值密度却较低，以视频为例，一部一小时的视频，在连续不间断的监控过程中，有用的数据可能仅仅只有一两秒。因此，如何结合业务逻辑使用强大的机器算法来挖掘数据价值，是大数据时代最需要解决的问题。

大数据的第四个特征是数据增长速度和处理速度快，时效性要求高(Velocity)。比如在新闻领域，新闻发布后，搜索引擎在几分钟内就要对新闻数据进行处理，以使引擎能从引擎库中搜索到最新的数据，也就是对数据的处理速度要快；而个性化推荐算法需要尽可能实时地完成新闻推荐，也就是时效性要求高。企业只有掌控好对实时数据流的应用，才能最大限度地挖掘并利用大数据潜藏的商业价值。

大数据的第五个特征是真实性(Veracity)，包括可信性、真伪性、有效性等几个方面。如果数据是不可信的、假的、无效的，那么数据就无法提供有价值的信息。

2．大数据的作用

近年来，甲骨文、IBM、微软、SAP、惠普等公司已经在数据管理和分析领域投入超过 150 亿美元。据 Gartner 公司最新统计，大数据为全球带来了百万数量级别的 IT 岗位和千万数量级别的非 IT 岗位，对社会产生日益重要的作用。

具体来说，大数据的作用包括以下几个方面。

1) 带来社会和经济管理新方法

在经济方面，数据作为一种重要的资产，已引起全社会的广泛关注和重视，大数据技术的应用不仅有助于企业发展和经营，也推动了国家的经济发展。

从国家宏观层面来看，大数据可以帮助国家决策部门更敏锐地把握经济和社会走向，制定和实施更利于国家经济发展的措施和政策，并制定更利于民生的方案。举例来说，在城市规划领域，通过挖掘城市地理、气象等自然信息以及经济、社会、文化、人口等人文社会信息，可以为城市规划提供强大的决策支持，强化城市管理服务的科学性和前瞻性；在交通管理领域，通过实时挖掘道路交通信息，能够有效缓解交通拥堵，并快速响应突发状况，为城市交通的良性运转提供科学的决策依据；在社会管理领域，大数据作为一种重要的信息技术，在完善和优化公共事业服务，提高相关部门的管理水平方面也正发挥着越来越突出的作用；另外，在国防和国家安全领域，大数据技术可以对来自多个渠道的信息进行数据分析和处理，及时挖掘出情报、监视和侦察系统不能发现的安全问题，提高应急处理能力和安全防范能力。

从微观层面来看，大数据可以帮助各个行业的企业改善决策，提高业务水平和工作效率，推动创新，给企业带来更丰厚的利润。

2) 促进行业融合发展

大数据应用非常关键的一步在于对数据的分享和整合。各行业已逐渐意识到：分析单一的、小规模的数据得到的结果，可能是不完整的或者错误的，无法发挥大数据的最大效能，因此，行业或部门之间相互交换数据已经成为一种必然趋势。在不同行业和部门合作的促进下，跨领域、跨系统、跨地域的数据共享已成为可能，为精准提炼大数据隐藏的价值，各行业和部门会逐渐加强相关业务数据的整合。

3) 推动产业转型升级

大数据时代，信息将会越来越广泛地作为一种产品和服务的形式，围绕数据展开的业务也会越来越多。当大数据技术拥有了更大的应用潜力和更广泛的应用领域之时，它对产业发展的影响也越发显著。

在面对多维度、多样式的海量数据时，IT 产业面临着有效存储、实时分析、高性能计算等诸多挑战，这对硬件产业和软件产业都将产生重要影响，也将推动数据存储和处理服务器、内存计算等产品的升级创新。对数据分析的需求，将推动商业智能、数据挖掘等技术在企业级的信息系统中得到融合应用，成为业务创新的重要手段。

同时，在"互联网+"战略的影响下，物联网、车联网等应用有了突飞猛进的发展，它们和大数据共同促进了网络通信技术与传统产业的更密切融合，进一步推动了传统产业的转型发展。未来，大数据的应用和发展不仅会助推软、硬件和网络服务等市场产生大量价值，也将推动相关传统行业的进一步转型升级。

4) 改变科学研究的方法论

新技术的兴起和发展也会产生新的科学研究方法。随着存储计算技术和网络技术的发展，采集、存储、传输和处理数据都成了容易实现的事情。面对复杂对象，精简或不完整的数据已经不能描述对象全貌，而是需要大量甚至是海量数据来全面、完整地刻画该对象，并通过处理海量数据来找到对象的规律或本质。数据技术更强调数据的全面性和完整性，突出事物的关联性，从而为解决科研问题提供新的视角，帮助我们进一步接近事实的真相。

1.2　云计算与大数据发展现状

近年来，云计算和大数据技术迅速发展，已成为信息时代的一大新兴产业，引起了国内外政府、学术界和产业界的高度关注。

1.2.1　国外云计算发展现状

下面从产业规模、政府支持措施以及 IT 业界状况三个方面，阐述国外云计算技术的发展现状。

1. 产业规模

从产业规模来看，随着云计算技术的不断成熟，全球云计算服务市场规模也在不断增长，增长额度如表 1-2 所示。

表 1-2　2010~2015 年全球云计算市场规模示意图

年份/年	2010	2011	2012	2013	2014	2015
产业规模/亿美元	683	900	1110	1310	1528	1800
增长率	—	32%	23%	18%	17%	18%

数据来源：Gartner，2015.2

具体到各个地区和国家，全球云计算市场格局如图 1-7 所示。

总体来看，当前全球云计算市场呈现以下发展态势：

美国在全球云计算市场的领导地位进一步巩固。作为云计算的先行者，北美地区仍占据市场主导地位，2015 年美国云计算市场占据全球 56.5%的市场份额，增速达 19%，预计未来几年仍以超过 15%的速度快速增长。从服务商来看，Amazon 云服务 2015 年收入近 79 亿美元，增速超过 50%，服务规模超过全球 IaaS 领域第二名到第十五名厂商总和的

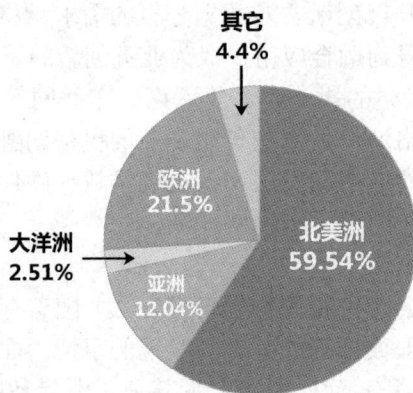

图 1-7　全球云计算市场格局(数据来源：Gartner)

10 倍，数据中心遍布美国、欧洲、巴西、新加坡、日本和澳大利亚等地，服务全球 190 个国家和地区；Salesforc 云计算 2015 财年营收 53.7 亿美元，增速 32%，服务全球超过 10 万个企业用户。

欧洲与日本是云计算市场的重要组成部分。以英国、德国、法国等为代表的西欧国家占据了 21%的市场份额，近两年增长放缓，2015 年增速仅 4.2%，其中西班牙等国家出现负增长，预计 2016 年增速将达到 10%；日本 2015 年的云计算市场全球占比为 4.2%，增速为 7.9%，预测未来几年增速会小幅上升，但仍低于北美国家。预计未来欧洲、日本与美国云计算市场的差距将进一步扩大。

以中国、印度、巴西等为代表的新兴国家云计算市场高速增长。2015 年亚洲云计算市场全球占比 12%，保持了快速增长，其中，印度增速达 35%，而中国市场全球占比已由 2012 年的 3.7%上升到 5%；金砖国家巴西、俄罗斯、南非云计算市场占有率总和仅 3%左右，但增速较快，且市场潜力较大，预计未来几年市场会进一步扩大。

2．政府支持措施

作为云计算概念的起源地，美国成为全球云计算技术与应用的领跑者，其产品技术成熟度较高，市场发展极为迅速，政府支持措施也较为积极。

2011 年，美国政府发布《联邦云计算战略》白皮书，规定在所有联邦政府项目中云计算优先，将 IT 项目预算中的 25%划分到云计算领域，并规定每个联邦机构至少要拿出三项应用向云计算平台迁移。截至目前，美国国防部、联邦政府、宇航局等均已推出自己的云计算计划。

2014 年，美国通过一系列政府应用推动云计算发展：美国健康与人类服务厅和美国劳工部率先使用 Office 365 服务，将政府通讯和数据保存至云端；美国国防部授权 Amazon 公司处理政府高安全级别信息，AWS 成为第一家获得临时授权的商业云服务平台；美国海军则选择戴尔公司为其提供基于云计算的电子邮件解决方案。

欧洲是云计算应用市场的跟随者，这与欧洲对数据安全性和隐私性的要求非常严格有关。2012 年，欧盟委员会宣布启动一项旨在进一步开发欧洲云计算潜力的战略计划，欧盟委员会为这一计划制定的目标是：到 2020 年，云计算能够在欧洲创造 250 万个新就业岗位，年均产值 1600 亿欧元，达到欧盟国民生产总值的 1%。

欧盟委员会的云计算战略计划中的政策措施包括：

(1) 制定云计算相关技术标准，使云计算用户在互操作性、数据的便携性和可逆性方面得到保障。

(2) 支持在欧盟范围内开展"可信赖云服务提供商"的认证计划。

(3) 利用公共部门的购买力(占全部 IT 支出的 20%)来建立欧盟成员国与相关企业之间的合作伙伴关系，建立欧洲云计算市场，促使欧洲云服务提供商扩大业务范围。

英国政府从五个方面推进政府采购云(G-Cloud)的建设，分别为积累客户群、吸引供应商、完善产品目录、改进流程与打造新型数字市场，以期改变政府采购中买方和卖方的体验，并确保英国政府能为用户提供良好的数字服务。

2010 年，日本经济产业省发布的《云计算与日本竞争力研究》报告指出：政府、用户和云服务提供商(数据中心、IT 厂商等)应利用日本的优势，如在 IT 方面的技术优势，并通过分析云计算的全球发展趋势，解决云计算演进和发展过程中的挑战和关键问题，构建一个云计算产业发展的良好环境，通过开创基于云计算的服务开拓全球市场，在 2020 年前培养出累计规模超过 40 万亿日元的新市场。

2011 年 9 月，韩国政府制定了《云计算全面振兴计划》，其核心是政府率先引进并提供云计算服务，为云计算开发国内需求。韩国通信委员会(KCC)报告指出：2010～2012 年间，韩国政府投入 4158 亿韩元预算用于构建通用云计算基础设施，将利用率低下的电子政务服务器虚拟化，逐步置换成高性能服务器，并根据资源使用量实现服务器资源的动态分配。

3．IT 业界状况

国外云计算技术主要由大型 IT 企业掌握。据统计，美国硅谷目前已经约有 150 家涉及云计算的企业，新的商业模式层出不穷，Amazon、微软、Google、IBM 及业界领军人物 Salesforce 等 IT 巨头都已公开宣布进入或支持云计算技术研发。

Amazon 于 2008 年正式推出了适用于其云计算服务平台 EC2 的弹性块存储技术，公司同年度财务报表显示，其云计算业务收入已超过 1 亿美元。

微软相继发布了一系列云计算产品，包括新操作系统 Azure、企业 Exchange 的网络版和 Office 网络版，并计划在最短时间内打造 20 个顶尖水准的数据中心，即云计算中心，每个中心预计耗资 10 亿美元。

Google 云计算布局日趋明朗，继推出 Google Apps 近两年后，App Engine 服务平台问世，其基本功能是让外部开发者借助 Google 的 App Engine 开发新的 Web 应用，而 Google 则通过"云中心"向用户提供上述应用的网络服务。

IBM 推出"蓝云"计划，包括一系列云计算技术的组合，并成立云计算中心。

Salesforce 宣布，会于 2010 年推出 Force.com 应用平台，将发展重点由原来的 IaaS(基础设施即服务)延伸到 PaaS(平台即服务)领域，为用户提供更快捷、更具弹性、更智能的客户关系管理方案。

1.2.2　我国云计算发展现状

下面从产业规模、政府支持措施以及 IT 业界状况三个方面，阐述我国云计算技术的发展现状。

1. 产业规模

前瞻产业研究院提供的《2016—2021 年中国云计算产业发展前景预测与投资战略规划分析报告》指出：2012 到 2015 年，我国云计算市场从 482 亿元上升至 1315.8 亿元，保持了高速增长态势，年均复合增长率高达 61.5%，2015 全年云计算市场突破 2000 亿元大关，可达到 2030 亿元，同比增长 54.3%。如图 1-8 所示。

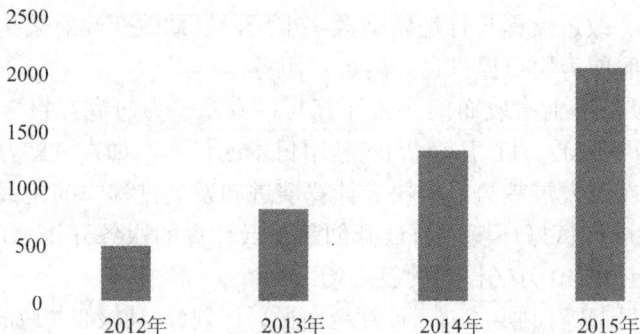

图 1-8 2012—2015 年中国云计算市场规模(单位：亿元)

2. 政府支持措施

2010 年 10 月，国务院发布《国务院关于加快培育和发展战略性新兴产业的决定》，将云计算列为战略性新兴产业之一。

2012 年 5 月，工业和信息化部发布《互联网行业"十二五"发展规划》，提出推动云计算服务商业化发展，构建公共云计算服务平台，并专门设立云计算应用示范工程。

2012 年 5 月，工业和信息化部发布《软件和信息技术服务业"十二五"发展规划》，将"云计算创新发展工程"列为八个重点工程之一，强调以加快中国云计算服务产业化为主线，坚持以服务创新拉动技术创新，以示范应用带动能力提升，推动云计算服务模式发展。

2012 年 7 月 9 日，国务院发布了《"十二五"国家战略性新兴产业发展规划》，将云计算作为新一代信息技术产业的重要发展方向和新兴业态加以扶持，并将物联网和云计算工程作为中国"十二五"发展的二十项重点工程之一。

2012 年 9 月，科技部发布《中国云科技发展"十二五"专项规划》，这是中国首个部级云计算专项规划，对于加快云计算技术创新和产业发展具有重要意义。

3. IT 业界状况

云计算产业在中国起步稍晚，大约始于 2008 年，但发展迅猛。目前，中国 IT 业界涉足云计算行业的具体情况如下。

1) 部分地方政府投入资源搭建平台，积极推进云计算发展

(1) 北京市为推进"北京云"的建设，重点推进北京市计算中心与 Platform 软件公司共建联合实验室，定位于工业计算，以 IaaS 和 SaaS 两种方式，为政府和广大中小企业提供最新的软硬件设计、虚拟原型制作、可视化技术、网络技术、数据挖掘等服务。

(2) 广东省"十二五"期间计划通过推进云计算模式的应用，加强制造业企业内外部信息化系统协同和集成化应用，健全和完善全省信息化服务体系。东莞正建设国内首个具有自主产权的云计算平台，由中科院计算所广东电子工业研究院联合中国联通集团、网通研究院、北京汉唐教育集团等共同开发。

(3) 南京市政府与阿里巴巴集团签订战略合作框架协议，于 2009 年初在南京建立了居于国内领先的"电子商务云计算中心"。

(4) IBM 和江苏省无锡市政府以及山东省东营市政府合作，在当地推进云计算中心的建设。

(5) 上海市市委先后在宽带网络、高性能计算、虚拟化技术等领域进行了前瞻布局，并取得了一系列成果，为云计算发展奠定了基础，同时，计划在未来开展对海量存储、绿色数据中心和安全技术体系等领域的进一步研究。

2) 本土 IT 企业和高校先后启动云计算项目，加速云计算研发和应用端建设

(1) 阿里巴巴、京东等互联网巨头以及移动、联通、电信等通信运营商在内的大型云计算企业都非常重视云计算服务的潜力，纷纷在全国各地建设数据中心，加快战略布局，意图在云计算服务大范围普及时拥有最全面的基础设施，掌握未来云计算行业发展的主动权。代表性企业的云计算全国布局概况如表 1-3 所示。

表 1-3　云计算企业全国布局概况

企业	地　点	布　局
中国移动	呼和浩特、北京、广州、苏州、哈尔滨、贵州、南宁	已在全国部署超过 15 000 台服务器和 50 000 个虚拟机，位于北京、广州的云计算基地已经陆续投入运行，哈尔滨、贵州、苏州等地的项目也进入规划建设阶段
中国联通	呼和浩特、哈尔滨、重庆、廊坊、东莞、香港	已在全国部署了十大云数据中心，总机架数超过 20 万架，总带宽超过 20 TB/s，网络骨干节点小于 5 毫米，端到端的网络时延小于 5 毫秒，所有数据中心的 PUE 都小于 1.5
中国电信	呼和浩特、贵州、北京、上海、广州、成都、西咸新区(西安)	以全网"4+2"的方式在全国进行布局，云计算数据中心布局的北方核心在内蒙古，南方核心则在贵州，除此之外还有北京、上海、广州、成都四个云资源池
浪潮	山东、浙江、江苏、安徽、甘肃、内蒙古、黑龙江、海南、山西、贵州、云南	已与全国 34 个地市和行业签订了云计算战略合作协议，覆盖山东、浙江、江苏、安徽、甘肃、内蒙古、黑龙江、海南、山西、贵州、云南等省，涉及卫生、广电、政务、水利、电力、公安等行业
联想	贵州、香港	将在中国兴建 50 个云计算中心，培训超过 1000 名云计算基础架构专家。云计算中心将采用企业与地方政府合作共建的模式，目前首个已在贵州建成，同时计划招募 100 个以云计算方案为业务重心的方案型渠道，并通过多种方式支持现有渠道转型
阿里巴巴	海南、浙江、贵州、广西、宁夏、新疆、甘肃、陕西、广东、吉林	已同海南、浙江、贵州、广西、河南、河北、宁夏、新疆、甘肃、广东、吉林、天津等 12 个省份达成战略合作意向，利用阿里云"飞天"云计算核心自主技术，搭建政务、民生、公共服务领域的数字化服务平台，推动政府公共服务的电商化、无线化和智慧化

(2) 世纪互联公司推出了 CloudEx 产品线，包括完整的互联网主机服务 CloudEx Computing Service、基于在线存储虚拟化的 CloudEx Computing Service、个人与企业互联网云端备份服务等一系列互联网云计算产品。

(3) 联想公司不仅将云计算架构用在自身的研发平台中，还通过研发软件将云计算与客服系统结合，优化用户体验。

(4) 友友新创运用虚拟化技术开发了云计算中间件，通过关联传统硬件基础设施和平台，将传统服务模式转为云计算架构的服务模式，使用户不需要更换硬件或操作系统平台就可以享受云计算的优越性。

(5) 复旦大学参与了致力于云计算环境下信任和可靠度保证的全球研究协作项目，并同 EMC 合作成立了"复旦-EMC"创新网络联合实验室，开展云计算相关领域研究。

(6) 上海交通大学围绕绿色云计算进行了深入研究，并成功申请了两项国家自然科学基金项目。

(7) 上海电信公司与 EMC 公司合作开展云存储业务，将分布在异构存储系统与平台中的数据进行虚拟化云存储，在此基础上推出了面向家庭和个人用户的云信息服务"e云"。同时正在筹备启动"云手机"服务，意图利用高带宽的优势，将大量手机上的应用转移到运营商的云端服务器，降低消费者手机的存储成本。

1.2.3 国外大数据发展现状

下面从国家政府层面、学术界和 IT 产业界三个方面，阐述国外大数据产生的发展现状。

1. 国家政府层面

欧美等国家对大数据的探索和发展已走在世界前列，各国政府都已将大数据的发展提升至战略高度，大力推进大数据产业的发展。

早在 2009 年，联合国就启动了"全球脉动计划"，拟通过大数据推动落后地区的发展，而 2012 年 1 月的世界经济论坛年会亦把"大数据，大影响"作为年会重要议题之一。

在美国，2009 年至今，Data.gov(美国政府数据库)全面开放了大量的政府原始数据集。在国家层面上，大数据已成为美国创新战略、安全战略的核心领域。2012 年 3 月，美国政府提出"大数据研究和发展倡议"，发起全球开放政府数据运动，并投资 2 亿美元推进大数据核心技术的研究和应用，涉及 NSF，DARPA 等 6 个政府部门和机构。

英国政府也将大数据作为重点发展的科技领域，在发展 8 类高新技术的 6 亿英镑投资中，大数据的注资占了三成。

2014 年 7 月，欧盟委员会亦呼吁各成员国积极发展大数据，迎接大数据时代，并采取一系列具体措施发展大数据业务，包括建立大数据领域的公私合作关系；依托"地平线2020"科研规划，创建开放式数据孵化器；成立多个超级计算中心；在成员国创建数据处理设施网络等。

2. 学术界

美国麻省理工大学(MIT)计算机科学与人工智能实验室(CSAIL)合作成立了大数据科学

技术中心(ISTC)，主要致力于加速科学、医药发明以及企业领域的专业计算，并着重推动在新的数据密集型应用领域的最终用户体验的设计及创新。ISTC 由 MIT 作为中心，研究专家们来自 MIT、加州大学圣巴巴拉分校、波特兰州立大学、布朗大学、华盛顿大学和斯坦福大学等 6 所大学，旨在通过明确资助领域带头人、提供合作研究中心的方式，发掘、共享、存储和操作大数据的解决方案，涉及 Intel、微软、EMC 等多家国际 IT 产业巨头。

英国牛津大学成立了首个综合运用大数据的医药卫生科研中心，该中心的成立有望给英国医学研究和医疗服务带来革命性变化，它将促成医疗数据分析的新进展，帮助科学家更好地理解人类疾病及其治疗方法，该中心还将通过搜集、存储、分析大量医疗信息，确定新药物的研发方向，减少药物开发成本，同时为发现新的治疗手段提供线索。

3．IT 产业界

国外许多著名企业和组织都将大数据作为主要业务，IBM、微软、EMC、DELL、HP 等国际知名厂商都相继推出了自己的大数据解决方案或应用。其中，2013 年 3 月 IBM 宣布收购大数据分析公司 Star Analytics 的软件产品组合——据不完全统计，从 2005 年起，IBM 已花费超过 160 亿美元收购了 35 家与大数据分析相关的公司。此外，IBM 还和全球千所高校达成协议，在大数据的联合研究、教学、行业应用案例开发等领域开展全面合作。

1.2.4　我国大数据发展现状

近年来，我国政府、学术界和产业界也对大数据的研究和应用工作给予了高度重视，并纷纷启动了相应的研究计划。

在国家层面，科技部"十二五"计划部署了关于物联网、云计算发展的专项战略。2012 年 3 月，科技部发布《"十二五"国家科技计划信息技术领域 2013 年度备选项目征集指南》，其中"先进计算"板块明确提出：要发展"面向大数据的先进存储结构及关键技术"。国家"973 计划"、"863 计划"、国家自然科学基金等也分别设立了针对大数据的研究计划和专项。

地方政府也对大数据战略高度重视。2013 年，上海市提出了《上海推进大数据研究与发展三年行动计划》；同年，重庆市提出了《重庆市人民政府关于印发重庆市大数据行动计划的通知》；2014 年，广东省成立大数据管理局，负责研究、拟订并组织实施大数据战略、规划和政策措施，引导和推动大数据相关研究和应用工作；贵州、河南和承德等省市也都相继出台了各自的大数据发展规划。

在学术研究层面，国内许多高等院校和研究所成立了大数据的研究机构，与大数据相关的学术活动也纷纷开展。2012 年，中国计算机学会和中国通信学会相继成立了大数据专家委员会，教育部也在人民大学成立"萨师煊大数据分析与管理国际研究中心"。近年来，全国开展的大数据相关学术活动主要有：CCF 大数据学术会议、中国大数据技术创新与创业大赛、大数据分析与管理国际研讨会、大数据科学与工程国际学术研讨会、中国大数据技术大会和中国国际大数据大会等。

在产业层面，国内不少知名企业或组织也成立了大数据产品团队和实验室，力争在大数据产业竞争中占据领先地位。

1.3 云计算的分类

在云计算中，硬件和软件都被抽象为资源并被封装为服务，向云外提供，用户则以互联网为主要接入方式，获取云中提供的服务。云计算可以从两个方面来分类：一是按照所有权来分，二是按照服务类型来分。按照所有权来分，可将云计算分为私有云、公有云和混合云三类；按照服务类型来分，可将云计算分为基础设施即服务(Infrastructure-as-a-Service，简称 IaaS)、平台即服务(Platform-as-a-Service，简称 PaaS)、软件即服务(Software-as-a-Service，简称 SaaS)、数据即服务(Data-as-a-Service，简称 DaaS)四类。

1.3.1 私有云、公有云和混合云

云计算作为一种革新性的计算模式，具有许多现有模式所不具备的优势，也带来了一系列商业模式上和技术上的挑战。首先是安全问题，对于那些对数据安全要求很高的企业(如银行、保险、贸易、军事等)来说，客户信息是最宝贵的财富，一旦被人窃取或损坏，后果将不堪设想；其次则是可靠性问题，例如银行希望其每一笔交易都能快速、准确地完成，因为准确的数据记录和可靠的信息传输是让用户满意的必要条件；再者还有监管问题，有的企业希望自己的 IT 部门完全被公司所掌握，不受外界的干扰和控制。虽然云计算可以通过系统隔离和安全保护措施保障用户数据安全，并通过服务质量管理为用户提供可靠的服务，但仍有可能无法同时满足上述所有需求。

针对这些问题，业界按照云计算提供者与使用者的所属关系(或者说所有权)为划分标准，将云计算分为三类，即公有云、私有云和混合云。用户可以根据自身需求，选择适合自己的云计算模式。

1. 公有云

公有云，或者称为公共云，是由第三方(供应商)提供的云服务，这些云在公司防火墙之外，由云提供商完全承载和管理，一般可通过 Internet 使用，可能是免费的或成本低廉的。

公有云的优点是：云服务提供者能够以低廉的价格，提供有吸引力的服务给最终用户，创造新的业务价值；公有云作为一个支撑平台，能够整合上游的服务(如增值业务、广告)和下游最终用户，打造新的价值链和生态系统。

公有云尝试为使用者提供无后顾之忧的 IT 服务。无论是软件、应用程序基础结构还是物理结构，云提供商都负责安装、管理、供给和维护，客户只要为其使用的资源付费即可，不会存在利用率低的问题。但是这要付出一些代价，因为这些服务通常根据"配置惯例"提供，即根据适应最常见使用情形的原则提供，如果资源由使用者直接控制，则配置选项一般是这些资源的一个较小子集；而且，由于使用者几乎无法控制基础结构，公有云并不一定适用于需要严格的安全性和法规遵从性的流程。

公有云目前在国内的发展如火如荼，被认为是云计算服务的主要模式。根据市场参与者类型，国内的公有云服务可分为四类：一类为传统电信基础设施运营商，包括中国移

动、中国联通和中国电信；一类为政府主导下的地方云计算平台，如各地相关云项目；一类为互联网巨头打造的公有云平台，如盛大云；一类为部分原 IDC 运营商，如世纪互联。

2. 私有云

私有云是在企业内提供的云服务，这些云在公司防火墙之内，由企业管理。

私有云兼具公有云的优点，且在某些方面有超过公有云的优势：首先，公司拥有基础设施，因而可以控制在此基础设施上部署应用程序的方式，并控制各种资源的全部配置选项；其次，由于安全性和法规问题，当要执行的工作类型对公有云不适用时，使用私有云就较为合适。缺点则是企业可能难以承担建设并维护内部云的困难和成本，且内部云的持续运营成本可能会超过使用公有云的成本。

私有云既可以部署在企业数据中心的防火墙内，也可以部署在一个安全的主机托管场所；既可以由公司自己的 IT 机构构建，也可由云提供商构建。在"托管式专用"模式中，可以委托像 Sun、IBM 这样的云计算提供商来安装、配置和运营基础设施，以支持一个公司企业数据中心内的专用云。此模式赋予公司对云资源使用情况的极高控制能力，同时也带来了建立并运作该环境所需要的专门知识。

3. 混合云

混合云是公有云和私有云的混合，这些云一般由企业创建，而管理职责由企业和公有云提供商共同承担。

混合云提供既在公共空间又在私有空间中的服务，从这个意义上说，公司可以列出服务目标和需求，然后对应地从公有云或私有云中获取。结构完好的混合云可以为至关重要的流程(如接收客户支付)以及辅助业务流程(如员工工资单流程)提供服务。混合云的主要缺点是很难有效创建和管理此类架构，且私有和公共组件之间的交互会使实施更加复杂。

1.3.2　IaaS、PaaS、SaaS、DaaS

按服务类型，可以将云计算分为基础设施即服务(IaaS)、平台即服务(PaaS)、软件即服务(SaaS)、数据即服务(DaaS)四种类型。

1. IaaS(Infrastructure-as-a-Service)：基础设施即服务

IaaS 即是把厂商的由多台服务器组成的"云端"基础设施作为计量服务提供给用户的模式。具体来说，它将内存、I/O 设备、存储和计算能力整合成一个虚拟的资源池，为用户提供所需要的存储资源和虚拟化服务器等服务，用户通过 Internet，即可从厂商完善的计算机基础设施上获取这种服务，这是一种托管型硬件方式，即由用户付费使用厂商的硬件设施。例如，Amazon 的 EC2、微软 Azure 平台、中国电信上海公司与 EMC 合作的"e云"等。

在 IaaS 中，用户能够部署和运行任意软件，包括操作系统和应用程序。虽然用户不用管理或控制任何云计算基础设施，但可以选择操作系统，管理储存空间与部署的应用，也可能获得有限制的网络组件(例如，防火墙、负载均衡器等)的控制权限。

IaaS 要通过按需分配计算能力来满足用户需求。此外，由于该层一般使用虚拟化技术，因此可以享受更高的资源利用率，从而更有效地节约成本。

IaaS 的优点是用户只需采购较低成本的硬件，就能按需租用较高的计算能力和存储能力，大大降低了用户的硬件开销。

2．PaaS(Platform-as-a-Service)：平台即服务

PaaS 是指将软件研发的平台作为服务提供的模式，是将应用程序的基础结构视为服务，包括但不仅限于中间件作为服务、消息传递作为服务、集成作为服务、信息作为服务、连接性作为服务等，主要目的是支持应用程序运行。

PaaS 能够给企业或个人提供研发的中间件平台。PaaS 厂商提供开发环境、服务器平台、硬件资源等服务给用户，用户则在该平台基础上定制开发自己的应用程序，并通过其服务器和互联网传递给其他用户。

Google App Engine、Salesforce 的 force.com 平台、八百客的 800APP 等都是 PaaS 的代表产品。以 Google App Engine 为例，它是一个由 Python 应用服务器群、BigTable 数据库与 GFS 组成的平台，能够为开发者提供一体化主机服务器以及可自动升级的在线应用服务。用户只需编写应用程序并在 Google 的基础架构上运行，就可以为互联网用户提供服务，应用运行及维护所需要的平台资源则由 Google 提供。

3．SaaS(Software-as-a-Service)：软件即服务

使用 SaaS 模式的服务提供商将应用软件统一部署在自己的服务器上，用户根据需求，通过互联网向厂商订购应用软件服务，服务提供商通过浏览器向客户提供软件，并根据用户所需软件的数量以及时间的长短等因素收费。

这种服务模式的优势是：由服务提供商维护、管理软件并提供软件运行的硬件设施，用户只需拥有能够接入互联网的终端即可随时随地使用软件。在该模式下，客户不用再像传统模式那样在硬件、软件及维护人员上花费大量资金，而是只需支出一定的服务租赁费用，就可以通过互联网享受到相应的硬件、软件和维护服务，这是网络应用最具效益的运营模式。对于小型企业来说，SaaS 是采用先进技术的最好途径。

以企业管理软件为例，SaaS 模式的 ERP(Enterprise Resource Planning，企业资源管理系统)可以让客户根据并发用户数量、所用功能多少、数据存储容量、使用时间长短等因素的不同组合按需支付服务费用，而不用支付软件许可费用与服务器等硬件设备采购的费用，也不需要支付购买操作系统和数据库等平台软件的费用，更不用承担软件项目定制、开发、实施费用以及 IT 维护部门的开支。实际上，SaaS 模式的 ERP 正体现了 SaaS 免许可费用而只收取服务费用这一最重要特征，是突出了服务的 ERP 产品。

目前，Salesforce.com 是最著名的 SaaS 提供商，Google Doc、Google Apps 和 Zoho Office 所提供的也属于这类服务。

4．DaaS(Data-as-a-Service)：数据即服务

云计算的本质是数据处理技术。在信息社会，数据逐渐成为了一种宝贵的资产，正如一句话所说：谁拥有了大数据，谁就拥有了未来，而 DaaS 就是把大数据中潜在的价值发掘出来，并根据用户需求提供服务的模式。

DaaS(数据即服务)包含两层含义：

首先，DaaS 可以提供公共数据的访问服务，让用户可以随时访问任意内容的数据。例如，某个用户想查看过去十年的天气情况，数据服务提供者就可以提供这些数据，并且

可以提供按照不同国家、地区、季度、月份给出的数据,所以公共数据的访问是灵活性的、多角度的、全方位的。

其次,DaaS 可以提供数据中潜在的价值信息。例如,一个全球连锁的汽车销售企业可以向数据服务提供商购买有关全球不同国家和地区人们购买汽车情况的信息,诸如某地的人喜欢买什么品牌的汽车,汽车风格的偏好与人的职业之间又存在何种关联等,获取这些信息后,汽车销售企业就可以根据具体情况安排销售计划。

1.4 主流云计算和大数据供应商

从 IT 企业的角度来看,随着互联网与移动互联网的高速发展,企业和消费者希望随时随地获取服务的需求在迅速上升,传统硬件和软件屡屡遭遇挑战。为迎合市场需求;传统 IT 企业大力布局云计算业务,并通过并购等方式加速扩张,争夺市场份额。传统设备商、安全商、运营商、IDC、CDN 之类公司的服务模式正在不断转型,过去的模式是由开发者分别购买硬件、软件、带宽和安全服务,现在基础云服务商则承担了一个整合的角色,将各种传统的基础设施批发过来,再零售分发给开发者。一方面起到了调度资源提高效率的作用,另一方面也赚取了差价。

下面介绍几家在云计算领域较有代表性的公司的研究成果和发展现状。

1.4.1 Amazon 云计算

Amazon 是互联网上最大的在线零售商,也是第一个互联网云计算提供商与目前最大的公有云服务提供商,致力于为独立开发人员以及开发商提供云计算服务平台。

Amazon 公司提供一系列全面的 IaaS 和 PaaS 服务,其中最有名的服务包括:弹性计算云(Elastic Compute Cloud,EC2)服务、简单存储服务、弹性块存储服务、关系型数据库服务和 NoSQL 数据库服务,同时还提供与网络、数据分析、机器学习、物联网、移动服务开发、云管理、云安全等有关的云服务。

Amazon 将自己的云计算平台称为弹性计算云,它可以让用户在客户端与 Amazon 的 EC2 内部实例进行交互,为用户提供了一个运行基于 Linux 应用程序的虚拟的集群环境。用户可以根据自己的使用状况决定所使用的计算平台实例的付费方式,免去了自行搭建云计算平台所需的设备和维护费用。Amazon 的弹性计算云不仅满足了软件开发人员对集群系统的需求,而且也减少了设备的维护费用。

Amazon 云服务的收费项目包括存储服务器费用、带宽费用、CPU 资源费用以及月租费。月租费与电话月租费类似,存储服务器、带宽按容量收费,CPU 则根据时长(小时)运算量收费。

Amazon 公司目前仍在深化对云计算的研究,不断扩大弹性计算云平台的功能,力求为用户提供更加便利的服务。

1.4.2 IBM 云计算

IBM 推崇的云计算是网格计算和虚拟化技术的结合,它的“蓝云”计算平台为企业提供了可通过 Internet 访问的分布式云计算体系。

"蓝云"计算平台结合了 IBM 的先进技术和原有的软、硬件系统，支持开放标准与开放源代码软件，它的组成部分包括数据中心、应用服务器、部署管理软件、数据库、监控软件和一些开源信息处理和虚拟化软件。"蓝云"的存储体系结构由集群文件系统和基于块设备方式的存储区域网络组成，这两个部分相互协作，为用户提供更可靠的可扩展云计算服务。

1.4.3 Google 云计算

Google 是云计算研究的先行者，它推出的 GAE(Google App Engine)平台就是一种典型的云计算服务。该平台允许用户在上面编写程序，并可以在其基础架构上运行，应用运行的一切平台资源都由 GAE 提供，用户无需担心运行时所需的资源问题。

GAE 基础架构模式由四个系统组成，这四个系统分别是 Google File System 分布式文件系统、Map Reduce 编程模式、分布式的锁机制 Chubby 和大规模分布式数据库 Big Table，这四个系统既相互独立又紧密联系，共同协作为用户提供一体化的主机服务器服务与自动升级的在线应用服务。

1.4.4 微软云计算

微软介入云计算领域比较迟，其信奉的理念与 Google 公司不同，它主要强调的是"云端计算"，注重的是云端和终端的均衡。

Microsoft Azure 是微软推出的云计算平台，其主要作用是提供一整套完整的开发、运行和监控的云计算环境，为软件开发人员提供服务接口。Microsoft Azure 所提供的服务包括 NET Services、Live Services、SQL Services、Microsoft SharePoint Services 以及 Microsoft Dynamics CRM Services。除了 Azure，微软还有针对普通消费者的云服务，如云存储 SkyDrive 以及云端办公软件套件 Office 365。

1.4.5 阿里巴巴云服务

2009 年 9 月，阿里巴巴集团在十周年庆典上宣布成立新的子公司"阿里云"，该公司专注于云计算领域的研究，旨在依托云计算的架构，提供一整套可扩展、高可靠、低成本的基础设施服务，支撑包括电子商务在内的互联网应用的发展，降低进入电子商务生态圈的门槛与成本，并提高效率，因此，阿里巴巴的云计算也被称为电子商务云。

阿里云跟 Amazon 云服务的思路类似，即转租基础设施(IaaS，也有部分 PaaS)。Amazon 最初便是在将自己的富余计算能力租给第三方的基础上推出了 AWS，而阿里也面临着类似的问题——日常交易量与双十一高峰期有很大落差，日常计算资源存在闲置富余，因此，阿里云转租了基础设施资源，将云服务器(而不是引擎)开放给使用者。阿里云基于电商的技术特长则包括对并发事务的处理、对事务状态的控制、对交易安全的控制等。

阿里云的定位是云计算的全服务提供商，其产品致力于提升运维效率，降低 IT 成本，令使用者能够更专注于核心业务开发，主要包括以下几类。

1．飞天开放技术平台

阿里云独立研发的飞天开放平台(Apsara)负责管理 Linux 集群的物理资源，控制分布式程序运行，并隐藏下层故障恢复和数据冗余等细节，从而将数以千计甚至万计的服务器联成一台超级计算机，并将这台超级计算机的存储资源和计算资源以公共服务的方式提供给互联网上的用户。

2．构建在飞天分布式系统之上的云计算基础服务

云服务器(Elastic Compute Service，简称 ECS)：一种简单高效、处理能力可弹性伸缩的云端服务器。

内容分发网络(Content Delivery Network，简称 CDN)：该服务能够将源站内容分发至全国所有的节点，提高用户访问网站的响应速度与网站的可用性，解决网络带宽小、用户访问量大、网点分布不均等问题。

云数据库(Relational Database Service，简称 RDS)：一种即开即用、稳定可靠、可弹性伸缩的在线数据库服务。基于飞天分布式系统和高性能存储，RDS 支持 MySQL、SQL Server、PostgreSQL 和 PPAS(高度兼容 Oracle)引擎，并且提供了容灾、备份、恢复、监控、迁移等方面的全套解决方案。

对象存储(Object Storage Service，简称 OSS)：阿里云对外提供的海量、安全和高可靠的云存储服务，用户的每个文件都是一个 Object。

负载均衡(Server Load Balancing，简称 SLB)：该服务能够通过流量分发，扩展应用系统对外的服务能力，通过消除单点故障提升应用系统的可用性。

3．域名与网站服务

阿里云旗下的万网域名连续 19 年蝉联域名市场第一位，近 1000 万个域名在万维网注册。除域名服务外，阿里云还提供云服务器、云虚拟主机、企业邮箱、建站市场、云解析等服务。

4．安全服务

为保证云服务器的安全，阿里云开发了旗下产品"云盾"，为用户提供一系列的安全服务。

5．大数据服务

针对大数据，阿里云提供了大数据可视化服务和计算服务。

1.4.6　百度开放云

百度开放云，是百度提供的公有云平台，于 2015 年正式开放运营。作为百度 16 年来技术沉淀和资源积累的统一输出平台，百度开放云秉承"用科技力量推动社会创新"的愿景，不断向社会输出百度在云计算、大数据、人工智能等方面的技术能力。

2016 年，百度正式对外发布了"云计算+大数据+人工智能"三位一体的云计算战

略，推出了 40 余款高性能云计算产品，包括天算、天像、天工三大智能平台，分别提供智能大数据、智能多媒体、智能物联网服务，目标是为社会各个行业提供高安全、高性能、高智能的计算和数据处理服务，让智能云计算成为社会发展的新引擎。

百度开放云与 Google 的云服务思路类似，即在基础设施上封装服务(PaaS+SaaS)，以充分发挥自身在搜索引擎方面的技术特长，例如分布式计算与海量数据处理。由于搜索引擎需要网站及 App 开放才能爬取到数据，因此从技术上来说搜索引擎天生具备开放基因。百度自身的技术优势则是高超的分布式计算能力，如爬取海量内容或响应并发请求。百度开放云对移动开发者的支持最为完善，并可以对电商相关的开发者提供特殊的云服务，如团购网站的建站服务。

百度开放云提供的服务主要如下。

1. 计算和网络服务

百度开放云主要提供如下计算和网络服务：

◇ 云服务器(Baidu Cloud Compute，简称 BCC)。
◇ 负载均衡(Baidu Load Balance，简称 BLB)。

2. 存储和 CDN 服务

百度开放云主要提供如下存储和 CDN 服务：

◇ 对象存储(Baidu Object Storage，简称 BOS)：提供稳定、安全、高效以及高扩展的存储服务。
◇ 云磁盘(Cloud Disk Service，简称 CDS)。
◇ 内容分发网络(Content Delivery Network，简称 CDN)。

3. 数据库服务

百度开放云主要提供如下数据库服务：

◇ 关系型数据库(Relational Database Service，简称 RDS)。
◇ 简单缓存服务(Simple Cache Service，简称 SCS)。

1.4.7 腾讯云平台

2013 年 9 月推出的腾讯云在云服务领域也扮演着重要角色。腾讯云是基于一个网络门户推出的云服务平台，其发展得益于其广阔的用户群体和丰富的产品和服务。腾讯独有的资源是社交数据，因此社交传播、社交广告、社交数据挖掘是腾讯云的优势。社交推广、用户基础和游戏变现能吸引不少游戏和娱乐类的开发者，这也是腾讯云可以实现差异化竞争之处。

腾讯云提供的主要服务如下。

1. 计算和网络服务

◇ 云服务器：高性能、高稳定的云虚拟机，允许使用者购买自定义配置的机型，并可提供弹性 Web 服务。
◇ 弹性 Web 引擎(Cloud Elastic Engine，简称 CEE)：一种 Web 引擎服务，是一体化

的 Web 应用运行环境，可以弹性伸缩，是中小开发者的利器，可提供已部署完成的 PHP、Nginx 等基础 Web 环境，使用者仅需上传自己的代码，即可轻松地完成 Web 服务的搭建。

◇　负载均衡服务。

2．存储与 CDN 服务

◇　云数据库(Cloud DataBase，简称 CDB)：腾讯云平台提供的面向互联网应用的数据存储服务。

◇　NoSQL 高速存储：腾讯自主研发的极高性能、内存级、持久化、分布式的 Key-Value 存储服务。NoSQL 高速存储以最终落地存储的标准来设计，拥有数据库级别的访问保障和持续服务能力，解决了内存数据可靠性、分布式及一致性的问题，让海量访问业务的开发变得简单、快捷。

◇　对象存储服务(Cloud Object Service，简称 COS)：腾讯云平台提供的对象存储服务。开发者可以将任意动态或静态生成的数据存放到 COS 上，再通过 HTTP 的方式进行访问。

◇　内容分发网络(Content Delivery Network，简称 CDN)：腾讯 CDN 服务的目标与一般意义上的 CDN 服务相同，即将开发者网站中提供给终端用户的内容(包括文本、图片、脚本等网页对象，以及多媒体文件、软件、文档等可下载的对象)发布到多个数据中心的多台服务器上，使用户可以就近取得所需的内容，提高用户访问网站的响应速度。

3．监控与安全服务

◇　云监控：对用户购买的云资源以及基于腾讯云构建的应用系统进行实时监测，监控各种性能指标，了解其系统运行的相关信息并做出实时响应，保证服务正常运行。腾讯云监控也是一个开放式的监控平台，支持用户上报个性化的指标，提供多个维度、多种粒度的实时数据统计以及警告分析，并提供开放式的 API，让用户通过接口也能够获取到监控数据。

◇　云安全：帮助开发商免受各种攻击行为的干扰和影响，让用户专注于自己创新业务的发展，降低用户在基础环境安全和业务安全上的投入和成本。

4．大数据服务

◇　大数据处理(Tencent Open Data，简称 TOD)：腾讯云为用户提供的一套完整的、开箱即用的云端大数据处理解决方案。开发者可以在线创建数据仓库，编写、调试和运行 SQL 脚本，调用 MR 程序，完成对海量数据的各种处理，主要应用于海量数据统计与数据挖掘等领域。TOD 已经为微信、QQ 空间、广点通、腾讯游戏、财付通、QQ 网购等腾讯关键业务提供了数据分析服务。

◇　腾讯云分析：一款专业的移动应用统计分析工具，支持主流智能手机平台。开发者可以通过嵌入统计 SDK 方便地实现对移动应用的全面监测，从而实时掌握产品表现，准确洞察用户行为。该工具同时还可以提供业内市场排名趋势、竞品排名监控等情报信息，帮助用户及时了解市场变化情况。

国内三大云计算供应商都提供集合了基础设施云、计算、数据、用户和能力的综合云服务，这种模式可以算作 IaaS(基础设施即服务)；而除了服务器、数据库、软件中间件、带宽、CDN 等基础设施，云供应商往往会增加流量、用户和数据资源等方面的投入，并强化在特有技术、分布式计算、测试、支付、分析等方面的能力，而这些资源和能力是非互联网企业的云服务商难以提供的，此种模式更倾向于 PaaS(平台即服务)或者 SaaS(软件即服务)。如手机、功能机只有通话和短信功能，只能靠卖设备盈利，而智能机则可以承载无穷尽的应用和服务，盈利模式也更加丰富，互联网云服务商所提供的就可以看作智能机。由于有多种商业模式相互竞争，开发者有可能得到更廉价的计算资源和更优质的服务。

目前，云计算市场对开发者提供的服务已十分丰富多样。对于应用者或开发者来说，使用云服务除了可以低成本快速搭建和部署网站与应用外，更有助于将更多精力专注于自己的创意、业务逻辑与用户体验。BAT 之类的云服务商提供的云服务还有更多的价值：除了基础设施支撑外，他们还将自身的技术、能力和资源通过云的方式分享出来，借助这些分享，开发者不仅能快速成长，其开发成果也有多种变现的机会。

1.5　云计算与大数据的关系

在计算机领域，云计算技术受到学术界和产业界的广泛青睐和支持，随后大数据技术也活跃起来，那么，云计算与大数据之间是什么关系呢？

从技术上看，大数据根植于云计算，云计算关键技术中的海量数据存储和管理技术以及 MapReduce 并行编程模型都是大数据技术的基础，除此之外，云计算技术还包含了虚拟化技术和云平台管理等技术，如表 1-4 所示。

表 1-4　从技术角度看云计算和大数据的关系

	云计算技术	描　　述
大数据关键技术	虚拟化技术	软硬件隔离，整合资源
	云计算平台管理技术	大规模系统运营，快速故障检测与恢复
	MapReduce编程模型	分布式编程模型，用于并行处理大规模数据集的软件框架
	海量数据存储技术	分布式存储方式存储数据，冗余存储方式保证系统可靠
	海量数据管理技术	NoSQL数据库，进行海量数据管理以便后续分析挖掘

从整体上看，大数据与云计算是相辅相成的，二者的异同如表 1-5 所示：大数据着眼于"数据"，关注实际业务，包括数据采集、分析与挖掘服务，看重的是信息积淀，即数据存储能力；云计算着眼于"计算"，关注 IT 解决方案，提供 IT 基础架构，看重的是计算能力，即数据处理能力。大数据技术能处理各种类型的海量数据，包括微博、图片、文章、电子邮件、文档、音频、视频以及其他类型的数据；它对数据的处理速度非常快，几乎实时；它具有普及性，因为它使用的都是最普通的低成本硬件。云计算技术则将计算任务分布在大量计算机构成的资源池上，使用户能够按需获取计算处理能力、存储空间和其他服务，实现了廉价获取超能计算和存储的能力，这种"低成本硬件+低成本软件+低成本运维"模式更加经济和实用，能够很好地支持大数据存储和处理需求，使得从大数据中获得有价值的信息成为可能。

表 1-5　云计算和大数据技术的异同

		大　数　据	云　计　算
差异点	总体关系	云计算为大数据提供了有力的工具和途径，大数据为云计算提供了有价值的用武之地	
	相同点	① 都是为数据存储和处理服务 ② 都需要占用大量的存储和计算资源，因而都要用到海量数据存储技术、海量数据管理技术、MapReduce 等并行处理技术	
	背景	现有的数据处理不能胜任社交网络和物联网产生的大量异构数据，但这些数据存在很大价值	基于互联网的相关服务日益丰富和频繁
	目的	充分挖掘海量数据中的信息	通过互联网更好地调用、扩展和管理计算及存储方面的资源和能力
	对象	数据	IT 资源、能力和应用
	推动力量	从事数据存储与处理的软件厂商；拥有大量数据的企业	生产计算及存储设备的厂商；拥有计算及存储资源的企业
	价值	发现数据中的价值	节省 IT 部署成本

　　大数据利用云计算的强大计算能力，可以更加迅速地处理海量数据的丰富信息，为用户提供更加方便的服务；而通过大数据的业务需求，也能为云计算的落地找到更多、更好的实际应用。云计算和大数据技术的联合改变了计算机的运行方式，也正在改变着各行各业的商业模式。

本 章 小 结

◇　云计算是一种全新的技术和商业模式，它可以通过建立网络服务器集群，向各种不同类型的用户提供软件在线使用、硬件租借、数据存储、计算分析等不同类型的服务，为云服务的用户降低 IT 成本。

◇　以所有权为划分标准，可将云计算分为公有云、私有云和混合云三种类型。

◇　以服务类型为划分标准，可将云计算分为基础设施即服务(IaaS)、平台即服务(PaaS)、软件即服务(SaaS)、数据即服务(DaaS)四种类型。

◇　大数据具有数量巨大、来源多样、价值密度低、生成极快且多变、数据真实有效等特征，并且难以用传统数据体系结构和方法进行有效处理。

◇　大数据技术是挖掘和展现大数据中所蕴含价值的一系列技术与方法，包括数据采集、数据预处理、数据存储、数据分析挖掘、数据可视化等。大数据技术研究的最终目标就是从复杂的数据集中发现新的模式与知识，挖掘得到有价值的新信息。

◇　大数据利用云计算的强大计算能力，可以更加迅速地处理大数据的丰富信息，并为用户提供更方便的服务；大数据带来的业务需求，可以为云计算的落地找到更多、更好的实际应用。

本 章 练 习

1. 简述云计算的基本原理。
2. 简述云计算的特点。
3. 按照服务类型划分，云计算有哪几类？按照所有权划分，云计算有哪几类？
4. 简述大数据的两个基本特征。
5. 目前主流的云计算和大数据供应商有哪些？简述其云服务的内容。
6. 云计算与大数据的关系是什么？

第 2 章　云计算技术

本章目标

- 了解虚拟化技术的发展历史
- 掌握虚拟化技术的定义及特点
- 掌握虚拟化技术的分类
- 掌握服务器虚拟化的原理
- 掌握分布式技术的定义及特点
- 了解典型的分布式文件系统
- 了解典型的分布式数据库

由第 1 章可知，云计算技术基于新的软、硬件基础架构将现有的计算资源集中，并使用虚拟化技术，把集中在虚拟化资源池中的这些实体硬件资源分配给相应的虚拟硬件，然后通过网络向用户提供跨越地理空间限制的各类资源服务。由此可见，虚拟化技术和分布式技术是云计算技术架构的两大核心组成部分，下面对这两项技术进行详细介绍。

2.1 虚拟化技术

虚拟是相对于真实而言的，虚拟化就是将原本运行在真实环境下的计算机系统或组件运行在虚拟出来的环境中。一般来说，计算机系统分为若干层次，从下至上包括底层硬件资源(内存、硬盘、主板等)，操作系统提供的应用程序编程接口，以及运行在操作系统之上的应用程序。虚拟化技术在这些不同层次之间构建虚拟化层，向上提供与真实层次相同或类似的功能，使上层系统可以运行在该虚拟化中间层之上。虚拟化中间层解除了上、下两层间的耦合关系，使上层的运行不依赖于下层的具体实现。

虚拟化技术是实现云计算最重要的技术基础。通过虚拟化技术，能够实现物理资源的逻辑抽象表示，提高资源的利用率，并能够根据用户不同的需求，灵活地进行资源分配和部署。

2.1.1 虚拟化技术发展史

虚拟化技术诞生已久，但最近几年随着云计算技术的发展得到了更广泛和深入的应用。纵观虚拟化技术的发展历史，可以看到其目标始终如一，即实现对 IT 资源的充分利用。

1. 萌芽期

1959 年，英国计算机科学家 Christopher Strachey 发表了一篇学术报告，题为《大型高速计算机中的时间共享》(Time Sharing in Large Fast Computers)，在文中提出了虚拟化的基本概念，这篇文章被认为是虚拟化技术的最早论述，业界一般认为虚拟化这一概念的正式提出由此开始。

虚拟化技术最早在 IBM 大型机上得到应用。当时大型机是十分昂贵的资源，IBM 通过采用虚拟化技术对大型机进行逻辑分区以形成若干独立的虚拟机，作为一种充分利用资源的方式，有效解决了大型机僵化和使用率不足的问题。

IBM 最早的虚拟化应用系统是 1965 年推出的 System/360 Model 67 系统和 TSS(Time Sharing System，分时共享系统)，这些系统通过虚拟机监视器虚拟所有的硬件接口，从而允许很多远程用户共享同一高性能计算设备的使用时间。同年，IBM 还发布了 M44 计算机项目，定义了虚拟内存管理机制，用户程序可以运行在虚拟的内存中，对于用户来说，这些虚拟内存就像多个虚拟机，为多个用户的程序提供了各自独立的计算环境。

1972 年，IBM 发布了用于创建灵活大型主机的虚拟机(Virtual Machine，VM)技术，该技术可以根据动态的需求快速而有效地分配各种资源，自此，一批拥有虚拟化功能的新产品涌现出来，这些机器在当时都具有虚拟机功能，可以通过虚拟机监控器在物理硬件之上生成若干可以运行独立操作系统的虚拟机实例。

2．发展期

自诞生以来很长一段时间，虚拟化技术只在大型机上应用，在 PC 机的 x86 平台上则由于受限于 x86 当时的处理能力而发展缓慢。到了 20 世纪 90 年代，Windows 系统的广泛使用和作为服务器操作系统的 Linux 的出现，奠定了 x86 服务器的行业标准地位，同时 x86 平台的处理能力也与日俱增。

为了提升机器的基础架构利用率，VMware 公司在 1999 年推出了针对 x86 系统的虚拟化技术，并将 x86 系统转变成通用的共享硬件基础架构，以使应用程序环境在隔离性、移动性和操作系统等方面有选择的空间，随后，虚拟化技术在 x86 平台上得到了突飞猛进的发展。尤其是 CPU 进入多核时代之后，PC 机具有了前所未有的强大处理能力，而虚拟化技术的应用大大提高了 PC 机的资源利用率。

3．壮大期

在 20 世纪，虚拟化技术基本只是在服务器和普通 PC 机上应用。进入 21 世纪之后，随着 IT 产业的发展，虚拟化的思路被进一步借用到存储、网络、桌面应用等其他领域，这些技术带给用户多样化的应用和选择，进而推动了虚拟化技术的广泛应用。

2.1.2　虚拟化技术的概念

计算机虚拟化(Virtualization)是一个广义的术语，简单来说，是指计算机相关模块在虚拟的基础上而不是真实独立的物理硬件基础上运行，这种把有限的固定资源根据不同的需求进行重新规划以达到最大利用率，从而实现简化管理、优化资源等目的的思路，就叫作虚拟化技术。

以下是一些行业标准组织对虚拟化的定义：

"虚拟化是表示计算机资源的抽象方法，通过虚拟化可以使用与访问抽象方法一样的方法访问抽象后的资源。这种资源的抽象方法并不受地理位置或底层设置的限制。"

——Wikipedia(维基百科)

"虚拟化是为某些事物创造的虚拟(相对于真实)版本，比如操作系统、存储设备和网络资源等。"

——WhatIs.Com(信息技术术语库)

通过上面的定义可以看出，虚拟化包含了以下三层含义：

(1) 虚拟化的对象是各种各样的资源。

(2) 经过虚拟化后的逻辑资源对用户隐藏了不必要的细节。

(3) 用户可以在虚拟环境中实现其在真实环境中的部分或者全部功能。

虚拟化技术应用范围很广，可以是各种硬件资源，如 CPU、内存、存储、网络，也可以是各种软件资源，如操作系统、文件系统、应用程序等，如图 2-1 所示。

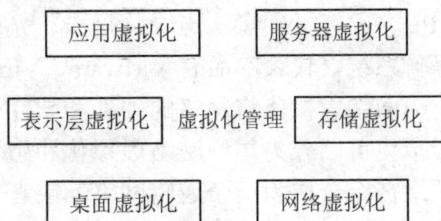

应用虚拟化		服务器虚拟化
表示层虚拟化	虚拟化管理	存储虚拟化
桌面虚拟化		网络虚拟化

图 2-1　虚拟化技术的应用范围

以一个简单的例子来更形象地理解操作系统中的虚拟化技术：内存和硬盘两者具有相同的逻辑表示，通过将其虚拟化能够向上层隐藏许多细节，比如怎样在硬盘上进行内存交换和文件读写，或者怎样在内存与硬盘之间实现统一寻址和换入/换出等。对使用虚拟内存的应用程序而言，它们仍然可以使用相同的分配、访问和释放指令来对虚拟化之后的内存和硬盘进行操作，就如同在访问真实存在的物理内存一样，用户看到的内存容量因此会增加很多。

通过对虚拟化技术概念的介绍，可以看出虚拟化技术具有以下优势：

(1) 虚拟化技术可以大大提高资源的利用率。具体来说，就是可以根据用户的不同需求，对 CPU、存储、网络等共有资源进行动态分配，避免出现资源浪费。

(2) 虚拟化技术可以提供相互隔离的安全、高效的应用执行环境。虚拟化简化了表示、访问和管理多种 IT 资源的复杂程度，这些资源包括基础设施、系统和软件等，并为这些资源提供标准的接口来接收输入和提供输出。由于与虚拟资源进行交互的方式没有变化，即使底层资源的实现方式已经发生了改变，最终用户仍然可以重用原有的接口。

(3) 虚拟化系统能够方便地管理和升级资源。虚拟化技术降低了资源使用者与资源的具体实现之间的耦合程度，系统管理员对 IT 资源的维护与升级不会影响到用户的使用。

2.1.3 虚拟化的技术实现

虚拟化技术的虚拟对象是各种 IT 资源，根据这些资源在整个计算机系统中所处的层次，可以划分出不同类型的虚拟化，包括基础设施虚拟化、系统虚拟化和软件虚拟化。其中，系统虚拟化是大家最熟悉的、平时接触也较多的一类，例如软件 VMware Workstation，它能在 PC 上虚拟出一个逻辑硬件系统，用户可以在这个虚拟系统上安装和使用另一个操作系统及其上面的应用程序，就如同在使用一台独立计算机，这样的虚拟系统称为虚拟机，像 VMware Workstation 这样的软件被称为虚拟化套件，负责虚拟机的创建、运行和管理，下面分别对这三类虚拟化技术进行介绍。

1. 基础设施虚拟化

存储、文件系统、网络是支撑信息系统运行的重要基础设施，本书将硬件(CPU、内存、硬盘、声卡、显卡、光驱)虚拟化、网络虚拟化、存储虚拟化、文件虚拟化归类为基础设施虚拟化。

硬件虚拟化是用软件在物理硬件的基础上虚拟出一台标准计算机的硬件配置，如 CPU、内存、硬盘、声卡、显卡、光驱等，使其成为一台虚拟裸机，可以在上面安装虚拟操作系统，代表产品有 VMware、VirtUal PC、Virtual Box 等。

网络虚拟化将网络的硬件和软件资源整合，向用户提供网络连接的虚拟化技术。网络虚拟化可以分为局域网络虚拟化和广域网络虚拟化：在局域网络虚拟化技术中，多个本地网络被组合成为一个逻辑网络，或者一个本地网络被分割为多个逻辑网络，以此提高企业局域网或者内部网络的使用效率和安全性，典型代表是虚拟局域网(Virtual LAN，VLAN)；广域网络虚拟化技术应用最广泛的是虚拟专网(Virtual Private Network，VPN)，虚拟专网抽象网络连接，使得远程用户可以安全地访问内部网络，并且感觉不到物理连接和虚拟连接的差异。

　　存储虚拟化是为物理的存储设备提供统一的逻辑接口，用户可以通过统一的逻辑接口来访问被整合的存储资源。存储虚拟化主要有基于存储设备的虚拟化和基于网络的存储虚拟化两种主要形式：基于存储设备的虚拟化技术的典型代表为磁盘阵列技术(Redundant Arrays of Independent Disks)，通过将多块物理磁盘组成磁盘阵列，构建了一个统一的、高性能的容错存储空间；基于网络的存储虚拟化技术的典型代表为存储区域网(Storage Area Network，SAN)和网络存储(Network Attached Storage，NAS)，SAN 是计算机信息处理技术中的一种架构，它将服务器和远程的计算机存储设备(如磁盘阵列、磁带库等)连接起来，使得这些存储设备看起来就像是本地的一样；NAS 与 SAN 相反，使用基于文件(File-based)的协议，虽然仍是远程存储，但计算机请求的是抽象文件，而不是一个磁盘块。

　　文件虚拟化是指把物理上分散存储的众多文件整合为一个统一的逻辑接口，使用户通过网络访问数据时，即使不知道真实的物理位置，也能在同一个控制台上管理分散在不同位置的存储异构设备的数据，以方便用户访问，提高文件管理效率。

2．系统虚拟化

　　对于大多数熟悉或从事 IT 工作的人来说，系统虚拟化是目前被广泛接受和认识的一种虚拟化技术。系统虚拟化实现了操作系统与物理计算机的分离，使得在一台物理计算机上可以同时安装和运行一个或多个虚拟的操作系统。对操作系统上的应用程序而言，与被直接安装在物理计算机上的操作系统没有显著差异。

　　系统虚拟化的核心思想是使用虚拟化软件在一台物理机上虚拟出一台或多台虚拟机，而虚拟机是指使用系统虚拟化技术，运行在一个隔离环境中且具有完整硬件功能的逻辑计算机系统，包括客户操作系统和其中的应用程序。

　　系统虚拟化技术允许多个操作系统互不影响地在同一台物理机上同时运行，复用物理机资源。举例来说，应用于 IBM z 系列大型机的系统虚拟化技术、应用于基于 Power 架构的 IBM p 系列服务器的系统虚拟化技术和应用于 x86 架构的个人计算机的系统虚拟化技术都属于系统虚拟化技术。对于这些不同类型的系统虚拟化技术，虚拟机运行环境的设计和实现不尽相同，但是，所有的虚拟运行环境都需要为在其上运行的虚拟机提供一套虚拟的硬件环境，包括虚拟的处理器、内存、设备与 I/O 及网络接口等。同时，虚拟运行环境也为这些操作系统提供了诸多特性，如硬件共享、系统隔离等，如图 2-2 所示。

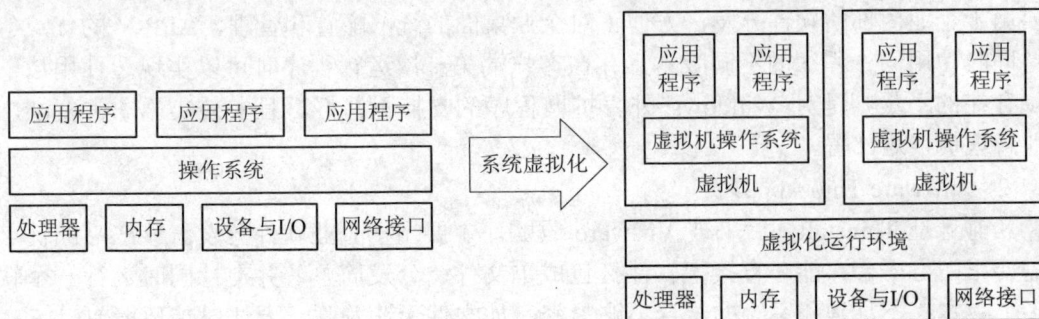

图 2-2　系统虚拟化

　　在 PC 上的系统虚拟化技术具有丰富的应用场景，其中最常见的就是运行与本机操作系统不兼容的应用程序。例如，一个用户使用的是 Windows 系统的 PC，但需要用到一个只能在 Linux 系统下运行的应用程序，那么他只需在 PC 上虚拟出一台虚拟机并在上面安装 Linux 操作系统，就可以使用他所需要的应用程序了。

系统虚拟化技术的更大价值在于服务器虚拟化。目前，数据中心大量使用 x86 服务器，一个大型的数据中心中往往托管了数以万计的 x86 服务器，出于安全、可靠和性能的考虑，这些服务器基本只运行着一个应用服务，导致了服务器利用率低下。由于服务器通常具有很强大的硬件能力，如果在同一台物理服务器上虚拟出多个虚拟服务器，每个虚拟服务器运行不同的服务，这样便可提高服务器的利用率，从而减少机器数量，降低运营成本，节省物理存储空间及电能，达到既经济又环保的目的。

除了在 PC 和服务器上使用虚拟机进行系统虚拟化以外，桌面虚拟化技术同样可以实现在同一个终端环境上运行多个不同系统的目的。桌面虚拟化技术解除了 PC 的桌面环境(包括应用程序和文件等)与物理机之间的耦合关系，经过虚拟化后的桌面环境被保存在远程的服务器上，而不是在 PC 的本地硬盘上，这意味着当用户在该桌面环境上工作时，所有的程序与数据都运行在并最终被保存在这个远程服务器上，用户可以使用任何具有足够显示能力的兼容设备，如 PC、智能手机等，来访问和使用自己的桌面环境。

3. 软件虚拟化

除了针对基础设施和系统的虚拟化技术，还有另一种针对软件的虚拟化技术，例如，用户所使用的应用程序和编程语言都可以运行在相对应的虚拟化环境里。目前，业界公认的此类虚拟化技术主要包括应用虚拟化技术和高级语言虚拟化技术。

应用虚拟化技术将应用程序与操作系统解耦合，为应用程序提供了一个虚拟的运行环境。在这个环境中，不仅包括应用程序的可执行文件，还包括其运行时所需要的环境。当用户需要使用某款软件时，应用虚拟化服务器可以实时将用户所需的程序组件推送到客户端的运行环境，当用户完成操作并关闭应用程序后，他所修改过的数据会被上传到服务器集中管理，这样，用户将不用再局限于单一的客户端，而是可以在不同的终端上使用自己的应用。

目前常用的几款应用虚拟化产品如下：

(1) APP-V(Application Virtualization)。

其前身是 SoftGrid，是 Microsoft 收购 Softricity 之后在 SoftGrid 基础上改进的产品，主要用于企业内部的软件分发，方便了对企业桌面的统一配置和管理。APP-V 的优点包括支持同时使用同一程序的不同版本，并在客户端第一次运行程序时可以实现边使用边下载等；存在的不足则是对 Windows 外壳扩展程序的支持不够好，且安装实施非常复杂，非专业管理员很难部署。

(2) VMware Thin Appa。

其前身是 Thinstall，后来被 VMware 收购，主要用于企业软件分发。该产品的优点是不需要第三方平台，能够直接把软件打包成单文件，分发简单，并支持同时运行一个软件的多个版本；不足是和系统的结合不够紧密，如文件无法关联、无法封装环境包(.NET 框架、Java 环境)、无法封装服务等。

(3) SVS(Software Virtualization Solution)。

SVS 是 Symantec 旗下产品，主要用于企业软件分发。它的虚拟引擎和虚拟软件包是分离的，能做到对应用程序的完美支持，包括支持 Windows 外壳扩展的程序、支持封装环境包(.NET 框架、Java 环境)、支持封装服务；不足是它无法同时运行同一个软件的不同版本。

(4) Install Free。

业界后起之秀，能够实现软件的随处免安装使用。通常而言，用户需要把软件正常安装后的文件都打包，但如果软件所在的系统包含多种不相关的其他软件，或者说系统不干净，就会造成打包文件的不完整，软件分发到其他计算机后容易出现无法使用的情况。而 Install Free 很好地解决了系统不干净情况下打包软件无法使用的问题，具有更好的兼容性。

(5) Sandbox IE。

俗称沙盘，主要用于软件测试和安全使用领域，它像个软件的笼子，可以把软件安装在沙盘里，并在其中运行，软件的所有行为都不会影响到系统。而如果软件携带病毒或被病毒感染，Sandbox IE 可以清除所有软件，就像把一个真实沙盘里的各种用沙建造的物体打碎再重新开始一样。

(6) 云端软件平台(Softcloud)。

应用虚拟化领域的优秀国产软件，其实现原理与 SVS 类似，最大的特点在于它不是面向企业市场而是个人用户，是针对个人使用软件时的诸多问题而制定的解决方案。实现了应用软件无需安装，即点即用，不用写注册表，也不用写系统；无用软件可以一键删除，快速干净不残留；最方便的一点是重装系统后所有应用软件无需重装，因为在云端使用的软件都在云端的缓存目录里，重装系统后只要安装云端，再次指定这个目录，所有软件就可以立即恢复使用，并且无需重新配置。

高级语言虚拟化技术解决的是可执行程序在不同体系结构的计算机间迁移的问题。在高级语言虚拟化技术中，由高级语言编写的程序被编译为标准的中间指令，这些中间指令在解释执行或动态翻译环境中被执行，因而可以运行在不同的体系结构之上。例如，被广泛应用的 Java 虚拟机技术就是通过解除下层的系统平台(包括硬件与操作系统)与上层的可执行代码之间的耦合，实现了代码的跨平台执行：用户编写的 Java 源程序通过 JDK 提供的编译器被编译为与平台无关的字节码，作为 Java 虚拟机的输入，Java 虚拟机则将字节码转换为在特定平台上可执行的二进制机器代码，从而实现了"一次编译，处处执行"的效果。

2.1.4　虚拟化的应用领域

根据虚拟化技术的应用领域，可将虚拟化技术分为应用程序虚拟化、服务器虚拟化、桌面虚拟化、网络虚拟化与存储虚拟化，下面对这几类技术分别进行介绍。

1. 应用程序虚拟化

应用虚拟化是 SaaS 的基础，是把应用对底层系统和硬件的依赖抽象出来，从而解除应用与操作系统及硬件的耦合关系。应用程序运行在本地应用虚拟化环境中时，这个环境为应用程序屏蔽了底层可能与其他应用产生冲突的内容,如图 2-3 所示。

图 2-3 应用程序虚拟化

应用程序虚拟化把程序安装在一个虚拟环境中,与操作系统隔离,极大地方便了应用程序的部署、更新和维护。目前常用的应用程序虚拟化产品有微软的 APP-V、思杰(Citrix)的 XenAPP、VMware 的 ThinAPP 等。将应用虚拟化技术与应用程序生命周期管理结合运用,通常效果更好。

应用虚拟化技术具有以下特点:

(1) 在部署方面:

◇ 不需安装。应用程序虚拟化技术的程序包会以流媒体形式部署到客户端,类似于绿色软件,只要复制就能使用。

◇ 无残留信息。应用程序虚拟化技术并不会在虚拟环境被移除之后,在主机上产生任何文件或者设置。

◇ 不需要更多的系统资源。虚拟化应用程序和安装在本地的应用一样,仅与服务端进行交互时使用本地驱动器、CPU 与内存。

◇ 可事先配置。虚拟化的应用程序包本身已经涵盖了程序所需的一些配置。

(2) 在更新方面:

◇ 更新方便。只需在应用程序虚拟化的服务器上进行一次更新即可。

◇ 无缝的客户端更新。一旦在服务器端进行更新,则客户端便会自动地获取更新版本,无需逐一更新。

(3) 在支持方面:

◇ 能减少应用程序间的冲突。由于每个虚拟化过的应用程序均运行在各自的虚拟环境中,所以并不会有共享组件版本的问题,从而减少了应用程序之间的冲突。

◇ 能减少技术支持的工作量。应用程序虚拟化的程序与传统本地安装的应用不同,需要经过封装测试才能进行部署,此外也不会因为使用者误删除了某些文件而导致程序无法运行。从这些角度来说,应用虚拟化可以减少使用者对技术支持的需求量。

◇ 增加软件的合规性。虚拟化应用程序可针对有需求的使用者进行权限配置,便于管理员进行软件授权的管理。

(4) 在终止方面:

完全移除虚拟化环境里的应用程序并不会对本地计算机产生任何影响,管理员只要在管理界面上进行权限设定,就可以使应用程序在客户端上停止运行。

应用虚拟化技术在使用时，需要考虑以下几点：

◇ 安全性。应用虚拟化技术的安全性由管理员控制。管理员需要考虑企业的机密软件是否允许离线使用，并决定使用者可以使用的软件及其相关配置。此外，由于应用程序是在虚拟环境中运行，应用虚拟化技术能在一定程度上避免恶意软件或者病毒对程序的攻击。

◇ 可用性。在应用虚拟化技术中，相关程序和数据集中存放，使用者需要通过网络下载，因此管理员必须考虑网络的负载均衡以及使用者的并发量。

◇ 性能。采用应用虚拟化技术的程序运行时，需要使用本地 CPU、硬盘和内存，因此其性能除了网络速度因素，还取决于本地计算机的运算能力。

2．服务器虚拟化

服务器虚拟化技术可将一个物理服务器虚拟成若干个服务器来使用。关于服务器虚拟化的概念，各个厂商有不同的定义，但其核心思想是一致的，即它是一种简化管理和提高效率的方法，能够通过区分资源的优先次序并将服务器资源随时分配给最需要的任务，从而减少为单个任务峰值而储备的资源。服务器虚拟化是基础设施即服务(Infrastructure as a Service，IaaS)的基础。

有了服务器虚拟化技术，用户可以动态启用虚拟服务器，让操作系统(以及在上面运行的任何应用程序)认为虚拟机就是实际硬件，运行多个虚拟机时可以充分发挥物理服务器的计算潜能，以迅速应对数据中心不断变化的需求，如图 2-4 所示。

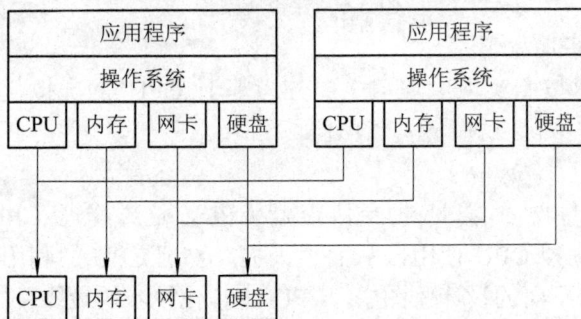

图 2-4　服务器虚拟化

1) 服务器虚拟化架构

在服务器虚拟化技术中，被虚拟出来的服务器称为虚拟机；运行在虚拟机里的操作系统称为客户操作系统，即 Guest OS；负责管理虚拟机的软件称为虚拟机管理器(Virtual Machine Monitor，VMM)，也称为 Hypervisor。

服务器虚拟化通常有两种架构，分别是寄生架构(Hosted)与裸金属架构(Bare-metal)。

(1) 寄生架构。

一般而言，寄生架构的虚拟机管理器 VMM 需要安装在操作系统上，然后用虚拟机管理器创建并管理虚拟机，如 Oracle 公司的 Virtual Box 应用。在寄生架构中，VMM 看起来像是"寄生"在操作系统上的，因此该操作系统称为宿主操作系统，即 Host OS，如图 2-5 所示。

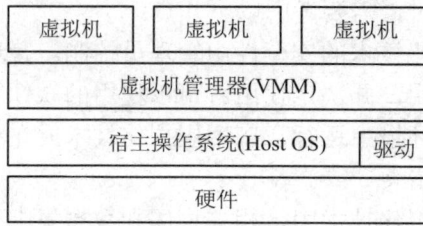

虚拟机　　虚拟机　　虚拟机

虚拟机管理器(VMM)

宿主操作系统(Host OS)　驱动

硬件

图 2-5　寄生架构

(2) 裸金属架构。

顾名思义，裸金属架构是指将 VMM 直接安装在物理服务器上，再在 VMM 上安装其他操作系统(如 Windows、Linux 等)，而无需预装操作系统。由于 VMM 是直接安装在物理计算机上的，因此称为裸金属架构，如 KVM、Xen、VMware ESX 等系统应用的就是此类架构。裸金属架构是直接运行在物理硬件之上的，无需通过 Host OS，所以性能比寄生架构更高，如图 2-6 所示。

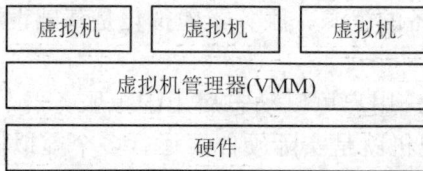

虚拟机　　虚拟机　　虚拟机

虚拟机管理器(VMM)

硬件

图 2-6　裸金属架构

2) 服务器虚拟化实现原理

服务器虚拟化技术按照实现原理，主要分为基于 CPU 的虚拟化、基于内存的虚拟化和基于设备与 I/O 的虚拟化三种类型，详述如下：

(1) CPU 虚拟化。

CPU 虚拟化是指将物理 CPU 抽象成虚拟 CPU，这样物理 CPU 可以把原来空闲的 CPU 时间分配给多个虚拟 CPU 使用，从而大大提高物理 CPU 的利用率。

在 Intel、AMD 等厂商的设计蓝图中，CPU 虚拟化技术的最终目标是可以用单 CPU 模拟多 CPU 并行，允许一个平台同时运行多个操作系统，从而显著提高计算机的工作效率。

(2) 内存虚拟化。

内存虚拟化是指对物理内存进行统一管理，将其包装成多个虚拟的物理内存分别供给若干个虚拟机使用，使得每个虚拟机拥有各自独立的内存空间，彼此互不干扰，如图 2-7 所示。

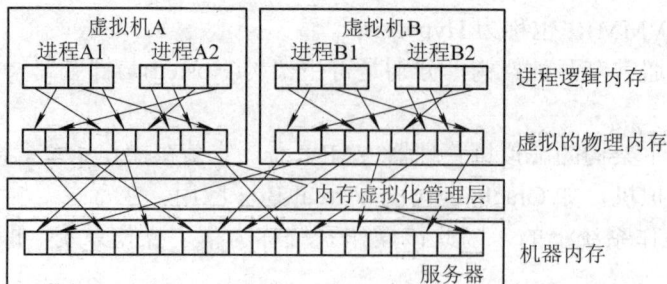

图 2-7　内存虚拟化

(3) 设备与 I/O 虚拟化。

设备与 I/O 虚拟化是指统一管理物理主机的真实设备，将其包装成多个虚拟设备供给若干个虚拟机使用，并响应每个虚拟机的设备访问请求和 I/O 请求。

3) 服务器虚拟化的功能

服务器虚拟化具备以下功能：

(1) 多实例：在一个物理服务器上可以运行多个虚拟服务器。

(2) 隔离性：在多实例的虚拟服务器中，一个虚拟机与其他虚拟机完全隔离，确保了良好的可靠性及安全性。

(3) 无知觉故障恢复：运用虚拟机之间的迁移技术，可以将一个故障虚拟机上的用户在没有明显感觉的情况下迅速转移到另一个新开的正常虚拟机上。

(4) 负载均衡：利用调度和分配技术，平衡各个虚拟机和物理主机之间的利用率。

(5) 统一管理：拥有方便易用的统一管理界面，能对由多个物理服务器支持的若干虚拟机的动态生成、启动、停止、迁移、调度、负荷、监控等进行管理。

(6) 快速部署：整个系统拥有一套快速部署机制，可以对多个虚拟机及其上面的不同操作系统和应用进行高效部署、更新和升级。

4) 服务器虚拟化的产品

目前较有代表性的服务器虚拟化产品如下：

(1) VMware：vSphere ESXi，vCenter，Server，Workstation。

(2) Microsoft：Hyper-V，System Center Virtual Machine Manager。

(3) IBM：PowerVM。

(4) Ctrix：XenServer。

(5) Linux：KVM。

(6) Oracle：VitrualBox。

3．桌面虚拟化

桌面虚拟化指由服务器端保存多用户的不同桌面环境，用户可以使用个人终端通过网络访问服务器端的个人桌面并操作个人系统。桌面虚拟化的代表产品有微软公司的远程桌面、VMware 公司的 vSphere ESXi Client、思杰(Citrix)公司的 XenDesktop 等。桌面虚拟化依赖于服务器虚拟化，服务器通过虚拟化生成大量独立的桌面操作系统(虚拟机或者虚拟桌面)，用户终端设备则通过特定的虚拟桌面协议对其进行访问，如图 2-8 所示。

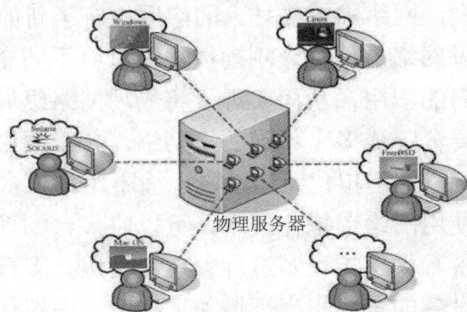

图 2-8　桌面虚拟化

桌面虚拟化具有如下功能：

(1) 集中管理维护功能：可以将 PC 环境及其他客户端软件集中在服务器端管理和配置，实现对企业数据、应用和系统的集中管理、维护和控制，减少现场支持的工作量。

(2) 连续使用功能：可以确保客户端用户下次在另一个虚拟机上登录时，依然能继续使用以前的配置和存储的文件，从而保证软件应用的连续性。

(3) 故障恢复功能：将用户的桌面环境保存在多个虚拟机上，通过对虚拟机进行快照和备份，就可以快速将用户桌面从故障中恢复，并实时迁移到另一个虚拟机上继续工作。

(4) 用户自定义功能：用户可以选择自己喜欢的桌面操作系统，定制系统的显示风格与默认环境变量，以及配置其他各种自定义功能。

4．网络虚拟化

网络虚拟化也是基础设施即服务(IaaS)的基础之一，该技术让一个物理网络能够支持多个逻辑网络，并保留每个逻辑网络设计中原有的层次结构、数据通道和所能提供的服务，最终使得用户的体验和独享物理网络相同。同时，网络虚拟化技术还可以高效地利用各种网络资源，例如空间、能源、设备容址等。

已有的网络虚拟化技术有 VPN 和 VLAN 技术，两者在改善网络性能、提高网络安全性和灵活性方面都取得了较好的效果。

VPN(Virtual Private Network，虚拟专网)指的是在公用网络上建立专用网络的技术。整个 VPN 网络的任意两个节点的连接并不使用传统专网的端到端物理链路，而是架构在公用网络服务商所提供的网络平台上，VPN 实质上就是利用加密技术在公网上封装出一个数据通信隧道。有了 VPN 技术，用户无论是在外地出差还是在家中办公，通过互联网就能非常方便地使用 VPN 访问内网资源。

VLAN(Virtual Local Area Network，虚拟局域网)是一种将局域网设备从逻辑上划分成一个个网段，以此实现虚拟工作组的数据交换技术。使用 VLAN 技术，管理员可以根据实际应用需求，把同一物理局域网内的不同用户按逻辑划分成不同的广播域，每一个虚拟局域网内都包含一组有着相同需求的计算机工作站，与物理上的局域网有着相同的属性，但由于它是从逻辑上划分的，而不是从物理上划分的，所以同一个 VLAN 内的各个工作站并不限制在同一个物理范围中，即这些工作站可以位于不同的物理 LAN 网段。由 VLAN 的特点可知，单个 VLAN 内部的广播和单播流量并不会转发到其他 VLAN 中，因此有助于控制流量，减少设备投资，简化网络管理，提高网络的安全性。

随着云计算技术的发展，网络虚拟化技术的应用也有了新的发展：

一种应用场景为：通过网络虚拟化分割功能，可以将不同企业机构相互隔离，同时还可以在同一网络上访问各自的应用，从而实现了将物理网络纵向分割为多个虚拟化网络。如果把一个企业网络按需要分隔成多个不同的子网络，各子网络使用不同的规则和控制，用户就可以充分利用基础网络的虚拟化路由功能，而不用部署多套网络来实现隔离。

另一种应用场景为：使用网络虚拟化技术，可以将多台物理设备连接整合，组成一个联合设备，并将该联合设备看作单一设备进行管理和使用。多台盒式设备的整合类似于一台机架式设备，多台框式设备的整合相当于增加了槽位。虚拟化整合后的设备组成了一个逻辑单元，在网络中表现为一个网元节点，使管理和配置简单化，并可实现跨设备链路聚合，极大地简化了网络架构。

网络虚拟化技术具有以下特点：

(1) 大幅节省企业的开销。通常只需要一个物理网络即可满足企业的服务要求。

(2) 简化企业网络的运维和管理。使用虚拟化技术后，在逻辑层上使用简单的操作即可对多层及多个网络进行统一管理，而不需要再单独管理每一个或每一层网络，提高了企业网络的安全性。多套物理网络很难实现安全策略的统一和协调，使用虚拟化技术后，一套物理网络可以将安全策略下发到其上搭建的各个虚拟网络中，而各虚拟网络间是完全的逻辑隔离，单个虚拟网络上的操作、变化、故障等并不会影响到其他的虚拟网络，大大提高了企业网络的安全性。

(3) 提高企业网络和业务的可靠性。例如，可将虚拟网络中的多台核心交换机通过虚拟化技术融合为一台，使集群中一些小的设备故障对整个业务系统不产生任何影响。

(4) 满足新型数据中心应用运行的要求。云计算、服务器集群技术等新数据中心应用都要求数据中心和广域网具备高性能、可扩展的虚拟化能力。企业可以将园区和数据中心内的网络虚拟化，使用广域网将其扩展到企业分布在各地的小型数据中心、灾备数据中心等。

5．存储虚拟化

在大中型信息处理系统中，单个磁盘并不能满足需要，为应对这种情况，存储虚拟化技术发展起来。所谓存储虚拟化，就是使用一定的方法，将多个存储介质模块(比如硬盘)集中到一个存储池(Storage Pool)内进行统一管理，从主机和工作站的角度，看到的不是多个存储设备，而是一个分区或卷，类似一个超大容量(如 1 TB 以上)的硬盘。这种将多种及多个存储设备统一管理起来，为使用者提供大容量、高数据传输性能的存储系统，就称为存储虚拟化，如图 2-9 所示。

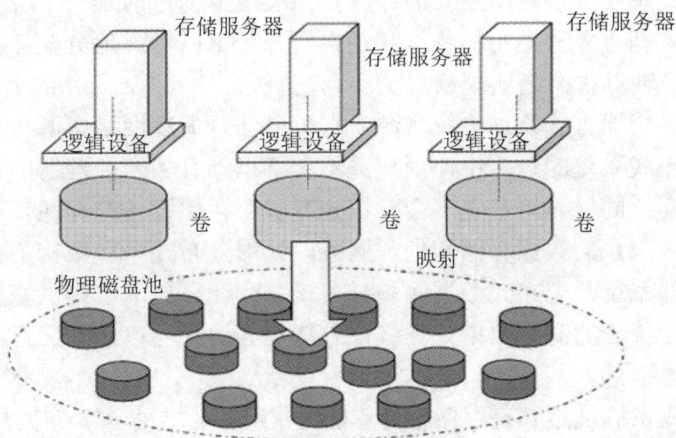

图 2-9　存储虚拟化

存储虚拟化主要具有以下特点：

(1) 存储虚拟化提供了一种集中管理大容量存储系统的方法，即由网络中的一个环节(如服务器)进行统一管理，避免了存储设备扩充导致的管理麻烦。在使用一般存储系统时，如果增加新的存储设备，整个系统(包括网络中的诸多用户设备)都需要重新进行繁琐的配置工作，才可以使这个"新成员"加入到存储系统之中；而使用存储虚拟化技术，在增加新的存储设备时，网络管理员只需简单地更改存储系统的配置，客户端即可无障碍使用，感觉上只是存储系统的容量增大了。

(2) 存储虚拟化可以大大提高存储系统的整体访问带宽。存储系统由多个存储模块组成，而存储虚拟化系统可以很好地进行负载平衡，把每一次数据访问所需的带宽合理地分配到各个存储模块上，这样系统的整体访问带宽就增大了。例如，一个存储系统中有四个存储模块，每一个存储模块的访问带宽为 50 MB/s，则这个存储系统的总访问带宽可以接近各存储模块的带宽之和，即 200 MB/s。

(3) 存储虚拟化技术使用户对存储资源的管理更加灵活，对不同类型的存储设备也能进行集中管理和使用，不浪费购买存储设备的投资。对于常规企业，存储虚拟化一般在存储资源性能相仿且零散分布的情况下使用。

目前，业界主流的存储虚拟化产品主要有 EMC 公司的 VPLEX、IBM 公司的 SVC(SAN Volume Controller)、飞康公司的 NSS(Network Storage Server)等。

2.2 分布式技术

随着网络基础设施与服务器性能的不断提升，分布式系统架构开始越来越多地为人所关注，其以传统信息处理架构无法比拟的优势，成为云计算系统的另一核心技术。

分布式系统(Distributed System)是建立在网络之上的支持分布式处理的软件系统。分布式系统同样具有软件的内聚性和透明性特征：内聚性是指每一个分布节点高度自治，由独立的程序进行管理；透明性是指每一个分布节点对用户的应用来说都是透明的，看不出是本地还是远程。

在一个分布式系统中，每组独立的计算资源展现给用户的是一个统一的整体，看上去像一个系统。系统拥有多种通用的物理和逻辑资源，可以动态地分配任务，分散的物理和逻辑资源可以通过计算机网络实现信息交换。

分布式系统以全局方式管理系统资源，它可以任意调度网络资源，并且调度过程是透明的。在使用分布式系统的过程中，用户并不会意识到有多个处理器的存在，整个系统就像一个处理器一样；同样，用户也不会意识到有多个存储设备的存在。通过这种方式，分布式系统可以提供海量的数据存储和处理服务。使用分布式系统架构整合的超级计算机能够通过分布式文件系统、分布式数据库和分布式并行计算技术，提供海量文件存储、海量结构化数据存储、统一的海量数据处理编程方法及其运行环境，下文将会对这些技术进行详细介绍。

但是，分布式系统虽然具有存储和计算能力优势，但也存在一定的局限性。

2000 年，Brewer(加州大学伯克利分校教授)提出一个重要的分布式系统理论——CAP(Consistency、Availability、Partition-tolerance)理论。CAP 理论指出：一个分布式系统不可能同时满足一致性(Consistency)、可用性(Availability)和分区容忍性(Partition-tolerance)这三个需求，最多只能同时满足其中的两个，原因如下：

(1) 一致性(Consistency)：在分布式系统中，一个数据往往会存在多份副本。简单来说，一致性使客户对数据的修改操作(增、删、改)要么在所有的数据副本上全部成功，要么全部失败，即修改操作对于一份数据的所有副本而言是原子操作。如果一个存储系统可以保证一致性，那么客户读或写的数据可以完全保证是最新的，不会发生两个不同的客户端在不同的存储节点中读取到不同副本的情况。

(2) 可用性(Availability)：顾名思义，可用性就是指在客户端想要访问数据的时候能够得到响应。但应注意，系统可用并不代表存储系统所有节点提供的数据是一致的，比如，客户端想要读取文章评论，系统端返回客户端的评论数据中缺少最新的一条，但这种情况下仍然要说系统是可用的。系统往往会对不同的应用设定一个最长响应时间，超过这个响应时间的服务才称之为不可用的。

(3) 分区容忍性(Partition-tolerance)：即是否允许数据的分区，分区的意思是指使得集群中的节点之间无法通信。如果存储系统只运行在一个节点上，要么系统整个崩溃，要么全部运行良好，而一旦针对同一服务的存储系统分布到了多个节点后，整个系统就存在分区的可能性。例如，两个节点之间如果出现网络断开(无论长时间或者短暂的)就形成了分区。对当前的互联网公司(如 Google)来说，为了提高服务质量，同一份数据放置在不同城市乃至不同国家都是很正常的，节点之间已形成分区的情况下，除全部网络节点全部故障外，所有子节点集合的故障都不会导致整个系统不正确响应。

因此，在设计一个分布式文件系统时，必须考虑放弃上述三个特性中的一个：

(1) 如果要满足分区容忍性和一致性，为保证数据的一致性，如果节点出现故障，只能等其恢复正常后再完成数据操作，这就保证不了在一定响应时间内数据的可用性。

(2) 如果要满足可用性和一致性，为保证可用性，数据必须有至少两个副本，这样系统显然无法容忍分区，而当同一数据的两个副本分配到两个无法通信的分区上时，显然会返回错误的数据。

(3) 如果要满足可用性和分区容忍性，为保证可用，数据必须要在不同节点中有两个副本，却又必须保证在产生分区时仍然可以完成操作，则操作必然无法保证一致性。

2.2.1　分布式文件系统

随着数据量的增大，单纯通过增加硬盘个数来扩展存储容量的方式在容量大小、扩容速度、数据备份、数据安全等方面的表现都不尽人意，而分布式文件系统可以有效解决这一难题：将固定于某个地点的单个文件系统扩展到任意多个地点和多个文件系统，并将众多的存储节点组成一个文件系统网络，每个节点可以分布在不同的地点，通过网络进行节点间的通信和数据传输。用户在使用分布式文件系统时，无需关心数据是存储在哪个节点上或是从哪个节点处获取的，只需像使用本地文件系统一样管理和存储其中的数据即可。

1. 分布式文件系统的概念和特点

分布式文件系统(Distributed File System)是指文件系统管理的物理存储资源并不一定直接连接在本地节点上，也有可能是通过计算机网络与节点相连，亦称集群文件系统，可以支持大数量的节点以及 PB 级的数据存储。

分布式文件系统的最大特点是：数据分散存储在分布式文件系统的各个独立节点上，供用户透明地存取。分布式文件系统采用可扩展的系统架构，利用多台存储服务器分担存储负荷，利用位置服务器定位存储信息，不但提高了系统的可靠性、可用性和存取效率，也易于文件系统的扩展。

以高性能、高容量为主要特性的分布式文件系统必须满足以下四个条件：

(1) 应用于网络环境中。

(2) 单个文件的数据分布存放在不同的节点上。

(3) 支持多个终端、多个进程的并发存取。

(4) 提供统一的目录空间和访问名称。

分布式文件系统因其高容量、高性能、高并发性以及低成本的特点，获得了众多 IT 企业，特别是互联网服务提供企业的广泛关注和支持。目前，很多提供云存储服务的产品都以分布式文件系统作为基础。

2. 分布式文件系统的体系架构

1) 分布式文件系统体系架构的类型

目前，分布式系统的应用体系架构主要有两种实现类型：一种是中心化(Centralization)体系架构，另一种是去中心化(Decentralization)体系架构。

(1) 中心化体系架构。

中心化体系架构，顾名思义，就是以一个系统中的节点作为中心节点，其他节点直接与该中心节点相连而构成的网络。此类架构中，中心节点维护整个网络的元数据信息，任何对系统的分布式请求都要经过中心节点，中心节点处理通过后，再将任务分配给各个节点，分配到任务的各个节点则在处理完成后将结果直接返回到目标位置。因此，中心节点通常相当复杂，通信的负载也最大，而各个节点的负载则相对较小，如图 2-10 所示。

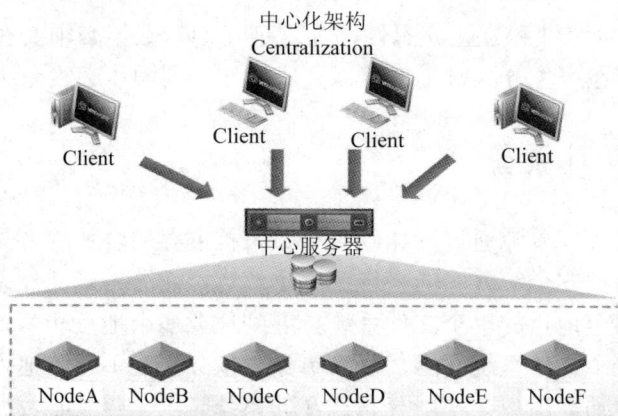

图 2-10　中心化体系架构

中心化体系架构可能会因中心节点失效而导致整个系统瘫痪，为解决这一问题，中心节点都会配置有副中心节点，当主中心节点失效后，副中心节点将会接管。

(2) 去中心化体系架构。

相对于中心化体系架构，去中心化体系架构中不再存在某种中心节点，从总体上说，此类架构每个节点的功能都是类似的或者说对称的，如图 2-11 所示。

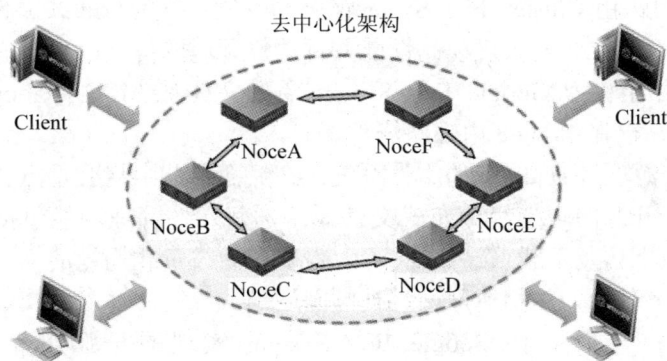

图 2-11　去中心化体系架构

对于去中心化体系架构而言，最重要的问题之一就是如何把这些节点组织到一个网络中，因为一般而言，系统中的一个节点不可能知道系统中所有其他的节点，它只能知道在这个网络中自己的邻居，并与这些邻居直接交互。

2) 两种体系架构的比较

中心化体系架构与去中心化体系架构相比较各有优缺点：

(1) 中心化体系架构的优点和缺点。

优点：一致性管理方便，可以对节点进行直接查询。

缺点：存在访问的"热点"现象，单台服务器会形成瓶颈，容易造成单点故障，且单点故障会影响整个系统的可用性。

(2) 去中心化体系架构的优点和缺点。

优点：消除了单点故障，可用性高。

缺点：一致性管理复杂，高度依赖节点间的网络通讯，交换机故障所导致的分割依然会造成故障，且不能对节点进行直接查询。

综上所述，中心化体系架构的最大优势是结构简单、管理方便、查询效率高；而去中心化体系架构的最大优势是可用性高、可扩展性强。两种体系架构综合性能的比较如表 2-1 所示。

表 2-1　两种体系结构的性能比较

比较	中心化	去中心化
可扩展性	低	高
可用性	中	高
可维护性	高	低
动态一致性	低	高
节点查询效率	高	低
执行效率	高	低

3. 经典的分布式文件系统

目前比较经典的几个分布式文件系统如下：

(1) Lustre：一个开源的、基于对象存储设备的并行文件系统，起源于卡耐基梅隆大学的 Coda 研究项目，由 Cluster File Systems 公司开发。作为分布式文件系统的开创者，该系统已经在集群存储尤其是大规模高性能并行计算领域取得了巨大的成功。

(2) GoogleFS：全称为 Google File System(谷歌文件系统)，由 Google 针对自身特点而设计，超大规模，已在 Google 内部广泛部署。

(3) HDFS：开源项目 Hadoop 的文件系统，在后面章节中将会重点介绍。

(4) FastDFS：开源的轻量级分布式文件系统，其文件管理功能包括：文件存储、文件同步、文件访问(上传及下载)等，解决了大容量存储与负载均衡的问题，特别适合以文件为载体的在线服务使用，如相册网站、视频网站等。

(5) MogileFS：一个基于 Google File System 实现的开源分布式文件系统，由 LiveJournal 旗下的 Danga Interactive 公司开发，常用于组建分布式文件集群。

2.2.2　分布式数据库系统

分布式数据库系统，通俗地说，就是物理上分散而逻辑上集中的数据库系统。分布式数据库系统使用计算机网络，将地理位置分散但管理和控制又需要不同程度集中的多个逻辑单位(通常是集中式数据库系统)连接起来，共同组成一个统一的数据库系统，因此，分布式数据库系统可以看成是计算机网络与数据库系统的有机结合。

在分布式数据库系统中，被计算机网络连接的每个逻辑单位是能够独立工作的计算机，这些计算机称为站点(site)或场地，也称为结点(node)。所谓地理位置上分散，即指各站点分散在不同的地方，大可以到不同国家，小可以仅指同一建筑物中的不同位置；所谓逻辑上集中，是指各站点之间不是互不相关的，而是一个逻辑整体，由一个统一的数据库管理系统进行管理，这个数据库管理系统就称为分布式数据库管理系统(Distributed Database Management System，DDBMS)。

一个分布式数据库系统应该具有如下特点：

(1) 物理分布性。

分布式数据库系统中的数据不是存储在一个站点上，而是分散存储在由计算机网络连接起来的多个站点上，而且这种分散存储用户是感觉不到的，因此，分布式数据库系统的数据具有物理分布性，这是与集中式数据库系统的较大差别之一。

(2) 逻辑整体性。

分布式数据库系统中的数据在物理上分散在各个站点中，但这些分散的数据逻辑上却构成一个整体，它们被分布式数据库系统的所有用户(全局用户)共享，并由一个分布式数据库管理系统进行统一管理，该系统对用户来说是透明的。

(3) 站点自治性。

站点自治性也称场地自治性，即各站点上的数据由本地的数据库管理系统管理，具有自治处理能力。

目前几种主流的分布式数据库系统如下：

(1) BigTable：Google 公司使用的分布式数据库系统，用于处理海量数据，通常是分布在数千台普通服务器上的 PB 级数据。BigTable 实现了适用性广泛、可扩展、高性能和高可用性的目标，已应用到了超过 60 个 Google 产品和项目上，包括 Google Analytics、

Google Finance、Orkut、PersonalizedSearch、Writely 和 Google Earth。

(2) Hbase：全称 Hadoop Database，是一个以 Google BigTable 为技术基础的分布式文件系统，使用 Java 语言编写，具有高可靠性、高性能、面向列、可伸缩等特点。

(3) CouchDB：一个流行的开源非关系型分布式数据库，表以文档格式存储数据而不是存储内容，使用 JavaScript 语言作为查询语言。

(4) MongoDB：一个用 C++语言编写的分布式数据库，以高性能、易部署、易使用、存储数据方便为主要特点，存储数据类型较为丰富，支持 Java、C++、PHP、Ruby、Python 等多种语言。

2.2.3　分布式计算

传统上认为，分布式计算是一种把需要进行大量计算的数据分割成小块，由多台计算机分别计算后上传计算结果，再将结果合并起来得出所需结果的计算方式。也就是说，分布式计算一般是指通过网络，将多个独立的计算节点(即物理服务器)连接起来共同完成一个计算任务的计算模式。通常这些节点都是物理上独立的，它们可能距离很近，比如处于同一个物理机房内部，也可能相距很远，比如分布在整个 Internet 上。而目前业界对分布式计算的定义为：即使是在同一台服务器上运行的不同进程，只要通过消息传递机制，而非共享全局数据的形式来协调并共同完成某个特定任务的计算，也被认为是分布式计算。

分布式计算将大任务化为小任务，任务之间相互独立，上个任务的结果未返回或结果处理错误，对下一个任务的处理几乎没有什么影响，因此，分布式计算的实时性要求不高，而且允许存在计算错误(因为每个计算任务会分配给多个参与者计算，服务器会对上传的计算结果进行比较，并对存在较大差异的结果进行验证)。

一般来说，分布式计算具有以下特征：

(1) 由于网络可跨越的范围非常广，因此如果设计得当，分布式计算的可扩展性会非常好。

(2) 分布式计算中的每个节点都有自己的处理器和内存，并且该节点的处理器只能访问自己的内存。

(3) 在分布式计算中，节点之间的通信以消息传递为主，数据传输较少，因此每个节点看不到全局，只知道自己负责部分的输入和输出。

(4) 在分布式计算中，节点的灵活性很大，单个节点可随时加入或退出，各个节点的配置也不尽相同，但一个拥有良好设计的分布式计算机制应该保证整个系统的可靠性不受单个节点的影响。

本 章 小 结

◇　虚拟化通过对各种 IT 资源的抽象，能够把有限的固定资源根据不同需求进行重新规划，实现资源的最大化利用。经过虚拟化后的逻辑资源对用户隐藏了不必要的细节，用户可在虚拟环境中实现其在真实环境中的部分或者全部功能。

◇　虚拟化技术从技术实现层次的角度出发，可分为基础设施虚拟化、系统虚拟化和软件虚拟化；从应用领域的角度出发，可分为服务器虚拟化、存储虚拟化、应用虚拟化、网络虚拟化和桌面虚拟化。

✧ 分布式系统(Distributed System)是建立在网络之上的支持分布式处理的软件系统，同样具有软件的内聚性和透明性特征。

✧ 分布式文件系统(Distributed File System)是指文件系统管理的物理存储资源不一定直接连接在本地节点上，也可以通过计算机网络与本地节点相连，亦称集群文件系统，可以支持大数量的节点以及 PB 级的数据存储。

✧ 分布式计算是一种先将需要大量计算的数据分割成小块，分配给多台计算机分别计算后上传计算结果，再将结果合并起来得出所需结果的计算方式。

本 章 练 习

1. 简述虚拟化技术的概念及优势。
2. 按照应用领域来划分，虚拟化技术有哪几类？
3. 分布式文件系统的体系架构有哪些？设计原理分别是什么？
4. 经典的分布式文件系统和分布式数据库都有哪些？

第 3 章　云计算平台

本章目标

- 掌握 Google 云计算体系结构
- 掌握 Google 文件系统 GFS
- 了解 Google App Engine
- 掌握 Amazon 云平台相关技术和服务
- 了解微软云平台服务
- 了解阿里云平台、百度云平台和腾讯云平台服务

3.1 Google 云平台

Google 拥有全球最强大的搜索引擎，但除了搜索业务以外，Google 还拥有 Google Maps、Google Earth、Gmail、YouTube 等多种应用服务，这些应用服务的共性是数据量巨大，而且要面向全球用户提供实时服务，因此，Google 必须解决海量数据的存储和快速处理问题。Google 的诀窍在于，它发展出了一套简单而又高效的技术，让多达百万台的廉价计算机协同工作，共同完成这些前所未有的任务，这些技术在诞生几年之后被命名为 Google 云计算技术。

3.1.1 Google 云计算平台体系结构

Google 最大的 IT 优势在于其能够建造出一套既富性价比又能承载极高负载的高性能系统。Google 云计算平台体系结构如图 3-1 所示。

图 3-1 Google 云计算平台体系结构

从整体看来，Google 云计算平台包含如下结构层次：

(1) 网络系统：包括内部网络和外部网络。内部网络是用于连接 Google 自建的各数据中心的网络系统，这一高速的网络系统将 Google 的每一台服务器连接成为一个负载均衡的集群；外部网络是指在 Google 数据中心之外，由 Google 自己搭建的用于不同国家、地区及不同应用之间的数据交换网络。

(2) 硬件系统：从层次上来看，包括单个服务器，整合多个服务器的机架，以及存放、连接各服务器机架的数据中心(IDC)。

(3) 软件系统：包括每个服务器上安装的单机操作系统，以及 Google 云计算底层软件系统(包括文件系统 GFS、并行计算模型 MapReduce、并行数据库 BigTable、并行锁服务

Chubby 和云计算消息队列 GWQ 等)。

  (4) Google 应用：主要包括以下几种程序。

  ◇ Google 内部使用的软件开发工具，包括 C++、Java、Python 等。

  ◇ Google 发布的可以使用 Python、Java 等编程语言调用云计算底层软件系统的
PAAS 平台——Google App Engine。

  ◇ Google 自己开发的各项 SAAS 类型的服务，例如 Google Search、Google Gmail、
Google Map、Google Earth 等。

3.1.2　Google 云计算平台核心技术

  Google 云计算平台核心技术主要包括：Google 文件系统 GFS、并行计算编程模型
MapReduce、分布式锁服务 Chubby、分布式结构化数据存储系统 BigTable、分布式存储
系统 Megastore 以及分布式监控系统 Dapper 等。

  这些技术中，GFS 提供了海量数据存储和计算的能力；MapReduce 使得海量信息的
并行处理变得简单易行；Chubby 解决了分布式环境下并发操作的同步问题；BigTable 使
得海量数据的管理和组织十分方便；构建在 BigTable 之上的 Megastore 则实现了关系型数
据库和 NoSQL 之间的巧妙融合；Dapper 能够全方位地监控 Google 云计算平台的运行状
况。下面对这几种核心技术分别进行详细介绍。

1. Google 文件系统(GFS)

  GFS(Google File System)是一个大型的分布式文件系统，为 Google 云计算提供海量存
储。GFS 与 Chubby、MapReduce 以及 BigTable 等技术结合十分紧密，处于所有核心技术
的底层。

  文件系统是操作系统的一个重要组成部分，通过对操作系统所管理的存储空间的抽
象，可以向用户提供统一的、对象化的访问接口，屏蔽对物理设备的直接操作和资源
管理。

  根据计算环境和所提供功能的不同，文件系统可划分为四个从低到高的层次，依次
为：单处理器单用户的本地文件系统，如 DOS 的文件系统；多处理器单用户的本地文件
系统，如 OS/2 的文件系统；多处理器多用户的文件系统，如 UNIX 的本地文件系统；多
处理器多用户的分布式文件系统，如 Google 的 GFS 系统。

  本地文件系统(Local File System)指文件系统管理的物理存储资源直接连接在本地节点
上，处理器通过系统总线可以直接访问。分布式文件系统(Distributed File System)指文件
系统管理的物理存储资源不一定直接连接在本地节点上，而是通过计算机网络与节点相
连。分布式文件系统是目前最高级的文件系统，它将网络连接的各存储节点抽象成一个统
一的存储系统，由该系统解决其内部各存储节点的管理和协作等复杂问题，提供了与本地
文件系统几乎相同的访问接口和对象模型。

  1) GFS 的设计思想和目标

  GFS 与之前的分布式文件系统存在许多共同目标，但其设计受到当前及预期中的工作
量与技术环境影响，因此也呈现出与早期分布式文件系统明显不同的设想：

(1) 硬件出错是正常而非异常。

因为文件系统由成百上千个用于存储的机器构成，而这些机器是由廉价的普通部件组成，并始终在被大量的客户机访问，部件庞大的数量和较低的质量使得一些机器随时有可能无法工作，其中一部分甚至可能无法恢复数据，因此，实时监控、错误检测、容错与自动恢复功能对系统来说必不可少。

(2) 需要高效存储大尺寸文件。

对 GFS 而言，存储长度达几个 GB 的文件很常见，而每个文件又通常包含很多应用对象。当经常要处理这种快速增长的、包含数以万计对象的、长度达 TB 的数据集时，即使底层文件系统提供支持，也很难对成千上万的 KB 规模的文件块进行管理。因此，文件系统必须重新设计操作的参数与块的大小，对大型文件的管理一定要高效，对小型的文件也必须支持，但不必优化。

(3) 大部分文件的更新是通过添加新数据完成的，而不是改变已存在的数据。

在一个文件中随机的操作在云计算实践中几乎不存在，文件一旦写完就只可读，很多数据都具备上述特性。一些数据可能组成一个大仓库以供数据分析程序扫描，其中有些是运行中程序连续产生的数据流，有些是档案性质的数据，有些是在某个机器上产生而在另外一个机器上处理的中间数据。考虑到这些大型文件的不同访问方式，添加操作成为优化性能和保证原子性的焦点，而在客户机中缓存数据块的做法则失去了意义。

(4) 工作量主要由两种读操作构成。

GFS 的工作量主要包括对大量数据的流方式的读操作和对少量数据的随机方式的读操作。在前一种读操作中，可能要读通常达几百 KB 至 1 MB 甚至更多的数据；来自同一个客户的连续操作通常会读文件中一个连续的区域，而随机的读操作则通常在一个随机的偏移处读几 KB 的数据。

(5) 工作量还包含大量的、连续添加数据的写操作。

GFS 写数据的方式和读相似，一旦写完，文件就很少改动。在随机位置对少量数据的写操作虽然也需要支持，但不必非常高效。

(6) 系统必须具备允许大量客户同时高效率地向一个文件添加数据的功能。

2) GFS 的特点

(1) 单 Master 模式。

只有一个 Master 的模式极大地简化了设计，并使得 Master 可以根据全局情况作出合理的调度，但是必须要将 Master 对操作的参与减至最少，这样它才不会成为系统的瓶颈。一种方法是：令 Client 只从 Master 读取文件块的元数据信息，从中得知要和哪个 Chunk Server 联系，并在限定的时间内将这些信息缓存，在后续的操作中直接与需要关联的 Chunk Server 交互，这样的设计减轻了 Master 的压力，平衡了负载。

(2) 块规模为 64 MB。

块规模是设计中的一个关键参数。64MB 的容量比一般文件系统的块规模大得多，每个块的副本作为一个普通的 Linux 文件存储，在需要的时候可进行扩展。较大的块规模能够减少 Client 和 Master 之间的交互，使 Client 在一个给定的块上可以执行多个操作，同时减少 Master 上保存的元数据(MetaData)的规模。

(3) 不缓存文件数据，缓存元数据。

对于存储在 Chunk Server 上的文件数据，其本地文件系统能够提供缓存机制，而在 GFS 中，由于 Chunk Server 不稳定所产生的复杂数据一致性问题，因此没有实现缓存机制。但是对于存储在 Master 中的元数据，GFS 采取了缓存策略，因为 GFS 中 Client 发起的所有操作都要先经过 Master，此时 Master 就需要对其元数据进行频繁操作。为了提高操作的效率，Master 的元数据都是直接保存在内存中进行操作，同时采用相应的压缩机制，降低元数据占用空间的大小，提高内存的利用率。

2．分布式数据处理技术 MapReduce

MapReduce 是一个编程模型，用来处理大数据的数据集合。用户指定一个 Map 函数处理一个键值对，从而产生中间的键值对集，然后再指定一个 Reduce 函数，合并所有具有相同中间键的中间值集合。MapReduce 也是 Google 开发的一个并行计算框架，提供了自动的并行化与分布式计算、容错、I/O 调度以及状态监控等功能，能够把分布式的业务逻辑从复杂的细节中抽象出来，为经验不足的程序员进行并行编程提供了简单的接口。

Google 为自己定义的使命是整合全球信息，使人人皆可访问并从中受益，因此更早接触到了只有分布后才能存储的数据，这导致了 Google File System 的诞生，然而紧接着遇到的问题是：怎样才能让公司的所有程序员都学会编写分布式计算的程序？因为若要分析 Google File System 存储的海量数据，需要的运算量是惊人的。为解决这一问题，MapReduce 技术应运而生，该技术通过把海量数据集的常见操作抽象为 Map 和 Reduce 两种集合操作，大大降低了程序员编写分布式计算程序的难度。

与传统的分布式程序设计模型相比，MapReduce 封装了并行处理、容错处理、本地化计算、负载均衡等细节，还提供了一个简单而强大的接口，通过这个接口，可以将大尺度的计算自动地并发和分布执行，从而使编程变得非常容易，也可以通过由普通 PC 构成的巨大集群来达到极高的性能。另外，MapReduce 还具有较好的通用性，很多不同的问题都可以使用 MapReduce 解决。

MapReduce 将对数据集的大规模操作分发给一个主节点管理下的各分节点来共同完成，通过这种方式实现任务的可靠执行与容错机制。在每个时间周期，主节点都会对分节点的工作状态进行标记，一旦某个分节点标记为死亡状态，则这个节点的所有任务都将分配给其他分节点重新执行。Google 通过使用这一编程模式，保持了服务器之间的均衡，提高了整体效率。

3．分布式锁服务 Chubby

Chubby 是一种为了实现 MapReduce 或 BigTable 而开发的内部工具。

分布式的一致性问题是分布式系统的一个经典问题，描述大致如下：在一个分布式系统中有一组任务，它们需要确定一个值，于是，每个任务都提出了一个值，而分布式的一致性问题就是选中一个值作为最后确定的值，并且这个值被选出来的消息要通知所有的任务。

表面看来，这个问题很容易解决，例如，可以设置一个服务器，令所有的任务都向这个服务器提交一个值，这个服务器可以根据某个简单的规则挑选出一个值，然后由这个服务器通知所有的进程。但在分布式系统中可能会发生各种问题，例如设置的这个服务器可能会崩溃，因此需要由几个服务器来共同决定，而且任务提交值的时间并不一致，加上网络传输过程中的延迟，所以这些值到达服务器的顺序也并没有保证。

而 Chubby 就是为了解决上述问题而构建的，但它并不是一个协议或一个算法，而是 Google 精心设计的一个服务。

在 GFS 中，存在很多服务器，需要从中选取一台作为主服务器，这就是一个很典型的分布式的一致性问题，值在这里指主服务器的地址。GFS 使用 Chubby 来解决这个问题：通过 Chubby 提供的通信协议，所有的服务器都可以到 Chubby 服务器上申请创建同一个文件，而最终只有一个服务器能够获准创建这个文件，于是这个服务器就成为了主服务器，它会在这个文件中写入自己的地址，其它的服务器通过读取这个文件就可以得知被选出的主服务器的地址。

从上面的实例可以看出，Chubby 首先是一个分布式的文件系统，能够提供支持机制，使客户端可以在 Chubby 服务上创建文件并执行一些文件的基本操作。说它是分布式的文件系统，是因为单个 Chubby Cell 是一个分布式的系统，一般包含五台机器，而整个文件系统是部署在这五台机器上的。

但在更高一点的语义层面上，Chubby 又是一个 Lock 服务，一个针对松耦合分布式系统的 Lock 服务。所谓 Lock 服务，就是该服务能提供开发人员经常使用的"锁"与"解锁"功能。使用 Chubby，一个分布式系统中的上千个客户端都能对某项资源进行"加锁"、"解锁"。

那么，Chubby 是怎样实现"锁"功能的？答案是通过文件，Chubby 中的"锁"就是文件，在上面的实例中，创建文件实质上是进行"加锁"操作，创建文件成功的服务器等于抢占到了"锁"。用户通过打开、关闭和读取文件，获取共享锁或者独占锁，并且通过通信机制，向用户发送更新信息。

综上所述，Chubby 是一个 Lock 服务，通过该 Lock 服务可以解决分布式系统中的一致性问题，而其实现形式是一个分布式的文件系统。

4. 分布式数据库 BigTable

BigTable 是 Google 基于 GFS、MapReduce 和 Chubby 开发的分布式存储数据库系统，被设计用来处理海量数据，通常是分布在数千台普通服务器上的 PB 级的数据，并且能够部署到上千台机器上。

BigTable 和数据库很类似：它使用了很多数据库的实现策略，但它并不是一个完全的关系型数据库，它不支持完整的关系数据模型，而是提供了一个简单的数据模型接口，使得数据的存储更加灵活。Google 的很多数据，包括 Web 索引、卫星图像数据等在内的海量结构化和半结构化数据，都是存储在 BigTable 中的。

BigTable 已经实现了如下几个目标：适用性广泛、可扩展、性能强大和可用性高，已经在超过 60 个 Google 的产品和项目上得到了应用，包括 Google Analytics、Google Finance、Orkut、Personalized Search、Writely 和 Google Earth。这些产品对 BigTable 提出了迥异的需求，有的需要高吞吐量的批处理，有的则需要及时响应，快速返回数据给最终用户。它们使用的 BigTable 集群的配置也有很大的差异，有的集群只有几台服务器，而有的则需要上千台服务器、存储几百 TB 的数据。

5．分布式存储系统 Megastore

与传统的数据存储不同，互联网上的应用对数据的可用性和系统的扩展性有很高的要求，一方面，一般的互联网应用都需要做到 7 天 24 小时的不间断服务，否则会导致较差的用户体验；另一方面，热门的应用又往往会在短时间内经历用户数量的急剧增长，这就要求系统具有良好的可扩展性。

为实现较好的可扩展性，互联网应用常常会采用 NoSQL 存储方式，但从应用程序的构建方面来看，传统的关系型数据库又有着 NoSQL 所不具备的优势，为此，Google 设计构建了分布式存储系统 Megastore，用于互联网中的交互式服务，这一系统成功地将关系型数据库和 NoSQL 的特点与优势进行了融合。

6．监控系统 Dapper

Google 被使用最频繁的服务就是它的搜索引擎。每当用户将一个关键字通过 Google 的输入框传到 Google 的后台，系统就会将具体的查询任务分配到很多子系统中，这些子系统有些是用来处理涉及关键字的广告的，有些是用来处理图像、视频等搜索的，最后所有这些子系统的搜索结果都会被汇总在一起返回给用户。有资料表明，用户平均每一次前台搜索会导致 Google 的后台发生 1011 次的处理。在用户看来很简单的一次搜索，实际上涉及了众多 Google 后台的子系统，这些子系统的运行状态都需要进行监控，而且随着时间的推移，Google 的服务越来越多，新的子系统也在不断被加入。因此，在为其设计监控系统时，需要考虑到的第一个问题就是设计出的系统应当能对尽可能多的 Google 服务进行监控，而另一方面，Google 的服务是全天候的，如果不能对 Google 的后台同样进行全天候的监控，则很可能会错过某些无法再现的关键性故障，因此需要进行不间断的监控。

为此，Google 设计了 Dapper 监控系统。Dapper 能对几乎所有的 Google 后台服务器进行监控，并将海量的监控信息记录汇集在一起产生有效的监控信息。在实际应用中，Dapper 监控信息的汇总需要经过以下三个步骤：

(1) 将区间的数据写入到本地的日志文件。

(2) 将所有机器上的本地日志文件汇集在一起。

(3) 将汇集后的数据写入到 BigTable 存储库中。

3.1.3　Google App Engine

近年来，Google 公司不断推出新产品，比如 Google 搜索、Google Maps、Google Earth、Google Adsense、Google Reader 等，同时，Google 也倾力打造了一个平台，以集成自己的服务并供开发者使用，这就是 Google App Engine 平台。简单地说，Google App Engine 是一个由 Python 应用服务器群、BigTable 数据库以及 GFS 数据储存服务组成的平台，能为开发者提供一体化的、可自动升级的在线应用服务。

从云计算平台的分类来看，Amazon 提供的是 IaaS 平台，而 Google 提供的 Google App Engine 是一个 PaaS 平台。Google App Engine 平台易于构建和维护应用程序，可以让开发人员在 Google 的基础架构上运行网络应用程序，并且可根据访问量和数据存储需要的增长来轻松扩展应用程序。使用 Google App Engine，开发人员将不再需要维护服务器，只需上传应用程序，它便可立即为最终用户提供服务。

使用 Google App Engine 时，用户既可以使用 appspot.com 域上的免费域名为应用程序提供服务，也可以使用 Google 企业应用套件从自己的域为它提供服务；既可以与全世界的人共享自己的应用程序，也可以只允许自己组织内的成员访问该程序。

Google App Engine 的使用是免费的，注册一个免费账户即可开发和发布应用程序，免费账户可以使用多达 500 MB 的持久存储空间，以及能够支持每月约 500 万页面浏览量的超大 CPU 和带宽。

3.2 Amazon 云平台

依靠电子商务逐步发展起来的 Amazon 公司，凭借在电子商务领域积累的完善的基础设施、先进的分布式计算技术和巨大的用户群体，很早就介入了云计算领域，并在云计算、云存储等方面一直处于领先地位。在传统的云计算服务基础上，Amazon 不断进行技术创新，开发出了一系列新颖、实用的云计算服务。

Amazon 的云计算服务平台称为 Amazon Web Services，简称 AWS，致力于为全世界范围内的客户提供云解决方案。AWS 面向用户提供包括弹性计算、存储、数据库、应用程序等在内的一整套云计算服务，并允许最终用户通过程序访问 Amazon 的计算基础设施。多年来，Amazon 一直在构建和调整这个健壮的计算平台，现在任何能够访问 Internet 的人都可以使用它。

Amazon 云平台的整个架构是完全分布式且去中心化的，如图 3-2 所示。

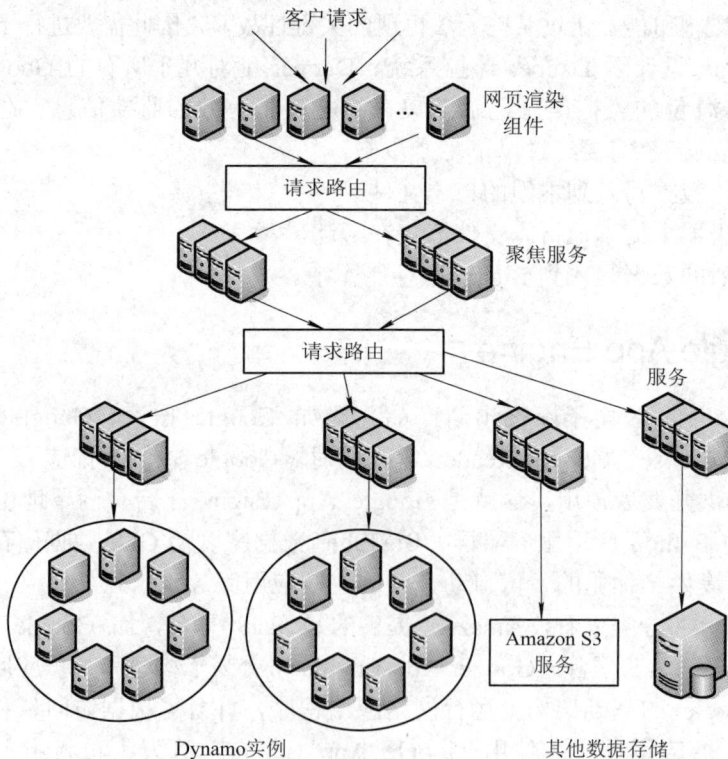

图 3-2　Amazon 云平台架构

目前，Amazon 的云计算服务主要包括：弹性计算云服务 EC2、简单存储服务 S3、简单数据库服务 SimpleDB、简单队列服务 SQS、弹性 MapReduce 服务、内容推送服务 CloudFront、移动服务、安全服务和身份服务等，这些服务涉及云计算的方方面面，用户可以根据自己的需要选用一个或多个，而且所有这些服务都是按需获取计算资源，具有极强的可扩展性和灵活性。

3.2.1　存储架构 Dynamo

在 Web 服务刚兴起时，各种平台采用的大多是关系型数据库。但是，由于大量的 Web 数据是半结构化数据，随着数据量的急剧增加，传统的关系型数据库已经无法满足这种存储要求。为此，不少服务供应商都开发了自己的存储系统。

Amazon 开发的 Dynamo 就是其中非常有代表性的一种存储架构。由于 Amazon 平台中的很多服务(如购物车、信息会话管理和推荐商品列表等)对存储的需求只是读取和写入，即满足简单的键值式(Key-Value)存储即可，如果采取传统的关系数据库方式，则效率低下。针对这种需求，Dynamo 应运而生。2007 年，Amazon 将其以论文形式发表，很快 Dynamo 就被应用于其他云存储架构，如 Twitter 和 Facebook 的存储架构中。

Dynamo 是一种分布式、去中心化的存储架构，在 Amazon 的平台中处于底层位置。虽然目前 Dynamo 并不直接向公众提供服务，但大量的用户服务数据都被存储在其中，可以说它为 Amazon 的电子商务平台及其云计算服务提供了最基础的支持。

Dynamo 以很简单的键值方式存储数据，不支持复杂的查询，但这并不影响客户的使用，因为通常情况下用户只需要能根据键读取值就足够了。Dynamo 中存储的数据值是以原始形式，也就是以位(bit)的形式存储，不解析数据的具体内容。Dynamo 也不识别任何数据结构，这使得它几乎可以处理所有的数据类型。

3.2.2　弹性计算云(EC2)

Amazon 弹性计算云(Elastic Compute Cloud，简称 EC2)是一个允许用户租用云端电脑来运行自己所需应用的系统。EC2 借由提供 Web 服务的方式，让用户可以配置自己的计算资源，使虚拟机映像运行在弹性环境上。用户可以在这个虚拟机上运行任何自己需要的软件。EC2 提供可调整的云计算能力，旨在使开发者的网络规模计算变得更为容易。简言之，EC2 相当于一部具有无限采集能力的虚拟计算机，用户能够用来执行一些处理任务。

EC2 使用了虚拟化技术，每个虚拟机(又称实例)能够运行小、大、极大三个处理级别的虚拟私有服务器。

EC2 的基本架构如图 3-3 所示。

1. 加密协议 SSH

SSH 是一种很可靠的协议，目前多用来加密网络传输的数据。用户访问 EC2 时，需要使用 SSH(Secure Shell)密钥对(Key Pair)来登录服务。当用户创建一个密钥对时，密钥对的名称(Key Pair Name)和公钥(Public Key)会被储存在 EC2 中，在用户创建新的实例时，EC2 会将它保存的信息复制一份放入实例的数据中，然后用户使用自己保存的私钥

(Private Key)就可以安全地登录 EC2，并使用相关服务。

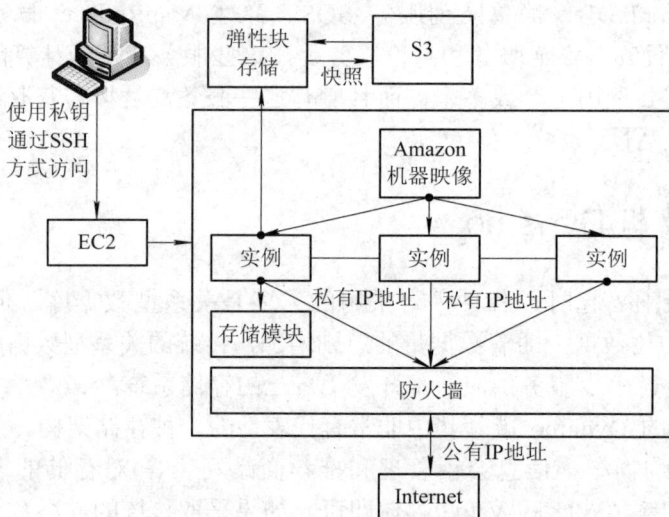

图 3-3　EC2 的基本架构

2．Amazon 机器镜像 AMI

Amazon 机器镜像(Amazon Machine Image，简称 AMI)是使用 Amazon 云计算服务时创建的机器镜像，其中包括操作系统、应用程序和配置设置。AMI 是用户云计算平台运行的基础，因此用户使用 EC2 服务的第一步就是创建一个自己的 AMI，这与使用 PC 首先需要一个操作系统的道理相同。

目前，Amazon 提供的 AMI 包括以下四种类型：

(1) 公共 AMI：由 Amazon 提供，可免费使用的 AMI。

(2) 私有 AMI：只有用户本人和其授权的用户可以进入的 AMI。

(3) 付费 AMI：需要向开发者付费购买的 AMI。

(4) 共享 AMI：开发者之间相互共享的一些 AMI。

初次使用 EC2 时，用户可用 Amazon 提供的 AMI 为基础，创建自己的服务器平台。用户创建好 AMI 后，在其上实际运行的系统称为一个实例，实例和我们平时用的主机很像。EC2 服务的计算能力是由实例提供的。按照 Amazon 目前的规定，每个用户最多可以拥有 20 个实例，每个实例自身携带一个存储模块，临时存放用户数据。当用户实例重启时，自带存储模块中的内容还会存在，但如果出现故障或实例被终止，存储在其中的数据就将全部消失。按照计算能力划分，实例分为标准型和高 CPU 型。标准型实例的 CPU 和内存是按一定比例配置的，对大多数的应用来说已经足够了，而如果用户对计算能力的要求比较高，也可以选择高 CPU 型的实例，这种实例的 CPU 资源比内存资源要高。为屏蔽底层硬件的差异，准确地度量用户实际使用的计算资源，EC2 定义了所谓的 CPU 计算单元，一个 EC2 计算单元被称为一个 ECU(EC2 Compute Unit)。

3．弹性块存储 EBS

对于需要长期保存的或者比较重要的数据，可以使用弹性块存储(Elastic Block Store，简称 EBS)。EBS 允许用户创建卷(Volume)，卷的功能和移动硬盘非常类似。Amazon 限制每个 EBS 最多创建 20 个卷，每一个卷都可以作为一个设备挂载(Mounted as a Device)在任何一个实例上，挂载后就可以像使用 EC2 的固有模块一样来使用它。EBS 还提供了一个非常实用的快照(Snapshot)功能，可以捕捉当前卷的状态，并将状态数据存储在 S3 中。

4．EC2 的通信机制

在 EC2 服务中，系统各模块之间以及系统和外界之间的信息交互都是通过 IP 地址进行的。EC2 中的 IP 地址包括三大类：公共 IP 地址(Public IP Address)、私有 IP 地址(Private IP Address)及弹性 IP 地址(Elastic IP Address)。

EC2 的实例一旦被创建就会被动态地分配两个 IP 地址，即公共 IP 地址和私有 IP 地址。公共 IP 地址和私有 IP 地址之间通过网络地址转换(Network Address Translation，简称 NAT)技术实现相互的转换。公共 IP 地址和特定的实例相对应，在某个实例终结或被弹性 IP 地址替代之前，公共 IP 地址会一直存在，实例通过这个公共 IP 地址与外界进行通信；私有 IP 地址也和某个特定的实例相对应，它由动态主机配置协议(DHCP)分配产生，私有 IP 用于实例之间的通信流程。

5．弹性负载平衡

弹性负载平衡(Elastic Load Balancing，简称 ELB)允许 EC2 实例自动分配应用流量，从而确保其工作负载不会超过现有能力，并在一定程度上支持容错。弹性负载平衡功能可以识别出应用实例的状态，当一个应用运行不佳时，它会自动将流量分流到状态较好的实例资源上，直到前者恢复正常，才会重新分配流量到前者的实例上。

6．监控服务(CloudWatch)

Amazon 的监控服务(CloudWatch)是一个 Web 服务，可对 EC2 实例状态、资源利用率、需求状况、CPU 利用率、磁盘读取、写入和网络流量等指标进行可视化检测。使用 CloudWatch 时，用户只需选择 EC2 实例、设定监视时间，CloudWatch 就会自动收集并存储检测数据。

3.2.3 简单存储服务(S3)

S3(Simple Storage Services，简称 S3)是 Amazon 推出的简单存储服务，用户通过 Amazon 提供的服务接口，就可以将文件临时或永久地存储在 S3 服务器上。S3 的总体设计目标是可靠、易用及很低的使用成本。

S3 系统是构架在 Dynamo 平台之上的，它采取的并不是传统的关系数据库存储方式，主要原因有二：一是为了使文件操作尽量简单且有效；二是因为普通用户最常用的操作仅仅是存储和读取数据，传统关系数据库最擅长的查询功能在此并无用武之地，反而只会徒增系统的复杂性。

S3 存储系统涉及三个基本概念：对象(Object)、键(Key)和桶(Bucket)，如图 3-4 所示。

对象是 S3 的基本存储单元，主要由数据和元数据两部分组成。数据可以是任意类型，而元数据存储的是对象数据内容的附加描述信息，这些信息可以是系统默认定义的系

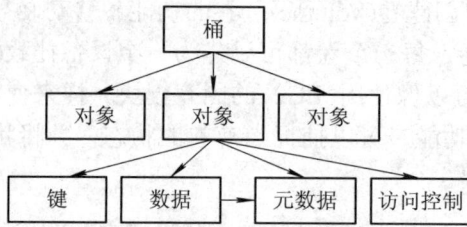

图 3-4　S3 的基本结构

统元数据,如对象被最后修改的时间、对象数据长度等,也可以是用户自定义的用户元数据,其中,用户元数据的大小不得超过 2048B。

键是对象的唯一标识符。如同每个人都有一个身份证编号一样,每个对象必须指定一个键,否则该对象无意义。

桶,顾名思义是一个用来存储对象的容器。桶的作用类似于文件夹,对象是存储在桶中的。

3.2.4　简单队列服务(SQS)

简单队列服务(Simple Queue Service,简称 SQS)是一种用来在分布式应用的组件之间传递数据的消息队列服务,这些组件可能分布在不同的计算机上,甚至是不同的网络中。利用 SQS 能够将分布式应用的各个组件以低耦合的方式结合起来,从而创建可靠的大规模分布式系统。

消息和队列是 SQS 实现的核心。消息是存储到 SQS 队列中的文本数据,可以由应用通过 SQS 的公共访问接口对其进行添加、读取或删除;队列是消息的容器,提供了消息传递及访问控制的配置选项。SQS 是一种支持并发访问的消息队列服务,它支持多个组件并发的操作队列,如向同一个队列发送或者读取消息。消息一旦被某个组件处理,则该消息将被锁定,并且被隐藏,其他组件不能访问和操作此消息,此时队列中的其他消息仍然可以被各个组件访问。

SQS 的基本模型非常简单,如图 3-5 所示。

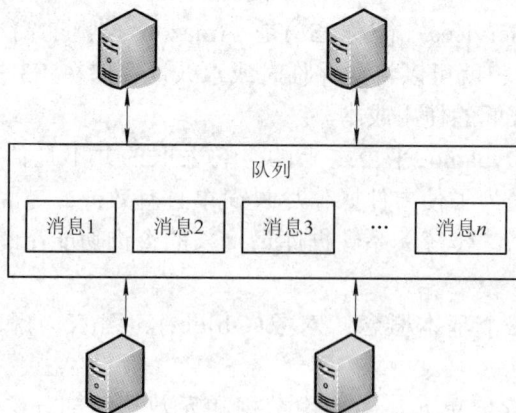

图 3-5　SQS 的基本模型

SQS 采用分布式架构，每一条消息都有可能保存在不同的机器中，甚至保存在不同的数据中心里。这种分布式存储策略保证了系统的可靠性，但同时也体现出与中央管理队列的差异，这些差异需要分布式系统设计者和 SQS 使用者充分了解：首先，SQS 并不严格保证消息的顺序，先送入队列的消息也可能晚些时候才可见；其次，分布式队列中有些已经被处理的消息，在一定时间内还存在于其他队列中，因此同一个消息可能会被处理多次；再次，获取消息时不能确保得到所有的消息，可能仅得到部分服务器中队列里的消息；最后，消息传递可能有延迟，不能期望发出的消息马上被其他组件收到。

3.2.5 其他 AWS(Amazon Web Services)

1. 关系型数据库服务(RDS)

关系型数据库服务(Relational Database Service，简称 RDS)是一种基于云的关系型数据库服务，允许用户在云中配置、操作和扩展关系数据库。Amazon RDS 支持 Amazon Aurora、Oracle、Microsoft SQL Server、PostgreSQL、MySQL 和 MariaDB 等关系型数据库，用户无需在本地维护这些数据库，RDS 会代为管理。

2. Amazon CloudFront

Amazon CloudFront 提供全球的内容分发服务，简单来说，Amazon 会在全球很多节点缓存数据，当用户访问时，可以使访问客户端获取最小延迟的数据。

CloudFront 的收费方式与 Amazon 其他云计算服务的收费方式相同，即按用户实际使用的服务来收费，这尤其适合中小企业，而且 CloudFront 的使用非常简单，只要配合 S3 再加上几个简单的设置就可以完成部署。

CloudFront 可以分发任意一个文件，但该文件首先须满足两个条件：一是它必须存储在 S3 中；二是它必须被设置为公开可读(Publicly Readable)。一般来说，CloudFront 比较适合用来分发网页中的静态内容。

3. 快速应用部署 Elastic Beanstalk 和服务模板 CloudFormation

为了更好、更方便地使用各种云服务，Amazon 提供了快速应用部署 Elastic Beanstalk 和服务模板 CloudFormation 两种服务。

AWS Elastic Beanstalk 是一种简化在 AWS 上部署和管理应用程序操作的服务。用户只需要上传自己的程序，系统就会自动完成需求分配、负载均衡、自动缩放、监督检测等一些具体的部署细节。使用 AWS Elastic Beanstalk 时，用户可以随时访问其使用的资源和程序，而传统的程序容器以平台为服务的解决方案虽然减少了编程工作量，但是也大大减弱了开发人员的灵活性和对资源的控制能力，开发者只能使用供应商提供的接口来控制资源。

AWS CloudFormation 服务为开发者和系统管理员提供了一个简化的、可视的 AWS 资源调用方式。开发者可以直接利用 CloudFormation 提供的模板或自己创建的模板方便地建立自己的服务，这些模板包含了 AWS 资源及相关参数的设置、应用程序的调用方式等。用户无需了解 AWS 的资源及相互依赖关系，CloudFomation 就可以自动完成处理。

Elastic Beanstalk 和 CloudFormation 的功能类似，都提供部署和管理应用程序的功能，但 CloudFormation 面向的是开发者，而 Elastic Beanstalk 面向的是应用程序，因此 CloudFormation 使用起来要比 Elastic Beanstalk 复杂，需要用户进行更加详细的配置。

3.3　微软 Windows Azure 平台

微软的商业模式建立在个人计算机时代，但在网络时代软件免费大潮的推动下，微软也推出了自己的云计算平台。2008 年，微软宣布了自己的云计算战略，并发布了微软云计算服务平台——Windows Azure Service Platform，但只允许运行在.NET 框架下构建的应用程序。2010 年，该平台开始允许用户使用非微软编程语言和框架开发自己的应用程序，不仅支持如 C#和.NET 等传统的微软编程语言及开发平台，也支持 PHP、Python、Java 等多种非微软编程语言和架构。

Windows Azure 平台是一个为应用程序提供托管和运行的互联网规模的平台，该平台完全按照云计算的要求和技术构建，比如资源按需动态分配，开发人员只需针对平台开发应用程序，而不用关心底层平台的安全、系统升级、补丁安装等具体情况。

Windows Azure 平台包括云计算操作系统、云关系型数据库、云中间件以及一些其他辅助服务。开发人员创建的应用既可以直接在该平台中运行，也可以在别的地方运行，而仅通过互联网使用该云计算平台提供的服务。

对比而言，Windows Azure 平台延续了微软传统软件平台的许多特点，能够为用户提供熟悉的开发体验，用户已有的许多应用程序都可以相对平滑地迁移到该平台上运行。另外，Windows Azure 平台还可以按照云计算的方式按需扩展，并根据用户实际使用的资源(如 CPU、存储、网络等)进行计费。

3.3.1　平台定位

我们知道，云计算是通过共享资源池的方式来提高资源利用率的。根据这个资源池中资源的类别，我们可以把云计算的服务模型分为四种——软件即服务(SaaS)、平台即服务(PaaS)、基础设施即服务(IaaS)、数据即服务(DaaS)，不同服务模型的服务供应商所提供的服务具有较大差异。

Windows Azure 平台的主要定位是平台即服务(PaaS)，因此它直接针对的用户是开发人员。使用 Windows Azure 平台，开发人员可以把精力放在设计和构建应用的逻辑上，而不是部署和管理云服务的基础架构上，同时还可以节省开发部署的时间和费用。

为了便于理解，也可以把 Windows Azure 看作是数据中心的操作系统，当然，将 Windows Azure 称为操作系统实际上是一种类比，因为它并不是传统意义上的操作系统。但无论是传统的操作系统还是 Windows Azure，它们都会尽量对底层物理资源进行抽象。 Windows Azure 也履行资源管理的职责，只不过它管理的资源更为宏观，数据中心的所有服务器、存储、交换机、负载均衡器，甚至机架上的电源开关等都接受它的管理。未来的数据中心会越来越像一台超级计算机，因此 Windows Azure 也会越来越像一个超级操作系统。

Windows Azure 平台为开发者提供了托管的、可扩展的、按需使用的计算和存储资源，还为开发者提供了云平台管理方法和动态分配资源的方法。Windows Azure 是一个开放的平台，支持各种流行的标准与协议，开发人员在构建 Windows Azure 应用程序和服务时，不仅可以使用不同的开发语言，如.NET、Java 和 PHP 等，也可以使用不同的工具，如多数开发人员熟悉的 Microsoft Visual Studio、Eclipse 等。使用 Windows Azure，开发人员的经验和技能可以从面向传统平台的编程相对平滑地转到基于云计算平台的编程。

3.3.2　计算服务

1．虚拟机

虚拟机(Virtual Machines)是 Windows Azure 基础设施即服务(IaaS)的重要组成部分，支持 Windows 和 Linux 操作系统，并提供了多款模板供用户选择，其特点包括但不限于以下几个方面：

(1) 自助式申请并快速创建虚拟机。

(2) 灵活的镜像移动功能，支持从本地移动到云端，或者从云端移动到本地。

(3) 支持自建虚拟机镜像，批量构建统一的应用环境。

(4) 快速挂接和卸载数据磁盘。

(5) 支持使用 Windows Azure 虚拟网络(Virtual Network)构建局域网络。

2．云服务

云服务(Cloud Services)是 Windows Azure 平台即服务(PaaS)的重要组成部分，提供两种计算角色(Web Role 和 Work Role)，能够构建高可用的分布式云应用程序或服务，并支持自动化应用部署和资源的弹性伸缩。

Windows Azure 的计算资源主要通过成为 Web Role 和 Worker Role 的方式来分配。为了便于理解，可以认为 Web Role 和 Worker Role 是两种不同的虚拟机模板。其中，Web Role 是为了方便运行 Web 应用程序而设计的，其中已经配置好了 IIS(Internet Information Service)；而 Worker Role 则是为了运行其他应用类型(比如批处理)而设计的，它甚至可以运行一些完整的应用平台(如 Tomcat)。一种比较常见的架构设计方式是：使用 Web Role 来处理展示逻辑，而使用 Worker Role 来处理业务逻辑。Web Role 负责处理客户端的 HTTP 请求，为支持应用的扩展，Web Role 上的应用一般会设计成无状态的，使系统可以方便地增加 Web Role 实例数量，提高应用的并发处理能力。

除 Web Role 和 Worker Role 之外，Windows Azure 还提供了另外一种称作 VM Role 的计算服务，主要目的是让已有的 Windows 应用程序可以相对平滑地迁移到 Windows Azure 上。VM Role 支持用户运行自己基于 VHD(Virtul Hard Disk，微软推出的一种虚拟磁盘文件格式)的虚拟机镜像，用户可以把自己基于 VHD 格式构建的 Windows Server 虚拟机上传到 Windows Azure 存储，并通过远程桌面服务方式与之连接。VM Role 让用户对底层计算平台有更多的控制权，使 Windows Azure 可以提供一些类似 IaaS 的服务。

3．批处理

提供在工作站和群集上运行应用程序的服务。用户需要提供迁移至云中进行处理的数据、数据的分发方式、每个任务所需的命令及参数。

3.3.3 数据存储服务

Windows Azure 提供的存储服务具有以下特点：

(1) 可以存放大量数据。

(2) 大规模分布。

(3) 可以无限扩展。

(4) 所有数据都会复制多份。

(5) 可以选择数据存储地点。

1. 文件存储服务

Windows Azure 主要提供 Blob、Table、Queue 三种文件存储方式，在数据存储和检索方面具有较高的灵活性。

Blob 非常适合存储二进制数据，比如 JPEG 图片或 MP3 文档等多媒体数据。但是 Blob 存储的数据缺乏结构性，为让应用能以更易获取的方式来使用数据，Windows Azure 存储服务提供了 Table 方式。虽然名为 Table，但它与关系型数据库的表完全不同：Windows Azure 的 Table 存储不支持外键等关系，也没有数据模式。最大的不同之处在于，Table 通过键值对的方式存储半结构化数据，而且是一种可扩展存储，能够通过多个节点对分布式数据进行扩展和收缩，比使用一个标准的关系型数据库更为有效。

与 Blob 和 Table 都用于长期存储数据不同，Queue 主要用于临时存储一些数据消息，提供一种类似消息队列的通信方式。Queue 的一个主要应用就是：提供一种在 Web Role 实例和 Worker Role 实例之间的通信手段。

2. 关系型数据库存储服务

主要包括 SQL 数据库和 MySQL Database on Azure 等服务。

SQL 数据库服务是一种以服务方式提供的关系型数据库，能存储大量的数据，并在云端 SQL 数据库与本地 SQL Server 或其他 SQL 数据库实例之间创建和安排定期同步。

MySQL Database on Azure 提供全托管的 MySQL 数据库服务，兼容 MySQL 开源数据库平台，并能够帮助用户快速部署，从而提供高可靠、高安全、高可用、高性价比的数据库服务。

3. 文档数据库存储服务

文档数据库存储服务(DocumentDB)提供非关系型数据存储服务，在一些应用场景中比传统关系型数据库更有优势。在 NoSQL 家族中，文档数据库是最受欢迎且应用最为广泛的一类，因为文档数据库没有固定的结构，所以开发者可根据新的数据需求快速对其进行调整。

举例来说，一本书的信息如果用关系型数据库存储，它的列将包含书名、作者、出版社、出版日期以及页数等。而如果是一本电子书，就需要添加其特有的文件大小信息。传统上来说，数据库管理员需要先修改电子书数据库表的定义，才能添加新的列，而使用文档数据库就可以自动为其添加新的字段，数据库管理员会将文件大小字段(通常以 KB 来计算)添加到 JSON 文档，然后存储到数据库中即可。产品、客户以及设备等的数据信息都可以使用文档数据库来存储。

3.3.4 其他服务

1．通知中心服务

Windows Azure 提供可缩放的大规模移动推送通知引擎，可快速将数百万条消息推送至多种平台(iOS、Android、WP 等)。

2．Azure Redis 缓存服务

以常用的开源 Redis 缓存技术为基础的服务，用它创建的缓存可以被 Windows Azure 内的任何应用程序访问。

3．物联网相关服务

提供多个平台(包括 Linux、Windows 与各种实时操作系统)上的设备接入系统的服务，该服务可以依靠 Windows Azure 从少数几个传感器轻松扩展至数百万台同步连接的设备，从设备和传感器收集以前未使用的数据，并使用内置功能显示并处理该数据，同时，以灵活、可扩展的高性能方法使用基于 SQL 的语法进行实时分析，而无需管理复杂的基础结构和软件。该服务可以使用大型算法库，将 R 和 Python 语言中的代码直接集成到工作区中，从而扩展实时分析和机器学习的解决方案。

3.4 阿里云服务平台

阿里云(www.aliyun.com)创立于 2009 年，是中国最大的云计算平台，为全球 200 多个国家和地区的创新创业企业与政府机构提供服务。阿里云致力于提供最安全、可靠的计算和数据处理服务，让云计算成为普惠科技和公共服务。

阿里云在全球各地部署高效、节能的绿色数据中心，使用清洁计算支持不同的互联网应用。目前，阿里云在中国(华北、华东、华南、香港)、新加坡、美西等地均设有数据中心，未来还将在美东、欧洲、中东、俄罗斯、日本等地设立新的数据中心。

3.4.1 计算服务

1．云服务器(ECS)

云服务器(Elastic Compute Service，简称 ECS)是一种简单高效、处理能力可弹性伸缩的云计算服务，能够帮助用户快速构建更稳定、更安全的应用，提升运维效率，降低 IT 成本，使企业更专注于核心业务创新。

阿里云服务器是阿里云产品中重要的组成部分，它以阿里云自主研发的大规模分布式云计算系统为基础，基于先进的虚拟化、分布式存储等云计算技术，与基础资源相整合，以 Web 的方式为各行各业提供计算服务，从而改变了用户传统的计算方式，省却了服务器采购、IDC 选型、系统安装以及物理设备运维等环节，真正实现了可以像水、电、煤一样，按需购买和使用计算资源。

2．批量计算(BatchCompute)

批量计算服务(Batch Computing)是一种适用于大规模并行批处理作业的分布式云服务。BatchCompute 支持并发规模的海量作业，由系统自动完成资源管理、作业调度和数据加载，并按实际使用量计费。目前，BatchCompute 广泛应用于电影动画渲染、生物数据分析、多媒体转码和金融保险分析等领域。

3．专有网络(VPC)

专有网络(Virtual Private Cloud，简称 VPC)支持用户基于阿里云构建出一个隔离的网络环境，并对该虚拟网络进行配置，包括选择自有 IP 地址范围、划分网段、配置路由表及网关等。此外，VPC 还可与传统数据中心组成一个按需定制的网络环境，实现应用到云上的平滑迁移。

4．弹性伸缩(AS)

弹性伸缩(Auto Scaling，简称 AS)是一种根据用户的业务需求和策略，对弹性计算资源进行经济地自动调整的管理服务。阿里云平台的 AS 机制能够在业务增长时自动增加ECS 实例，并在业务下降时自动减少 ECS 实例。

3.4.2 数据存储服务

1．文件存储(NAS)

阿里云文件存储(Network Attached Storage，简称 NAS)是面向阿里云 ECS 实例等应用场景的文件存储服务，提供标准的文件访问协议。用户无需对现有应用做任何修改，即可使用具备无限容量及性能扩展、单一命名空间、多共享、高可靠和高可用等特性的分布式文件系统。

2．云数据库(RDS)

云数据库(ApsaraDB for RDS，简称 RDS)是一种稳定可靠、可弹性伸缩的在线数据库服务。支持 MySQL、SQL Server、PostgreSQL 和 PPAS(高度兼容 Oracle)引擎，能对主备架构进行默认部署并提供容灾、备份、恢复、监控、迁移等方面的全套解决方案，彻底解决数据库运维带来的问题。

3．云数据库 Redis 版

云数据库 Redis 版是用于数据持久化存储的数据库，并能提供全套的容灾切换、故障迁移、在线扩容、性能优化的数据库解决方案。

3.4.3 数据分析服务

1．阿里云机器学习平台

阿里云机器学习是基于阿里云分布式计算引擎的一款机器学习算法平台。用户可以通过可视化的拖曳方式操作组件进行试验，使没有机器学习背景的工程师也可以轻易上手数据挖掘。平台提供了丰富的组件，包括数据预处理组件、特征工程组件、算法组件、预测与评估组件等，所有算法都经历了阿里云内部业务大数据的锤炼。

2. 推荐引擎

用于实时预测用户对物品的偏好，支持企业定制推荐算法，可以根据用户兴趣特征进行物品推荐。

3. DataV 数据可视化技术

专精于业务数据与地理信息融合的大数据可视化技术，允许用户通过图形界面轻松搭建专业的可视化应用，满足用户业务监控、调度、会展演示等多场景的使用需求。

3.4.4 其他服务

内容分发网络(Content Delivery Network，简称 CDN)服务可以将源站内容分发至全国所有的节点，缩短用户查看对象的延迟，提高用户访问网站的响应速度与网站的可用性，解决网络带宽小、用户访问量大、网点分布不均等问题。

另外，阿里云还提供域名、移动推送、语音、短信(主要为短信验证码与短信通知)、云监控(指标监控和警报)等服务。

3.5 百度开发者云服务

百度作为国内最大的搜索引擎公司，起初公司的云计算业务仅服务于公司内部，随着云计算技术的成熟和市场的需求，百度开始对外开放其云计算服务。2012 年，百度面向开发者全面开放包括云存储、大数据智能和云计算在内的核心云能力，为开发者提供更强大的技术运营支持与推广变现保障。2015 年，百度进一步开放其核心基础架构技术，为广大公有云需求者提供全系列可靠、易用的高性能云计算产品。百度云通过不断推出贴合生态需要的解决方案，致力于为用户打造更为全面优质的生态服务，助力百度生态用户实现业务价值最大化。

3.5.1 计算服务

百度云计算(Baidu Cloud Compute，简称 BCC)是基于百度虚拟化技术及分布式集群操作系统构建的云服务器，允许用户在任何时间、任何地点轻松构建包括网站站点、移动应用、在线游戏、企业级服务等在内的任何应用与服务。BCC 支持弹性伸缩、镜像及快照，支持分钟级丰富灵活的计费模式。

1. 百度物理服务器(BBC)

物理服务器(Baidu Baremetal Compute，简称 BBC)是云环境中独享的高性能物理服务器，用户拥有完全的物理设备管理权限，并可与云服务器 BCC 内网互通，轻松构建内网混合云。

2. 百度应用引擎(BAE)

百度应用引擎(Baidu App Engine，简称 BAE)是国内商业运营时间最久、用户群体最为庞大的 PaaS 平台之一，提供弹性、便捷、一站式的应用部署服务，支持 PHP/Java/Node.js/Python 等各种应用。用户只需上传应用代码，BAE 就会自动完成运行环境配置、应用部署、均衡负载、资源监控、日志收集等各项工作，大大简化部署运维工作。

基于海量的云端计算资源与分布式计算技术，BAE 可以提供灵活、弹性、分钟级的资源扩展能力，升级扩容无需重新部署代码，能够轻松应对各种高并发访问场景(如"双十一"、"秒杀"、春运订票等)。

3.5.2　数据存储服务

1. 百度对象存储(BOS)

百度对象存储(Baidu Object Storage，简称 BOS)提供稳定、安全、高效、高可扩展的云存储服务，支持最大 5 TB 的多媒体、文本、二进制等任意类型数据的存储。

2. 关系型数据库服务(RDS)

关系型数据库服务(Relational Database Service，简称 RDS)是专业的托管式数据库服务，提供全面的监控、故障修复，数据备份及可视化管理支持。

3. 简单缓存服务(SCS)

简单缓存服务(Simple Cache Service，简称 SCS)提供高性能、高可用的分布式缓存服务，兼容 Memcache/Redis 协议。

3.5.3　数据分析服务

1. 百度 MapReduce(BMR)

百度 MapReduce(BMR)是全托管的 Hadoop/Spark 集群，提供按需部署与弹性扩展集群的服务。用户只需专注于大数据处理、分析和报告工作，集群运维方面则由拥有多年大规模分布式计算技术积累的百度运维团队全权负责。

2. 百度深度学习平台 Paddle

百度深度学习平台 Paddle 是一个云端托管的分布式深度学习平台，具有对序列输入、稀疏输入和大规模数据的模型训练的良好支持。Paddle 支持 GPU(图形处理器，Graphics Processing Unit)运算，支持数据并行和模型并行，提供了训练深度学习模型的接口服务，大大降低了用户使用深度学习技术的成本。

3.5.4　其他服务

1. 人脸识别(BFR)

百度人脸识别(Baidu Face Recognition，简称 BFR)基于业界领先的智能人脸分析算法，能为用户提供包括人脸检测、人脸识别、关键点定位、属性识别和活体检测等在内的一整套技术服务方案。

2．光符识别(OCR)

光符识别(Optical Character Recognition，简称 OCR)依托业界领先的深度学习技术，提供了自然场景下对整图文字的检测、定位、识别等服务。光符识别的结果可用于翻译、搜索、TTS 等代替用户输入的场景。

3．文档服务(DS)

文档服务(Document Service)基于百度文库多年积累的文档处理技术，为用户提供 Office、WPS 等格式文档的存储、转码、分发服务。

4．物接入

物接入是一个全托管的云服务，可以帮助用户建立设备与云端之间安全可靠的双向连接，以支持海量设备的数据收集、监控、故障预测等各种物联网应用场景。

除此之外，百度云平台还提供音视频转码、音视频直播、音视频点播、百度语音、简单邮件服务等服务。

3.6　腾讯云服务平台

腾讯云平台作为云上互联网的供应商，致力于打造最高质量、最佳生态的公有云服务平台。基于 QQ、微信、QQ 空间、腾讯游戏等海量业务的技术架构和精细化互联网运营经验，腾讯云为广大企业和开发者提供云计算、云数据、云运营等一体化云端服务，助力企业建立灵活、高效的 IT 架构，轻松迈入"互联网+"时代。腾讯云提供的产品安全可靠、稳定易用，包括云服务器、云数据库、CDN 和对象存储服务等基础云计算服务以及腾讯云分析、腾讯云推送等大数据运营服务。针对不同领域的独特需求，腾讯云还推出了一系列的行业解决方案，例如游戏解决方案、移动应用解决方案、视频解决方案、微信解决方案等。

3.6.1　计算服务

1．云服务器(CVM)

云服务器(Cloud Virtual Machine，简称 CVM)是高性能、高稳定的云虚拟机，可在云中提供大小可调的计算容量，降低用户预估计算规模的难度，用户可以轻松购买自定义配置的机型，在几分钟内获取新服务器，并根据需要使用镜像进行快速的扩容。

2．物理服务器(CPM)

物理服务器(Cloud Physical Machine，简称 CPM)是按需购买、按量付费的物理服务器租赁服务，提供云端专用的、高性能且安全隔离的物理集群。用户可自由选择机型和数量，获取服务器时间被缩短至 4 小时，服务器供应与运维工作则由腾讯云提供。

3．弹性伸缩(AS)

弹性伸缩(Auto Scaling，简称 AS)能够根据用户的业务需求和策略自动调整计算资源。腾讯云平台的 AS 机制可以根据定时、周期或监控策略，恰到好处地增加或减少 CVM 实例并完成配置，保证业务的平稳健康运行。

4. 消息服务(CMQ)

腾讯云消息服务(Cloud Message Queue，简称 CMQ)是分布式消息队列服务，能够在分布式部署的不同应用之间或者同一应用的不同组件之间提供基于消息的可靠异步通信机制，消息被存储在高可靠、高可用的 CMQ 队列中，多进程可以同时读写，互不干扰。

3.6.2 数据存储服务

1. 对象存储服务(COS)

对象存储服务(Cloud Object Service，简称 COS)是面向企业和个人开发者提供的高可用、高稳定、强安全性的云端存储服务。用户可以将任意数量和形式的非结构化数据存入 COS，并在其中实现对数据的管理和处理。COS 按实际使用量计费。

2. 云数据库(CDB)

云数据库(Cloud DataBase，简称 CDB)是腾讯云提供的关系型数据库云服务，支持 MySQL、SQL Server 等引擎，支持主从数据实时热备，并提供数据库运维全套解决方案。

3. 云存储 Redis(CRS)

云存储 Redis(Cloud Redis Store，简称 CRS)是腾讯云提供的兼容 Redis 协议的缓存和存储服务，丰富的数据结构可以帮助用户完成不同类型的业务场景开发，同时提供自动容灾切换、数据备份、故障迁移、实例监控、在线扩容、数据回档等全套数据库服务。

4. 分布式云数据库(DDB)

分布式云数据库(Distributed Database，简称 DDB)是一种兼容 MySQL 协议和语法，支持自动水平拆分(即业务显示为完整的逻辑表，数据却均匀地拆分到多个分片中)的高性能分布式数据库。该数据库提供灾备、恢复、监控、不停机扩容等全套解决方案，适用于 TB 或 PB 级的海量数据存储。

3.6.3 数据分析服务

1. 腾讯机智机器学习(TML)

腾讯机智机器学习(Tencent Machine Learning，简称 TML)是基于超大规模计算资源且性能领先的开放并行计算平台，能够结合大量最流行的传统算法与深度学习算法，一站式简化用户对算法的接口调用、可视化、参数调优等自动化任务的管理工作。

2. 腾讯大数据处理套件(TBDS)

腾讯大数据处理套件(Tencent Big Data Suite，简称 TBDS)是基于腾讯多年海量数据处理经验提供的可靠、安全、易用的大数据处理平台。用户可以按需部署大数据处理服务，实现报表展示、数据提取和分析、客户画像等大数据应用的数据处理需求。

3．用户洞察分析(CP)

用户洞察分析(Customer Profiling，简称 CP)基于腾讯庞大的数据处理能力与广泛的产品覆盖，为客户提供快速、精确以及多维度的用户群画像服务，解决人群圈选、运营决策、营销推广以及用户分析等业务问题。

3.6.4　其他服务

1．点播(VOD)

点播(Video on Demand，简称 VOD)汇聚腾讯的强大视频处理能力，提供一站式视频点播服务，同时，为用户提供灵活上传、快速转码，便捷发布、自定义播放器开发等一系列专业可靠的完整视频服务。

2．直播(LVB)

直播(Live Video Broadcasting，简称 LVB)依托腾讯强大的技术平台，提供专业、稳定、快速的直播接入和分发服务，全面满足超低延迟和超大并发访问量的访问需求。

另外，腾讯云平台还在安全、通信等领域提供多项相关服务。

本 章 小 结

- ◇ Google 云计算平台的结构分为四个层次：网络系统、硬件系统、软件系统、Google 应用层。

- ◇ Google 云计算技术主要包括：Google 文件系统 GFS、并行计算编程模型 MapReduce、分布式锁服务 Chubby、分布式结构化数据存储系统 BigTable、分布式存储系统 Megastore 以及分布式监控系统 Dapper 等。

- ◇ GFS 的三个特点：使用单 Master 模式；块规模为 64 MB；不缓存文件数据，缓存元数据。

- ◇ Google App Engine 是一个由 Python 应用服务器群、BigTable 数据库以及 GFS 数据储存服务组成的平台，为开发者提供一体化的、可自动升级的在线应用服务。

- ◇ Amazon 的云计算服务平台称为 Amazon Web Services，简称 AWS。Amazon 提供的云计算服务主要包括：弹性计算云 EC2、简单存储服务 S3、简单数据库服务 SimpleDB、简单队列服务 SQS、弹性 MapReduce 服务、内容推送服务 CloudFront、移动服务、安全服务和身份服务等，所有这些服务都是按需获取计算资源，具有极强的可扩展性和灵活性。

- ◇ 微软云计算服务平台称为 Windows Azure Service Platform，不仅支持如 C# 和 .NET 等传统的微软编程语言及开发平台，也支持 PHP、Python、Java 等多种非微软编程语言和架构，该平台提供云计算操作系统、云关系型数据库、云中间件以及一些其他辅助服务。

本 章 练 习

1. 请简述 GFS 的设计思想和目标。
2. GFS 的块规模为____MB。
3. EC2 中的 IP 地址分为____、____、____三大类。
4. 请简述 Windows Azure 所提供的存储服务的特点。

第 4 章　大数据技术

本章目标

- 掌握大数据应用系统架构

- 了解常用数据挖掘算法

- 了解常用可视化工具

- 掌握 Google 提供的大数据服务

- 了解微软、IBM 等提供的大数据服务

- 掌握目前主要开源大数据平台

4.1 大数据应用系统架构

企业为挖掘内部数据的潜在价值，需要建立自己的大数据应用系统架构。目前，分布式并行计算已成为大数据处理的有效方法。

2004 年，谷歌公司提出了 MapReduce 编程思想，这是一种并行计算的模型，考虑到了计算任务分发、计算节点通信、计算节点文件管理、计算结果合并、计算的负载均衡、计算的节点容错处理等众多因素，然而，谷歌公司并没有透露 MapReduce 的实现细节。此后，基金会 Apache 的 Hadoop 项目作为 MapReduce 编程思想的一个优秀实现被市场广泛接受，并发展成目前主流的大数据处理技术。随着 Hadoop 项目的不断发展，围绕 Hadoop 已经形成了一个庞大的生态系统，如分布式数据仓库 Hive、分布式数据库 HBase、机器学习类库 Mahout 等。

此外，数据分析也是大数据处理流程中的重要环节，如与企业级数据仓库集成、进行数据库内分析或使用分析工具等。云计算服务商也提供了基于云的大数据分析服务，如亚马逊的弹性 MapReduce 服务。

本节将介绍 Apache 围绕 Hadoop 项目设计的大数据应用系统架构，以及在 Hadoop 基础上，结合其他组织的大数据处理工具而开发的应用系统架构。

4.1.1 大数据应用系统架构原则

大数据给传统应用架构带来了巨大的挑战：在数据容量方面，该架构需要有存储 PB、EB、ZB 级数据的能力；在数据分析方面，传统的分析方法已不能满足从大量数据中挖掘出特定用途数据的需求，因此该架构需要支持新的数据分析方法；在企业级应用标准方面，该架构需要满足企业级应用在可用性、可靠性、可扩展性、容错性、安全性和保护隐私等方面的基本准则。

进行大数据应用架构的总体设计时，需要遵循以下三个原则：

(1) 要满足大数据"5 V"的要求，具备大容量数据的加载、处理和分析的能力；具备各种类型数据的加载、处理和分析的能力；满足大数据处理速度的要求。

(2) 满足企业级应用的要求，具备高可扩展性、高可用性、高安全性、高开放性和易用性。

(3) 满足分析原始格式数据的要求，具备整合分析复杂的原始格式数据的能力。

4.1.2 Apache 大数据应用系统架构模型

大数据的产生、组织和处理主要是通过分布式文件处理系统实现的，目前的主流技术为 Hadoop+MapReduce。基于 Apache 基金会开源技术的大数据平台的总体架构参考模型如图 4-1 所示。

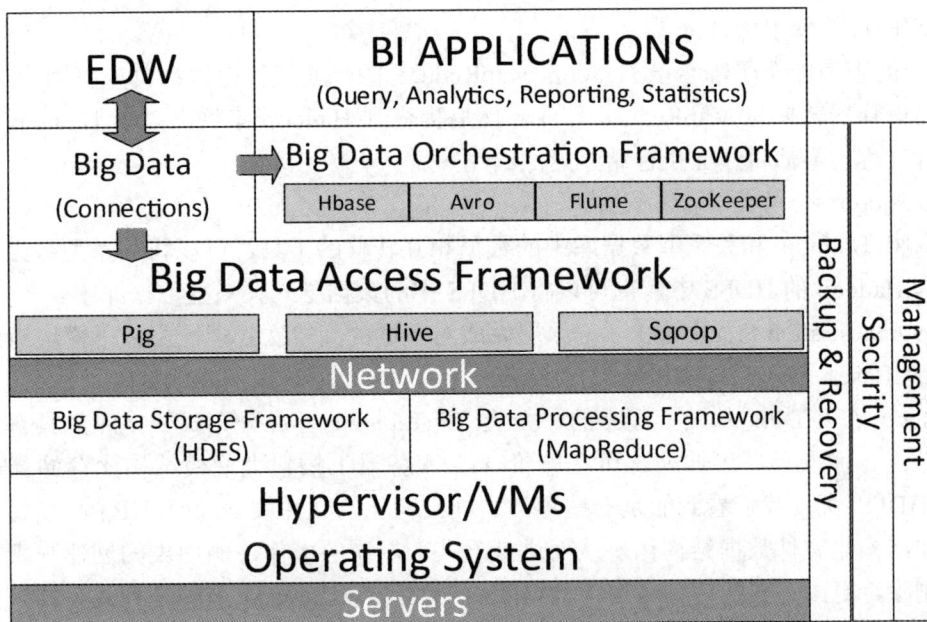

图 4-1 Apache 大数据应用平台的总体架构参考模型

Apache 大数据应用平台的总体架构由以下几部分组成：

(1) Servers——该层是系统的物理服务器，是整个系统的基础。

(2) Operating System 和 Hypervisor——物理服务器之上的虚拟机或操作系统。

(3) Storage Framework——数据存储层。在 Apache 模型中，数据存放于 HDFS。

(4) Processing Framework——数据处理层。Apache 采用 MapReduce 处理模型。

(5) Network——分布式大数据系统，由多台服务器通过网络组成。

(6) Access Framework——访问层。它负责统计分析已经存储的数据，使用 Pig、Hive、Sqoop 工具对数据进行处理和访问，详述如下：

✧ Pig。

一个基于 Hadoop 的大规模数据分析工具，提供类 SQL 的查询语言 Pig Latin，该语言的编译器会把 SQL 格式的数据分析请求转换为一系列经过优化的 MapReduce 运算。

✧ Hive。

建立在 Hadoop 上的数据仓库基础构架，它提供了一系列的工具，可用来对数据进行提取、转化和加载，实现了对存储在 Hadoop 中的大规模数据的存储、查询和分析操作。Hive 定义了一种简单的类 SQL 查询语言，称为 HQL，以便于熟悉 SQL 的用户查询数据，同时，该语言也允许熟悉 MapReduce 的开发者开发自定义的 Mapper 和 Reducer，以处理内建的 Mapper 和 Reducer 无法完成的复杂分析工作。

由于 Hive 建立在基于静态批处理的 Hadoop 之上，而 Hadoop 通常都有较高的延迟，且在作业提交和调度的时候都需要大量的资源开销，因此，Hive 无法在大规模数据集上实现低延迟的快速查询——在几百 MB 的数据集上执行查询时，Hive 一般会有分钟级的时间延迟，所以它并不适合需要低延迟的应用，大数据集的批处理作业(例如网络日志分析)才是它的最佳使用场合。

Hive 的查询操作严格遵守 Hadoop MapReduce 的作业执行模型:首先将用户的 HQL 语句通过解释器转换为 MapReduce 作业,然后提交到 Hadoop 集群上,由 Hadoop 监控该作业执行过程,最后将作业执行结果返回给用户。

✧ Sqoop。

一个将 Hadoop 和关系型数据库中的数据相互转移的工具,可以将关系型数据库中的数据导入 Hadoop 的 HDFS 中,也可以将 HDFS 中的数据导入关系型数据库中。

(7) Orchestration Framework——该层完成对数据的高层次处理,由以下模块组成:

✧ HBase。

Hadoop 在 HDFS 基础上建立的一个类 BigTable 的开源分布式数据库,具有高可靠性、高性能、面向列、可伸缩、可在廉价 PC 服务器上搭建大规模结构化存储集群等特点。在 HDFS 上,我们看到的是一些零散、非结构化的文件数据,而 HBase 能将这些零散的、非结构化文件数据结构化,从而进行一些高层次的操作,例如表的创建与表数据的添加、删除、更改、查找等。与传统数据库不同的是,HBase 采用的是列式存储,而不是行式存储。

✧ Avro。

Avro 是一个基于二进制数据高性能传输的中间件,在 Hadoop 的其他项目中,例如 HBase 和 Hive 的 Client 端与 Server 端的数据传输也使用了这个工具;Avro 也是一个数据序列化系统,可以将数据结构或对象转化为便于存储或传输的格式。Avro 设计之初就是用来支持数据密集型应用的,可适用于远程或本地大规模数据的存储和交换。

✧ Flume。

Flume 是 Cloudera 公司(由来自 Facebook、谷歌、雅虎和甲骨文的前任员工在 2008 年创建)提供的一个对海量日志进行采集、聚合和传输的分布式系统,具备高可用性和高可靠性。Flume 支持在日志系统中定制各类数据发送方用于数据收集,同时还拥有对数据进行简单处理,并写到各种数据接受方(可定制)的能力。

✧ ZooKeeper。

ZooKeeper 是 Google 的 Chubby 的一个开源实现,是一个针对大型分布式系统的可靠协调系统,其功能包括配置维护、名字服务、分布式同步、组服务等。ZooKeeper 的目标是封装好复杂且易出错的关键服务,将简单易用的接口与性能高效、功能稳定的系统提供给用户。

(8) EDW 和 BI——指企业数据仓库和商业智能。

企业数据仓库(Enterprise Data Warehouse,简称 EDW)致力于研究和解决从数据库中获取信息的问题,是一个以关系数据库为依托,以数据仓库理论为指导,以 OWB(Oracle Warehouse Builder)、ODI(Oracle Data Integrator)、IPC(Informatic PowerCenter)等抽取、转换、装载(Extract-Transform-Load,简称 ETL)工具进行数据集成、整合、清洗与加载转换,以前端工具进行前端报表展现,以反复迭代验证为生命周期的综合处理过程。最终目标是整合企业数据,将数据转换成信息与知识,以帮助决策者快速、有效地从大量资料中提取有价值的资讯，助力决策拟定与快速响应外在环境变动，为决策提供支持。

商业智能(Business Intelligence，简称 BI)同样是一套辅助决策的智能系统，其核心是帮助企业利用好数据，让决策管理者能够随时随地获取关键信息，基于数字作出决策，最终提高决策水平。

4.1.3　企业大数据应用系统架构模型

本书使用的企业大数据应用系统架构参考模型如图 4-2 所示。

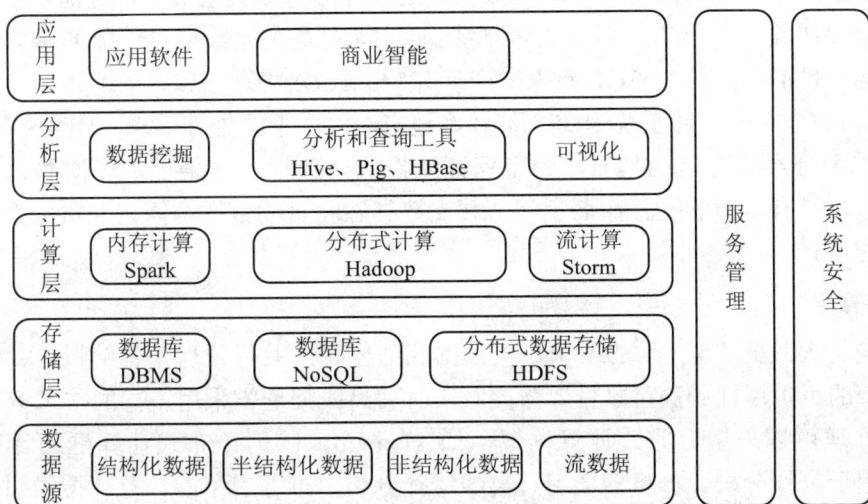

图 4-2　企业大数据应用系统架构参考模型

该参考模型分为五层，分别是：数据源、存储层、计算层、分析层和应用层。各分层相互独立：数据源接受不同格式的数据输入；存储层存储原数据或清洗过的数据；计算层执行大数据的实时和离线分布式计算，或与企业现有数据库系统进行集成；分析层分析和处理生成的结果；应用层则根据产品需求开发应用，并开放 API 供第三方使用。

1. 数据源

传统数据源通常在最开始就会被严格定义，而大数据源在开始时通常不会被严格定义，而是会尽可能收集所有可能用到的信息，因此在分析大数据时，有可能会遇到各种杂乱无章、充斥着垃圾的数据。数据若要被机器理解和分析，就需要存储成某种结构，而大数据的数据源众多，结构也呈现多样化，主要包括以下几类：

(1) 完全结构化数据。数据以明确且预先规范好所有细节的格式呈现数据，例如 MySQL 数据库会先定义好表和数据列，再将记录以预定义的数据列格式插入表格。

(2) 非结构化数据。如文本数据、视频数据、音频数据等，这些类型的数据没有预先定义的结构，文件内容千变万化、大相径庭。

(3) 半结构化数据。半结构化数据也被称为多结构化数据，这类数据具有可被理解的逻辑流程和格式，但这些格式对用户并不友好。很多大数据源都是半结构化的，而不是非结构化的，这类数据中有价值的信息往往掺杂在大量噪声和无用数据中，但由于其具有可被理解的逻辑流程，因此可从中提取出用于分析的信息。分析专家可以将半结构化数据重新组织成结构化数据，并将其运用到数据分析流程中。

2．存储层

不用的数据源有不同的存储要求。对于完全结构化的数据源，数据适合存储在关系型数据库(RDBMS)中，因为关系型数据库的管理模型追求的是高度的一致性和正确性，典型的 RDBMS 如 Oracle、DB2、MySQL、SQL Server 等；对于半结构化数据源，数据可存储在 NoSQL 数据库中，因为 NoSQL 数据库适合存储对象类型数据，存储不需要固定的表结构，容易扩展，且具有非常好的读/写性能，特别是在大数据量下能非常方便地实现高可用架构，目前热门的 NoSQL 数据库产品有 MongoDB 等。

Hadoop 的分布式文件系统(HDFS)能较好地应对大数据的处理需求。HDFS 是 Hadoop 分布式计算和分布式存储的基石，为了保证数据的一致性，它采用"一次写入，多次读取"的模型，具有单一的文件命名空间，并支持高吞吐量的数据访问，非常适合在大规模数据集上应用。

3．计算层

为了满足大数据"5 V"的要求，大数据应由分布式并行处理架构解析，并保证整个大数据系统的可扩展性和高可靠性，为此对实时和离线处理需采用不同的技术策略。

离线处理可以采用分布式计算框架，如 Hadoop，因为分布式计算框架计算延迟性高，更适用于离线分析，如机器学习、离线统计分析、推荐引擎的计算、搜索引擎的反向索引计算等方面。

实时数据分析一般采用流计算架构，如移动、金融和互联网 B2C 等产品对实时性要求很高，需在数秒内返回上亿行数据的分析结果才不会影响用户的体验。目前，Storm 是一个主流的流计算开源平台。

内存计算的数据存放于内存中，支持多线程和并行处理，并支持多种类型的工作负载，如 SQL 查询、流计算和数据挖掘等。目前比较主流的内存计算平台是 Spark，它是由加州大学伯克利分校 AMP 实验室开发的开源平台，其思路是利用集群中的所有内存，将要处理的数据加载其中，节省很多 I/O 和硬盘开销，从而加快计算。

4．分析层

处理层产生的大数据初步分析结果将被送到分析层，这些初步结果可被加载到数据仓库，进行下一步的数据分析和挖掘。由于数据挖掘任务不同，任务分析的类型也不同，其中比较经典的有：关联分析、基于决策树或神经网络的分类分析、聚类分析等。这一层还包括数据的可视化技术，比如通过可视化分析数据的意义，通过表格和图标、图形来展示一份直观、详细、权威的数据图表报告。

5．应用层

应用层将配备高级分析，如数据库内的统计分析，具有友好的可视化功能，能够优雅地展示分析结果，并生成各种可供查询的报表。另外，该层还可以根据应用系统的业务和功能需求，提供不同的服务或 API 接口。

另外，在大数据应用系统架构模型中还有系统安全和服务管理模块，它们是大数据应用架构参考模型里的公共模块，它们覆盖了整个企业级大数据应用系统在系统安全和服务管理方面的机制和策略。设计这两个模块时，需要考虑物理安全、系统安全、网络安全、应用安全、数据安全和管理安全六个维度，此外，还需要从技术和规则两个方面控制数据安全策略，包括身份认证、访问授权、机密性、完整性、安全审计和高可用性等。

4.2 大数据关键技术

大数据技术就是从各种类型的数据中快速获得有价值信息的技术。大数据领域的关键技术包括：大数据收集、大数据预处理、大数据存储、大数据处理、大数据挖掘、大数据分析与可视化、大数据安全等。

4.2.1 数据收集技术

在大数据时代，数据的来源极其广泛，包括了不同的类型和格式，并同时呈现爆发性增长的态势。大数据的这些特性对数据收集技术提出了更高的要求，需要从不同的数据源实时或及时地收集不同类型的数据，并发送给存储系统或数据中间件系统进行后续处理。目前，数据收集一般可分为设备数据收集和 Web 数据爬取两类，常用的数据收集软件有 Splunk、Sqoop、Flume 以及各种网络爬虫，如 Heritrix、Nutch 等。

4.2.2 数据预处理技术

数据的质量对数据价值的大小有直接影响，低质量数据将导致低质量的数据分析和挖掘结果。广义的数据质量涉及许多因素，比如数据的准确性、完整性、一致性、时效性、可信性与可解释性等。

大数据系统中的数据通常具有一个或多个数据源，这些数据源可以包括同构和异构的大数据库、文件系统、服务接口等。这些来自不同数据源的数据源于现实世界，容易受到数据噪声、数据值缺失与数据冲突等的影响。此外，在数据处理、分析、可视化过程中使用的算法与实现技术复杂多样，往往也需要对数据的组织、数据的表达形式、数据的位置等进行一些预先处理。

数据预处理的引入能够提升数据质量，并使后续的数据处理、分析、可视化过程更加容易、有效，有助于获得更好的用户体验。在形式上，数据预处理包括数据清理、数据集成、数据归约和数据转换等阶段，各阶段主要作用如下：

(1) 数据清理技术包括数据不一致性检测技术、脏数据识别技术、数据过滤技术、数据修正技术、数据噪声的识别与平滑技术等。

(2) 数据集成技术把来自多个数据源的数据进行集成，缩短数据之间的物理距离，形成一个集中统一的(同构/异构)数据库、数据立方体、数据宽表或文件。

(3) 数据归约技术可以在不损害挖掘结果准确性的前提下，降低数据集的规模，得到简化的数据集。数据的归约策略包括维归约技术、数值归约技术、数据抽样技术等。

(4) 数据转换处理技术包括基于规则或元数据的转换技术、基于模型和学习的转换技术等。经过数据转换处理的数据被变换或者统一，简化了处理与分析过程，提升了时效性，也使得数据分析与挖掘的模式更容易被理解。

4.2.3 数据存储技术

分布式存储与访问是大数据存储的关键技术，它具有经济、高效、容错性好等特点。分布式存储技术与数据存储介质的类型以及数据的组织管理形式直接相关，目前主要的数据存储介质类型有内存、磁盘、磁带等；数据组织管理形式主要包括按行组织、按列组织、按键值组织和按关系组织；数据组织管理层次则分为块级组织、文件级组织以及数据库级组织等。不同的存储介质和组织管理形式，对应着不同的大数据应用特点。

1. 分布式文件系统

分布式文件系统是由多个网络节点组成的、向上层应用提供统一文件服务的文件系统。分布式文件系统中的节点可以分布在不同的地点，通过网络进行节点间的通信和数据传输。分布式文件系统中的文件在物理上可能被分散存储在不同的节点上，但在逻辑上仍然是一个完整的文件。使用分布式文件系统时，用户无需关心数据存储在哪个节点上，就可以像使用本地文件系统一样处理和存储文件系统的数据。

分布式文件系统的性能与成本是线性增长的关系，它能够在信息爆炸时代有效解决数据的存储和处理问题。分布式文件系统在大数据领域是最基础、最核心的功能组件之一，如何实现一个高扩展、高性能、高可用的分布式文件系统是大数据领域的关键问题。目前，常用的分布式磁盘文件系统有 HDFS(Hadoop 分布式文件系统)、GFS (Google 分布式文件系统)、KFS(Kosmos Distributed File System)等，常用的分布式内存文件系统有 Tachyon(Spark 平台的文件系统)等。

2. 文档存储

文档存储支持对结构化数据的访问，不同于关系模型，文档存储没有强制的架构，事实上，文档存储是以键值对的方式进行存储的。文档存储模型支持嵌套结构，例如，文档存储模型支持 XML 和 JSON 文档，其字段的值也可以嵌套存储其他文档。

与键值存储不同，文档存储关心文档的内部结构，使存储引擎可以直接支持二级索引，从而允许对任意字段进行高效查询。文档存储还支持嵌套存储，使得查询语言具备搜索嵌套对象的能力，XQuery 就是一个例子。主流的文档数据库如 MongoDB、CouchDB、Terrastore、RavenDB 等。

3. 列式存储

列式存储将数据按行排序、按列存储，将相同字段的数据作为一个列族来聚合存储。当查询少数列族数据时，列式数据库可以减少读取数据量，减少数据装载和读入/读出的时间，提高数据处理效率。按列存储还可以承载更大的数据量，获得高效的垂直数据压缩能力，降低数据存储开销。

使用列式存储的数据库产品有传统的数据库产品，如 Sybase IQ、InfiniDB、Vertica 等，也有开源的数据库产品，如 Hadoop HBase、Infobright 等。

4．键值存储

键值存储，即 Key-Value 存储，简称 KV 存储，是 NoSQL 的一种存储方式，其中的数据按照键值对的形式进行组织、索引和存储，一般不提供事务处理机制。KV 存储比 SQL 数据库存储拥有更好的读写性能，同时能有效减少读写磁盘的次数，非常适合不涉及过多数据关系和业务关系的数据。主流的键值数据库产品如 Redis、Apache Cassandra、Google BigTable 等。

5．图形数据库

图形数据库主要用于存储事物及事物之间的相互关系，这些事物整体上呈现复杂的网络关系，可以简单地称之为图形数据。使用传统的关系数据库技术无法很好地满足超大量图形数据的存储和查询需求，比如描述上百万或上千万个节点的图形关系，而图形数据库采用不同的技术，很好地解决了图形数据的查询、遍历、求最短路径等问题。

在图形数据库领域，通常用不同的图模型来映射事物之间的网络关系，比如超图模型，以及包含节点、关系及属性信息的属性图模型等。图形数据库可用于对真实世界的各种对象(比如社交图谱)进行建模，以求反映这些事物的相互关系。主流的图形数据库如 Google Pregel、Neo4j、Infinite Graph、DEX、InfoGrid 和 AllegroGraph 等。

6．关系数据库

关系数据库模型是最传统的数据存储模型，它由元数据定义表的结构，将记录按行进行存储。关系型数据库的记录存储在表中，表中的每个列都有名称和类型，表中的所有记录都要符合表的定义。

SQL 是关系型数据库专用的查询语言，提供相应的语法来查找符合条件的记录，如表联接(Join)。表联接可以基于表之间的关系在多个表中查询记录，表中的记录可以被创建和擦除，记录中的字段也可以单独更新。

关系数据库通常提供事务处理机制，这为涉及多条记录的自动化处理提供了解决方案。针对不同的编程语言，表可以被看成数组、记录列表或者结构，也可以使用 B 树和 Hash 表进行索引，以应对高性能访问。

近年来，传统的关系型数据库厂商也结合其他技术对关系型数据库作了诸多改进，如使用分布式集群和列式存储，以及增加了对 XML、JSON 等数据存储的支持等。

7．内存存储

内存存储指内存数据库系统，即将数据库的工作内容存放于内存中。内存数据库系统的设计目标是提高数据库的效率和存储空间的利用率，由于数据库的操作都在内存中进行，因此磁盘 I/O 不再是性能瓶颈。内存数据库的核心是内存存储管理模块，其管理策略的优劣直接关系到内存数据库系统的性能。基于内存存储的数据库产品如 Oracle TimesTen、Altibase、eXtremeDB、Redis、Memcached 等。

4.2.4 数据处理技术

分布式数据处理技术一方面与分布式存储形式直接相关，另一方面也与业务数据的温度类型("冷数据"或"热数据")相关。目前，主要的数据处理计算模型包括 MapReduce 分布式计算框架、分布式内存计算系统、分布式流计算系统等。

1. MapReduce 分布式计算框架

MapReduce 是一个高性能的批处理分布式计算框架，可用来对海量数据进行并行分析和处理。与传统数据库技术相比，MapReduce 能够处理各种类型的数据，包括结构化、半结构化和非结构化数据，并且可以处理 TB 和 PB 级别的超大规模数据。

MapReduce 分布式计算框架将计算任务分为 Map 和 Reduce 两类大量的并行任务，首先将 Map 任务部署到分布式集群中的不同计算机节点上并发执行，然后由 Reduce 任务对所有 Map 任务的执行结果进行汇总，得到最后的分析结果。

MapReduce 分布式计算框架可动态增加或减少计算节点，具有很高的计算弹性，并且具备优秀的任务调度能力和资源分配能力，具有很好的扩展性和容错性。MapReduce 基于 HDFS 和 HBase 等存储技术确保了数据存储的有效性，计算任务会被安排在离数据最近的节点上运行，减少了数据在网络中的传输开销，同时还能重新运行失败的任务。

MapReduce 分布式计算框架是大数据时代最典型且应用最广泛的分布式计算框架之一。目前，最流行的 MapReduce 分布式计算框架是由 Hadoop 实现的 MapReduce 框架。

2. 分布式内存计算系统

使用分布式共享内存进行计算可有效地减少数据读写和移动的开销，极大地提高数据处理的性能，因此，支持基于内存的数据计算，并同时兼容多种分布式计算框架的通用计算平台是大数据领域必需的关键技术。

除 SAP HANA、Oracle BigData Application 等支持内存计算的商业工具以外，Spark 是内存计算技术的开源框架的代表，也是当今大数据领域最热门的分布式内存计算系统。相比传统的 Hadoop MapReduce 批量计算模型，Spark 使用有向无环图(在图论中，如果一个有向图无法从某个顶点出发经过若干条边回到该点，则这个图是一个有向无环图，即 Directed Acyclic Graph，简称 DAG)、迭代计算和内存计算等方式，可以实现一到两个数量级的计算效率提升。

3. 分布式流计算系统

在大数据时代，数据的增长速度超过了存储容量的增长速度，在不远的将来，人们将无法存储所有的数据；同时，数据的价值也会随着时间的流逝而不断减少；此外，很多数据由于涉及用户的隐私而无法进行存储。对上述问题的担忧，推动了数据流实时处理技术的发展。

数据流的实时处理是一项很有挑战性的工作，因为数据流具有持续到达、速度快且规模巨大等特点，所以需要分布式的流计算技术才能对其进行实时处理。数据流实时处理的理论及技术研究已有十几年的历史，目前仍旧是业界热点。

当前获得广泛应用的系统多数为支持分布式与并行处理的流计算系统，商用软件中较有代表性的如 IBM StreamBase 与 InfoSphere Streams 等，开源系统则包括 Twitter Storm、Yahoo S4 与 Spark Streaming 等。

4.2.5 数据挖掘技术

1. 数据挖掘的价值

很多人会问：数据挖掘能为企业做些什么？下面通过几个案例来解释这一问题。

1) 案例一：尿不湿与啤酒的故事

超级商业零售连锁沃尔玛公司(Walmart)拥有庞大的数据仓库系统。为准确了解顾客在门店的购买习惯，沃尔玛对顾客的购物行为进行了购物篮关联规则分析，以期获知顾客经常一起购买的商品有哪些。然而利用数据挖掘工具对数据库中所有门店的原始交易数据进行分析和挖掘后，沃尔玛得出的结果竟然是"跟尿不湿一起购买最多的商品是啤酒"，虽然这个数据挖掘结果反映了数据的内在规律，但这个结果是否有利用价值呢？

为验证这一结果，沃尔玛派出市场调查人员和分析师对这一结果进行调查分析，最终揭示了一个隐藏在"尿不湿与啤酒"背后的一种美国消费者行为模式：在美国，到超市去买婴儿尿不湿是一些年轻父亲下班后的日常工作，而他们中有 30%~40%的人同时也会为自己买一些啤酒。产生这一现象的原因是：美国的太太们常叮嘱她们的丈夫不要忘了下班后为小孩买尿不湿，而丈夫们在买尿不湿后又随手带回了他们喜欢的啤酒；另一种情况是丈夫们在买啤酒时突然记起他们的责任，又去买了尿不湿。总之，尿不湿与啤酒一起被购买的机会很多。发现这一模式后，沃尔玛在其所有门店里将尿不湿与啤酒并排摆放在一起，结果是得到了尿不湿与啤酒的销售量双双增长。

按常规思维，尿不湿与啤酒风马牛不相及，若不是借助数据挖掘技术对大量交易数据进行挖掘分析，沃尔玛是不可能发现数据内部隐藏的这一有价值的规律的。

2) 案例二：人脸识别

在 2008 年北京奥运会上，最引人注意的 IT 热点莫过于"实时人脸识别技术"在奥运会安检系统中的应用，这种技术通过对人脸关键部位的数据采集，让系统能够精确地识别出所有进出奥运场馆的观众身份。除了部分借助其他技术，人脸识别使用的主要技术就是来自于数据挖掘中的分类算法(Classification)。

目前，人脸识别技术已经相对成熟，广泛应用于各种安检系统中，警方只需将犯罪分子的脸部数据采集到安检数据库，那么只要犯罪分子一出现，系统就能精确地将其识别出来，而 Google 在 Picasa 照片分享软件的工具中也已经加入了人脸识别功能。当然，人脸识别技术牵涉到隐私，是把双刃剑，鉴于此，Google 在其街景地图中故意将人脸模糊化，使其无法被识别。

在上面的两个案例中，数据并非人为产生，而是研究对象所隐含的一定规律的反映。数据挖掘的目的就是要从获取的数据中发现这种规律性的知识，帮助企业在他们的数据仓库中发现最重要的信息，从而预测未来的趋势，作出正确的决策。

2. 数据挖掘的概念

数据挖掘(Data Mining)就是从大量的、不完全的、有噪声的、模糊的、随机的数据中，提取潜在有用的信息的过程。打个比方，就像从矿石或沙土中挖黄金，有用的信息即是黄金，如图 4-3 所示。

图 4-3　数据挖掘的目标是发现知识

3．数据挖掘的方法

数据挖掘的三种常用方法包括：分类法、关联分析法、聚类法。

1) 分类法

分类问题是一个普遍存在的问题，分类任务就是确定对象属于哪个预定义的目标类，例如根据电子邮件的标题和内容检查出垃圾邮件，根据核磁共振扫描的结果区分肿瘤是恶性还是良性，根据星系的形状对它们进行分类等。

分类技术(或分类法)是一种根据输入数据集建立分类模型的系统方法。首先，把数据分成训练集(Training Set)和测试集(Testing Set)；然后，通过对历史训练集的训练，生成一个或多个分类器(Classifier)，将这些分类器应用到测试集中，就可以对分类器的性能和准确性作出评判，如果效果不佳，就重新选择训练集，或者调整训练模式，直到分类器的性能和准确性达到要求为止；最后，将选出的分类器应用到未经分类的新数据中，就可以对新数据的类别作出预测了，如图 4-4 所示。

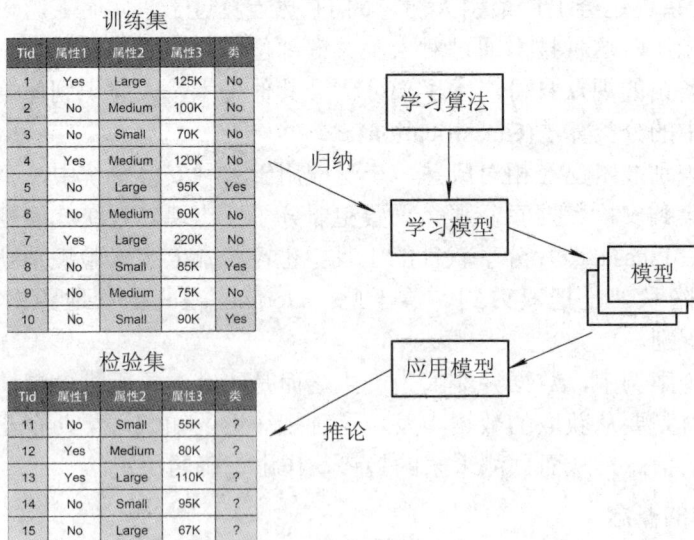

训练集

Tid	属性1	属性2	属性3	类
1	Yes	Large	125K	No
2	No	Medium	100K	No
3	No	Small	70K	No
4	Yes	Medium	120K	No
5	No	Large	95K	Yes
6	No	Medium	60K	No
7	Yes	Large	220K	No
8	No	Small	85K	Yes
9	No	Medium	75K	No
10	No	Small	90K	Yes

检验集

Tid	属性1	属性2	属性3	类
11	No	Small	55K	?
12	Yes	Medium	80K	?
13	Yes	Large	110K	?
14	No	Small	95K	?
15	No	Large	67K	?

图 4-4　建立分类模型的一般方法

分类法的典型例子包括 K 最近邻算法、决策树分类法、神经网络、支持向量机和贝叶斯分类法等，简述如下：

(1) K 最近邻算法。

K 最近邻(K-Nearest Neighbor，简称 KNN)算法是数据挖掘分类技术中最简单的方法。所谓 K 最近邻，就是 K 个最近的邻居的意思，即每个样本都可以用它最接近的 K 个邻居来代表。

以一个简单的例子来说明 KNN 算法的概念：如果您住在一个市中心的住宅内，周围若干个小区的同类房子售价都在 280 万～300 万之间，那么可以把您的房子和它的近邻归类到一起，估计售价也在 280 万～300 万之间；同样，您的朋友住在郊区，他周围的同类房子售价都在 110 万～120 万之间，那么他的房子和近邻的同类房子归类之后，售价也在 110 万～120 万之间。

KNN 算法的核心思想是：如果一个样本在特征空间中的 K 个最相似样本里的大多数属于某一个类别，则该样本也属于这个类别，并具有这个类别中样本的特性。KNN 方法在进行分类决策时，只依据最邻近的一个或几个样本的类别来决定待分样本所属的类别。由于 KNN 方法主要依靠有限的邻近样本，而不是靠判别类域的方法来确定所属类别，因此对于类域交叉或重叠较多的待分样本集而言，KNN 方法更为适合。

(2) 决策树分类法。

决策树(Decision Tree)又称为分类树(Classification Tree)。决策树分类法是应用最为广泛的归纳推理算法之一，适合处理类别型变量或连续型变量的分类预测问题，且可以用图形和 if-then 的规则表示模型，可读性较高。决策树模型通过不断地划分数据，使依赖变量的差别最大化，最终目的是将数据分类到不同的组织或不同的分枝，在依赖变量的值上建立最强的归类。

决策树是一种监督式的学习方法，产生一种类似流程图的树结构。该算法先用归纳算法产生分类规则和决策树，对数据进行处理，再对处理后产生的新数据进行预测分析。树的终端节点"叶子节点(Leaf Nodes)"，表示分类结果的类别(Class)，每个内部节点表示一个变量的测试，分枝(Branch)为测试输出，代表变量的一个可能数值，每一条路径代表一个分类规则。

以购买某款手机的决策树模型为例，如图 4-5 所示。

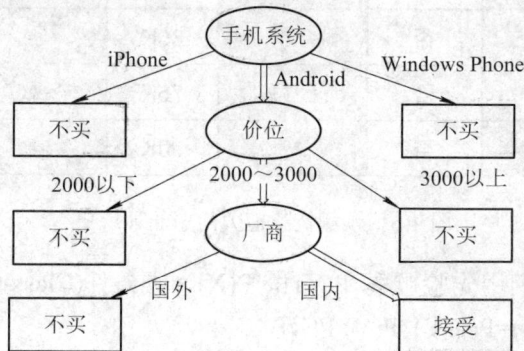

图 4-5　购买手机的决策树模型

该模型描述了已构建好的分类模型：用户在选择买哪款手机的时候，会根据手机的系统、价位、厂商等属性决定最后要购买的手机。由此模型可知，用户能够接受的为Android系统、价位 2000～3000 元之间、由国内厂商生产的手机。

(3) 贝叶斯分类法。

在说明怎样使用贝叶斯定理分类之前，可以先从统计学的角度将分类问题形式化：设 X 表示属性集，Y 表示类变量。如果类变量和属性之间的关系不确定，则可以把 X 和 Y 看作随机变量，用 P(Y|X)以概率的方式捕捉二者之间的关系。根据以往经验和分析得到的概率称为先验概率，如 P(Y)、P(X)、P(X|Y)，相对地，P(Y|X)称为 Y 的后验概率。在训练阶段，我们要根据从训练数据中收集的信息，学习 X 和 Y 的每一种组合的先验概率 P(Y)、P(X)、P(X|Y)，得知这些概率后，找出后验概率 P(Y'|X')最大的类 Y'。

举个例子来解释这一方法：考虑预测一个贷款者是否会拖欠还款，拖欠还款的贷款者属于类 Yes，还清贷款的贷款者属于类 No，而该分类的训练集具有如下属性：有房、婚姻状况和年收入。那么，假设给定一测试记录有如下属性集：X=(有房=否，婚姻状况=已婚，年收入＝120K)，若要对该记录进行分类，就需要利用训练数据中的可用信息计算后验概率 P(Yes|X)和 P(No|X)，如果 P(Yes|X)>P(No|X)，则记录分类为 Yes，反之，分类为 No，如图 4-6 所示。

	二元变量	分类变量	连续变量	类变量
Tid	有房	婚姻状况	年收入	拖欠贷款
1	是	单身	125K	否
2	否	已婚	100K	否
3	否	单身	70K	否
4	是	已婚	120K	否
5	否	离异	95K	是
6	否	已婚	60K	否
7	是	离异	220K	否
8	否	单身	85K	是
9	否	已婚	75K	否
10	否	单身	90K	是

图 4-6　预测贷款拖欠问题的训练集

贝叶斯定理允许我们用先验概率 P(Y)和 P(X)、类条件(Class-Conditional)概率 P(X|Y)来表示后验概率：P(Y|X)=P(X|Y)*P(Y)/P(X)。

在比较不同 Y 值的后验概率时，分母 P(X)总是常数，因此可以忽略。先验概率 P(Y)可以通过计算训练集中属于每个类的训练记录所占的比例很容易地估计，P(X|Y)也可以根

据训练集的数据计算得到，最后选择 P(Y|X)值所属比例较大的类 Y。

(4) 神经网络(Neural Net)。

神经网络就像是一个爱学习的孩子，不会忘记被教导的知识而且会学以致用。只要把学习集(Learning Set)中的每个值输入到神经网络中，并告诉它应该输出哪些分类，在全部学习集都运行完成之后，神经网络就可以根据这些例子判断新数据的类别。

神经网络是通过对人脑的基本单元——神经元的建模和联接来模拟人脑神经系统功能的模型，是一种具有学习、联想、记忆和模式识别等智能信息处理功能的人工系统。神经网络的一个重要特性是它能够从环境中学习，并把学习的结果分布存储到网络的突触连接中。神经网络的学习是一个过程：在其所处环境的激励下，相继给网络输入一些样本模式，并按一定的规则(学习算法)调整网络各层的权值矩阵，待网络各层权值都收敛到一定值，学习过程结束，然后用户就可用生成的神经网络来对真实数据进行分类。

(5) 支持向量机(SVM)。

如果从更高的维度看样本，会很容易把看起来相似的样本合在一起。比如，在一维(直线)空间里的样本，从二维平面上就可以把它们分成不同类别；而在二维平面上分散的样本，从第三维空间上来看就可以对它们作分类。

支持向量机(Support Vector Machine，简称 SVM)算法的目的是：找到一个最优超平面，最优超平面是指分类面不但能将两类正确分开，而且使分类间隔最大。在两类样本中离分类面最近，且位于与最优超平面平行的超平面上的点就是支持向量，为找到最优超平面，只要找到所有的支持向量即可。而对于非线性支持向量机，通常做法是把线性不可分转化成线性可分，通过一个非线性映射将低维输入空间中的数据特征映射到高维线性特征空间中，在高维空间中求线性最优分类超平面。

支持向量机算法自问世以来就被认为是效果最好的分类算法之一，是目前数据挖掘应用很重视的一个算法。

(6) 分类算法的评估。

分类模型的性能是根据模型正确预测的对象数量，即准确率来进行评估的。准确率的计算方式为：准确率 = 正确预测数/预测总数。

2) 关联分析法

前面介绍过一个啤酒和尿不湿的案例，这就是关联分析(Association Analysis)方法的一种典型运用。在该案例中，{尿不湿} -> {啤酒}，该规则表明尿不湿和啤酒的销售之间存在着很强的联系，因为许多购买尿不湿的顾客也购买啤酒。

在上面的例子中，尿不湿和啤酒都是项，项的集合称为项集。包含 k 个项的项集称为k 项集，比如集合{尿不湿，啤酒}就是一个二项集。项集的出现频率是包含项集的事务数，简称为项集的频率，或称为支持度或计数。注意：定义项集的支持度有时称为相对支持度，而出现的频率则称为绝对支持度。如果项集 I 的相对支持度满足预定义的最小支持度阈值，则 I 是频繁项集。

关联分析常用于发现隐藏在大型数据集中的有意义联系，所发现的联系可以用关联规则(Association Rule)或频繁项集形式表示。例如，从啤酒和尿不湿的案例中，通过关联分析能提取出如下规则：

{尿不湿}->{啤酒}

除了购物篮数据分析外，关联分析也可应用于其他领域，如生物信息学、医疗诊断、网页挖掘和科学数据分析等。例如，在地球科学数据分析中，关联模式可以揭示海洋、陆地和大气过程之间的有趣联系，这样的信息能够帮助地球科学家更好地理解地球系统中不同自然力之间的相互作用。

下面将解释关联分析中用来有效地挖掘上述关联规则的算法，并介绍避免虚假结果产生的关联模式评估机制。

(1) 关联分析的基础知识。

在数据挖掘当中，通常用支持度(support)和置性度(confidence)两个概念来量化事物之间的关联规则，它们分别反映所发现规则的有用性和确定性。比如：

尿不湿=>啤酒，其中 support=2%，confidence=60%。

上述等式的意思是：所有的商品交易中有 2%的顾客同时购买了尿不湿和啤酒，并且购买尿不湿的顾客中有 60%也购买了啤酒。

在关联规则的挖掘过程中，通常会设定最小支持度阈值和最小置性度阈值，如果某条关联规则满足最小支持度阈值和最小置性度阈值，则认为该规则可以给用户带来感兴趣的信息。

关联规则 A->B 的支持度 support=P(AB)，指事件 A 和事件 B 同时发生的概率；置信度 confidence=P(B|A)=P(AB)/P(A)，指在发生事件 A 的基础上发生事件 B 的概率。同时满足最小支持度阈值和最小置信度阈值的规则就称为强规则。

如果事件 A 中包含 k 个元素，那么称这个事件 A 为 k 项集，且事件 A 满足最小支持度阈值的事件称为频繁 k 项集。

综上所述，关联分析的过程为：

第一，找出所有的频繁项集。

第二，由频繁项集产生强规则。

(2) Apriori 算法。

Apriori 算法使用频繁项集的先验知识，以及一种称作逐层搜索的迭代方法，将 k 项集用于探索(k+1)项集。首先，通过扫描事务(交易)记录，找出所有的频繁 1 项集，该集合记作 L1，然后利用 L1 找出频繁 2 项集的集合 L2，利用 L2 找出 L3，以此类推，直到不能再找到任何频繁 k 项集，最后再在所有的频繁集中找出强规则，即用户感兴趣的关联规则。

Apriori 算法具有这样一种性质：任一频繁项集的所有非空子集也必须是频繁的。因为，假如 P(I)<最小支持度阈值，当有元素 A 添加到 I 中时，结果项集 A∩I 不可能比 I 出现次数更多，因此 A∩I 也不是频繁的。

(3) 关联模式的评估。

关联分析算法具有产生大量模式的潜在能力。例如，虽然某数据的数据集只有 6 个项，但在特定的支持度和置信度阈值下，它能够产生数以百计的关联模式。由于真正的商业数据库的数据量和维数都非常大，很容易产生数以千计、甚至是数以百万计的模式，而其中很大一部分可能是用户不感兴趣的，但是，筛选这些模式，并从中识别出最有趣的模式并非一项简单的任务，因为"一个人的垃圾可能是另一个人的财富"。因此，建立一组广泛接受的关联模式质量评价标准是非常重要的。

第一组标准可以通过统计论据建立。涉及相互独立的项或仅覆盖少量事务的模式可以被认为是不令人感兴趣的，因为它们可能反映数据中的伪联系，这些模式可以使用客观兴趣度度量来排除。客观兴趣度度量使用从数据推导出的统计量来确定模式是否是有趣的，如对支持度、置信度和相关性的度量。

第二组标准可以通过主观论据建立，即模式被主观地认为是无趣的，除非它能揭示意想不到的信息，或者提供可以导致有益行动的有用信息。例如，规则 {黄油} -> {面包} 并不是有趣的信息，因为尽管其有很高的支持度和置信度，但展示的关系显而易见，而规则 {尿不湿} -> {啤酒} 就是有趣的，因为这种联系十分出乎意料，并且可能为零售商提供新的交叉销售机会。将主观知识加入到模式的评价中是一项困难的任务，因为这需要来自领域专家的大量先验信息。

下面是一些将主观知识加入到模式发现任务中的方法：

◇ 可视化(Visuallzation)：这种方法需要友好的环境，保持用户参与并允许领域专家解释和检验被发现的模式，以此与数据挖掘系统交互。

◇ 基于模板的方法(Template-Based Approach)：这种方法允许用户限制挖掘算法提取的模式类型，只把满足用户指定类型的模式提供给用户，而不是报告所有提取的模式。

◇ 主观兴趣度度量(Subjective Interestingness Measure)：主观度量可基于领域信息来定义，如商品利润等，然后使用这些度量，过滤那些显而易见或没有实际价值的模式。

3) 聚类

聚类指将由物理或抽象对象组成的集合分为由相似的对象组成的多个类的过程，是一种重要的人类行为。聚类与分类的不同在于：聚类所要求划分的类别是未知的，是将数据分到不同的类或簇的一个过程，所以同一个簇中的对象有很大的相似性，而不同簇间的对象有很大的差异性。

聚类是数据挖掘的主要任务之一，能够作为一个独立的工具获取数据的分布状况，观察每一簇数据的特征，并集中对特定的聚簇执行进一步分析。聚类还可以作为其他算法(如分类)的预处理步骤。

常用的聚类算法被分为五类：划分方法、层次方法、基于密度的方法、基于网格的方法和基于模型的方法。下面介绍两种典型的算法：

(1) K-Means 算法。

K-Means 算法，也被称为 K-平均或 K-均值，是一种使用最为广泛的聚类算法。

K-Means 算法将各个聚类子集内的所有数据样本的均值作为该聚类的代表点，主要思想是通过迭代过程把数据集划分为不同的类别，使评价聚类性能的准则函数达到最优，从而使生成的每个聚类类内紧凑、类间独立。K-Means 算法不适合处理离散型属性，但对于连续型属性具有较好的聚类效果。

算法步骤如下：

① 为每个聚类确定一个初始聚类中心，这样就有 K 个初始聚类中心。

② 将样本集中的样本按照最小距离原则分配到最邻近聚类。

③ 使用每个聚类中的样本均值作为新的聚类中心。

④ 重复步骤②、③直到聚类中心不再变化。

⑤ 结束，得到 K 个聚类。

(2) 层次聚类技术。

层次聚类技术是另一种重要的聚类方法，与许多聚类方法相比，这种方法相对较老，但仍然被广泛使用，这种方法不产生单一聚类，而是产生一个聚类层次，也就是一棵层次树。

假设有 N 个待聚类的样本，使用层次聚类技术的基本步骤如下：

① 把每个样本归为一类，计算每两个类之间的距离，也就是样本与样本之间的相似度。

② 寻找距离最近的两个类，把他们归为一类(这样类的总数就少了一个)。

③ 重新计算新生成的这个类与各个旧类之间的距离(相似度)。

④ 重复步骤②和③直到所有样本点都归为一类，结束。

(3) 聚类的评价方式。

聚类的评价方式大致分为两类：一种是分析外部信息，另一种是分析内部信息。外部信息就是能看得见的直观信息，这里指聚类结束后产生的类别；分析内部信息的方法则包括比较簇内相似性和簇间差异性等。

4.2.6　数据分析与数据可视化技术

数据可视化伴随着大数据时代的到来而兴起，成为大数据分析不可或缺的一种重要手段和工具。只有真正理解了数据可视化概念的本质，才能更好地研究并应用这一工具，获得数据背后隐藏的价值。

数据可视化是指将大型数据集里的数据以图形图像形式表示，并利用数据分析和开发工具发现其中未知信息的处理过程。数据可视化技术的基本思想是：将数据库中的每一个数据项作为单个图元素表示，使大量的数据集构成数据图像，同时将数据的各个属性值以多维数据的形式表示，使用户可以从不同的维度观察数据，对数据进行更深入的观察和分析。

1. 数据可视化的基本概念

(1) 数据空间：由 n 维属性、m 个元素共同组成的数据集构成的多维信息空间。

(2) 数据开发：使用一定的工具及算法，对数据进行定量推演及计算。

(3) 数据分析：对多维数据进行切片、块、旋转等操作，剖析数据，以从多角度多侧面观察数据。

(4) 数据可视化：将大型数据集里的数据通过图形图像方式表示，并利用数据分析和开发工具发现其中的未知信息。

2．数据可视化的标准

为实现信息的有效传达，数据可视化应兼顾美学与功能，直观地传达出关键的特征，以便挖掘数据背后隐藏的价值。

数据可视化技术的应用标准包含以下四个方面：

(1) 直观化：将数据直观、形象地呈现出来。

(2) 关联化：突出呈现出数据之间的关联性。

(3) 艺术性：使数据的呈现更具有艺术性，更加符合审美规则。

(4) 交互性：实现用户与数据的交互，方便用户控制数据。

3．数据可视化的作用

数据可视化的开发和大部分项目一样，也是根据需求，基于数据维度或属性进行筛选，并根据目的和用户群选用合适的可视化表现方式，同一份数据可以表现为多种看起来截然不同的形式。

如果数据可视化的目标是观测、跟踪数据，就要强调实时性、变化和运算能力，最终可能生成一份不停变化、可读性强的图表，例如百度地图显示的北京市实时交通路况信息，如图 4-7 所示。

如果数据可视化是为了分析数据，就要强调数据的呈现度，最终可能会生成一份可以检索的交互式图表；如果是为了发现数据之间的潜在关联，则可能生成一份多维的分布式图表。

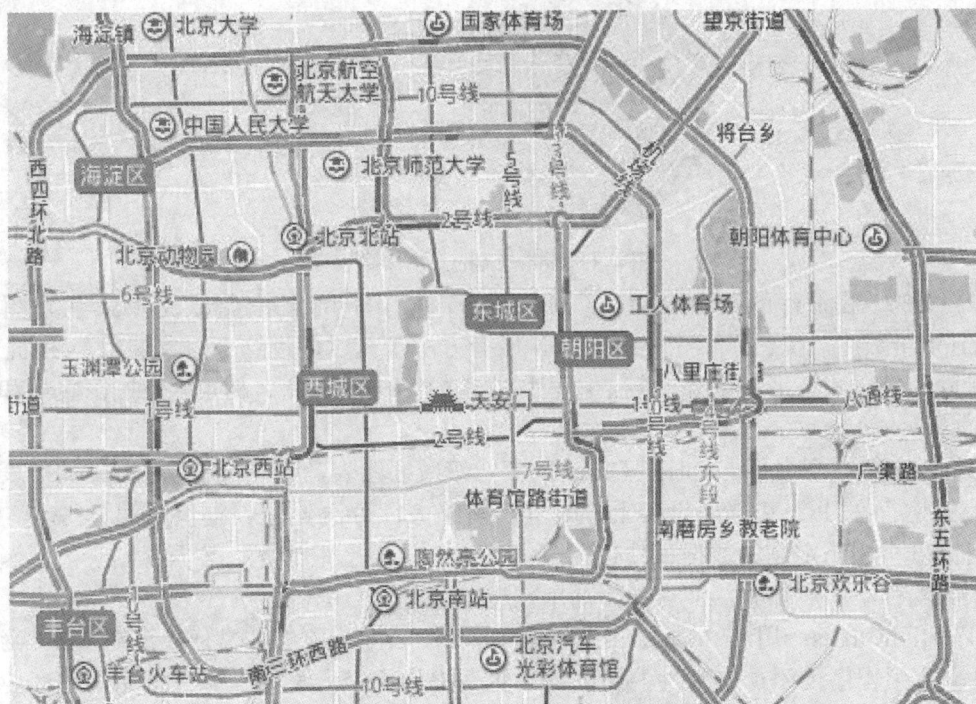

图 4-7　百度地图显示的北京市实时交通路况信息

如果数据可视化是为了帮助普通用户或商业用户快速理解数据的含义或变化，可以使用漂亮的颜色和动画，创建生动、明了、具有吸引力的图表。

有些可视化图表可以被用于教育、宣传或政治的目的，这些图表往往被制作成海报和课件，出现在街头、广告手持、杂志和集会上。此类图表多使用强烈的对比、置换等手段，可以创造出极具冲击力的图像，具有强大的说服力。在国外，许多媒体会根据新闻主题或数据，雇用设计师创建可视化图表，来对新闻主题进行辅助报道。

4. 常用的数据分析和可视化工具

目前常用的数据可视化工具有很多，较有代表性的包括以下几种。

1) 入门级工具

最常用的如 Excel，微软公司的办公软件 Office 家族的系列软件之一，可以进行各种数据的处理、统计分析和辅助决策操作，已广泛应用于管理、统计、金融等领域。

2) 信息图表工具

信息图表是信息、数据、知识等的视觉化表达，它利用图形信息比文字信息更容易被人脑理解的特点，更高效、直观、清晰地传递信息，在计算机科学、数学以及统计学领域有着广泛的应用，目前常用的工具包括以下几种：

(1) Google Chart API：Google 公司提供的制图服务接口，可以统计数据并自动生成图片，该工具使用非常简单，不需要安装任何软件，即可以通过浏览器在线查看统计图表。使用 Google Chart API 生成的图表如图 4-8 所示。

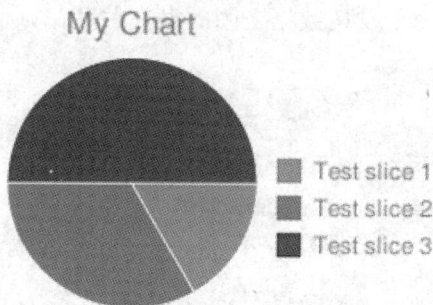

图 4-8　Google Chart 统计图表

(2) D3：最流行的可视化库之一，是一个可用于网页作图以及生成互动图形的 JavaScript 函数库，提供了一个 D3 对象，所有方法都可以通过这个对象调用。D3 能够提供多种除线性图和条形图以外的复杂图表样式，如 Voronoi 图、树形图、圆形集群和单词云等。

(3) Echarts：全名 Enterprise Charts，商业级数据图表，一个纯 Javascript 的图表库，可以流畅运行在 PC 和移动设备上，兼容当前绝大部分浏览器，提供直观、生动、可交互、可高度个性化定制的数据可视化图表，其创新的拖曳重计算、数据视图、值域漫游等特性大大增强了用户体验，能有效提高用户挖掘、整合数据的能力。

(4) HighCharts：用纯 JavaScript 编写的一个图表库，能够非常便捷地在 Web 网站或是 Web 应用程序上添加交互性的图表，并免费提供给个人学习、个人网站与非商业用途使用，支持的图表类型包括曲线图、区域图、柱状图、饼状图、散状点图和综合图表等。

(5) Visual.ly：一款非常流行的信息图制作工具，简洁、易用，用户不需要具有任何与设计相关的知识，就可以快速创建样式美观且具有强烈视觉冲击力的自定义信息图表。

(6) Tableau：桌面系统上最简单的商业智能工具软件，适合企业进行日常数据报表和数据可视化分析工作。Tableau 实现了数据运算与美观图表的完美结合，用户只要将大量数据拖放到数字"画布"上，就能创建好各种图表。

(7) 大数据魔镜：一款优秀的国产数据分析软件，只需通过一个直观的拖放界面就可创建交互式的图表和数据挖掘模型，其丰富的数据公式及算法可以帮助用户真正理解所分析的数据。

3) 地图工具

地图工具在数据可视化处理中较为常见，它在展现基于空间或地理分布的数据时有很强的表现力，能直观展现各分析指标的分布及区域等特征。当指标数据要表达的主题跟地域有关联时，就可以选择以地图作为大背景，从而帮助用户更直观地了解数据的整体情况，同时也可以根据地理位置快速定位到某一地区来查看详细数据。

(1) Google Fusion Tables：该工具让一般使用者能够轻松制作出专业的统计地图，可以选择将数据表呈现为图表、图形和地图，从而帮助用户发现一些隐藏在数据背后的模式和趋势。

(2) Modest Maps：一个小型、可扩展、交互式的免费库，提供了一套查看卫星地图的 API，只有 10 KB 大小，是目前最小的可用地图库，同时它也是一个开源项目，有强大的社区支持，是在网站中整合地图应用的理想选择。

(3) Leaflet：一个小型化的地图框架，通过小型化和轻量化来满足移动网页的使用需要。

4) 时间线工具

时间线是呈现数据在时间维度上的演变的有效方式，它通过互联网技术，依据时间顺序，把一方面或多方面的事件串联起来，形成相对完整的记录体系，再将其运用图文的形式呈现给用户。时间线可以应用于不同领域，最大的作用就是把过去的事物系统化、完整化、精确化。自从 2012 年 Facebook 在 F8 大会上发布了以时间线格式组织内容的功能后，时间线工具就在国内外社交网站中大范围流行开来。例如，图 4-9 就以时间线的形式展现了我国户籍制度在 1994 年～2014 年随时间演变的情况。

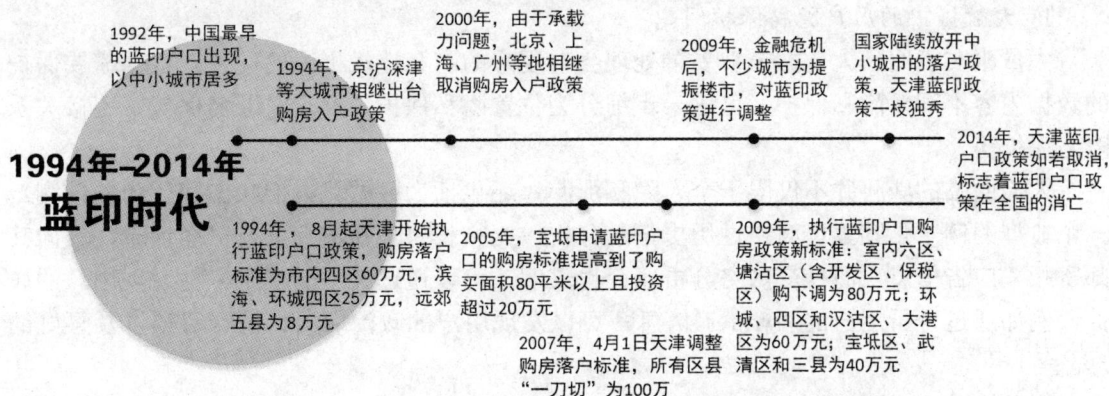

图 4-9　我国户籍制度在 1994 年～2014 年的演变

(1) Timetoast。

一个在线创作基于时间轴的事件记载服务的网站，提供个性化的时间线服务，可以用不同的时间线来记录用户某个方面的发展历程、心理演变、进度过程等。Timetoast 基于 Flash 平台，可以在类似 Flash 的时间轴上任意加入事件，并定义每个事件的时间、名称、图像及描述，最终将事件在时间序列上的进展在时间轴上展示出来。各事件的显示和切换十分流畅、操作简单，通过鼠标点击即可显示相关事件。

(2) Xtimeline。

一个免费的绘制时间轴的在线工具网站，操作简便，用户可以添加事件日志的形式构建时间表，同时也可给日志配上相应的图表。与 Timetoast 不同的是，Xtimeline 是一个社区类型的时间轴网站，其中加入了组群功能和更多的社会化要素，除了可以分享和评论时间轴外，还可以在组群中讨论制作的时间轴。

5) 高级分析工具

R 和 Weka 是两款比较有代表性的高级大数据统计和分析工具。

(1) R：属于 GNU 系统的一个自由免费的开源软件，是一个用于统计计算和统计制图的优秀工具，使用难度较高。R 具备完善的数据存储和处理系统、高效的数组运算工具(具有强大的向量及矩阵运算功能)、完整连贯的统计分析工具、优秀的统计制图功能、简便而强大的编程语言，并可操纵数据的输入和输出，实现分支、循环以及用户可自定义功能等，通常用于大数据集的统计与分析。

(2) Weka：是一款免费的、基于 Java 环境的、开源的机器学习以及数据挖掘软件，不仅能够进行数据分析，还可以生成一些简单图表。

4.2.7 大数据安全

1. 大数据带来的安全挑战

科学技术是一把双刃剑，大数据所引发的安全问题与其带来的价值同样引人注目，最近爆发的"棱镜门"事件更是加剧了人们对大数据安全的担忧。与传统的信息安全问题相比，大数据安全面临的挑战性问题主要体现在以下几个方面。

1) 大数据中的用户隐私保护问题

大量事实表明，大数据未被妥善处理会对用户的隐私造成极大的侵害。根据需要保护的数据内容不同，隐私保护又可进一步细分为位置隐私保护、标识符匿名保护、连接关系匿名保护等。

人们面临的威胁并不仅限于个人隐私泄漏，还包括大数据对人们状态和行为的预测。一个典型的例子是某零售商通过历史记录分析，比家长更早知道其女儿已经怀孕，并向其邮寄相关广告信息。而社交网络分析研究也表明，可以通过其中的群组特性发现用户的属性，例如通过分析用户的 Twitter 信息，可以发现用户的政治倾向、消费习惯以及喜好的球队等。

当前企业常常认为经过匿名处理后，信息已不包含用户的标识符，因此可以公开发布，但事实上，仅通过匿名保护并不能很好地达到隐私保护目标。例如，AOL 公司曾公布了匿名处理后三个月内的部分搜索历史，供人们分析使用，虽然个人相关的标识信息被精心处理过，但其中的某些记录项还是可以被准确定位到具体的个人。纽约时报随机公布了其识别出的一位编号为 4 417 749 的用户，记录准确指出她是一位 62 岁的寡居妇人，家里养了 3 条狗，且患有某种疾病。另一个相似的例子是，著名的 DVD 租赁商 Netflix 曾公布了约 50 万匿名用户的租赁信息，悬赏 100 万美元征集算法，以期提高电影推荐系统的准确度，虽然网站公布的用户信息皆为匿名，但当这些信息与其他数据源结合时，部分匿名用户还是被识别出来了。

目前，用户数据的收集、存储、管理与使用等均缺乏规范，更缺乏监管，主要依靠企业的自律，用户无法确定自己隐私信息的用途，但在商业化场景中，用户应该有权决定自己的信息如何被利用，即实现用户可控的隐私保护，具体包括：数据采集时的隐私保护，如数据精度处理；数据共享、发布时的隐私保护，如数据的匿名处理、人工加扰等；数据分析时的隐私保护；数据生命周期的隐私保护；隐私数据可信销毁等。

2) 大数据的可信性

关于大数据的一个普遍观点是：数据可以说明一切，数据自身就是事实。但实际情况是，如果不仔细甄别，数据也会欺骗，就像人们有时会被自己的双眼欺骗一样。

大数据可信性的威胁之一是伪造或刻意制造的数据，而错误的数据往往会导致错误的结论。若数据应用场景明确，就可能有人刻意制造数据，营造某种"假象"，诱导分析者得出对其有利的结论，由于这些虚假信息往往隐藏于大量信息中，很容易使人们无法鉴别真伪，从而作出错误判断。例如，一些点评网站上的虚假评论混杂在真实评论中，使用户难以分辨，可能会误导用户选择某些劣质商品或服务。鉴于当前网络社区中虚假信息的产生和传播变得越来越容易，其所产生的影响不可低估，而用信息安全技术手段鉴别所有来源的真实性又是不可能做到的。

大数据可信性的威胁之二是数据在传播中的逐步失真。原因之一是人工干预的数据采集过程可能引入误差，即由于失误导致数据失真与偏差，最终影响数据分析结果的准确性；另一个原因是数据的版本变更，即在传播过程中，现实情况发生了变化，导致早期采集的数据已不能反映真实情况。例如，某个餐馆的电话号码已经变更，但搜索引擎或应用收录的是早先的号码，因此用户可能看到矛盾的信息，从而影响判断。

因此，大数据的使用者应有能力根据数据来源的真实性、数据传播途径、数据加工处理过程等了解各项数据的可信度，防止分析得出无意义或者错误的结果。

3) 大数据的访问控制

大数据的访问控制是实现数据受控共享的有效手段。鉴于大数据可能被用于多种不同场景，实现访问控制的需求十分突出。

大数据访问控制的特点与难点在于：

(1) 难以预设角色，实现角色划分。大数据应用范围广泛，通常要为来自不同组织或部门、不同身份与目的的用户所访问，因此实施访问控制是基本需求，然而在大数据的场景下，有大量的用户需要实施权限管理，且用户具体的权限要求未知，面对未知的大量数据和用户，预先设置权限和角色十分困难。

(2) 难以预知每个角色的实际权限。由于大数据场景中包含海量数据，安全管理员可能缺乏足够的专业知识，无法准确为用户指定其可以访问的数据范围，而且从效率角度讲，定义所有的授权规则也并非理想的方式。以医疗领域应用为例，医生为了完成其工作可能需要访问大量信息，但某些信息能否访问应该由医生来决定，而不是由管理员对每个医生做特别权限配置，但同时该系统又要能够对医生访问行为进行检测与控制，以限制医生对病患数据的过度访问。

2. 大数据安全与隐私保护关键技术

针对当前大数据面临的用户隐私保护、数据内容可信验证、访问控制等安全问题，开展大数据安全关键技术的研究迫在眉睫，下面选取部分重点领域予以介绍。

1) 基于大数据的威胁发现技术

大数据分析技术的出现，使企业可以超越以往的"保护—检测—响应—恢复"模式，更主动地发现潜在的安全威胁。例如，IBM 推出了名为"IBM 大数据安全智能"的新型安全工具，可以利用大数据侦测来自企业内部和外部的安全威胁，例如，该工具可以扫描电子邮件和社交网络来标识出明显心存不满的员工，以提醒企业注意预防其泄露企业机密。"棱镜"计划也可理解成一种应用大数据进行安全分析的成功案例：在收集各个国家、各种类型的数据的基础上，基于安全威胁数据形成系统方法，发现潜在危险局势，在攻击发生之前识别威胁。

但是，大数据威胁分析技术目前也存在一些问题和挑战，主要集中在分析结果的准确程度上：一方面，大数据的收集很难做到全面，而数据又是分析的基础，它的片面性往往会导致分析的结果出现偏差，例如，为了分析企业信息资产面临的威胁，不但要全面收集企业内部的数据，还要对一些企业外的数据进行收集，这在某种程度上是一个大问题；另一方面，大数据分析能力的不足也会威胁分析的准确性，例如，纽约投资银行每秒会有5000 次网络事件，每天会从中捕捉 25TB 数据，如果没有足够的分析能力，要从如此庞大的数据中准确发现极少数预示潜在攻击的事件，进而分析出威胁是几乎不可能完成的任务。

2) 基于大数据的认证技术

身份认证是在信息系统或网络中确认操作者身份的过程。传统的认证技术主要通过用户所知的秘密(例如口令)或所持有的凭证(例如数字证书)来鉴别用户，这些技术面临着两个问题：首先，攻击者总是能够找到方法来骗取用户所知的秘密，或窃取用户持有的凭证，从而通过认证机制的认证，例如，攻击者会利用钓鱼网站窃取用户口令，或者通过社会工程学方式接近用户，直接骗取用户所知秘密或持有的凭证；其次，传统认证技术中的认证方式越安全，往往意味着用户负担越重，例如，为了加强认证安全而采用的多因素认证，往往需要用户除记忆复杂的口令之外，还要随身携带硬件 USBKey，一旦忘记口令或者忘记携带 USBKey，就无法完成身份认证。

为了减轻用户负担，一些生物认证方式应运而生，如利用指纹等用户具有的生物特征来确认其身份，然而，这些认证技术要求设备必须具有生物特征识别功能，例如指纹识别，因此在很大程度上限制了这些认证技术的广泛应用。

　　3) 法律层面的隐私保护

对于置身于大数据时代的用户而言，一方面渴望大数据给自己带来更为贴心便捷的服务，另一方面，又时刻担忧着自己的隐私安全遭受侵犯。而政府管理部门一方面已经意识到数据保护和隐私保护方面的制度不完善，并开始不断强调个人信息和隐私保护的重要性，另一方面却似乎仍然没有从传统社会的治理方式与管控思维中解脱出来，这种制度上的滞后带来的不仅是灰色地带，还有风险。

对于大数据与隐私之间的关系，如何进行平衡，如何把握尺度，已成为各国立法、司法和执法部门面临的共同难题，当然也是企业不得不思考的问题。在本质上，这是一场商家与商家之间，用户与商家之间、政府与商家之间的隐私之战——对于商家来说，谁更靠近用户的隐私，谁就占据更多的机会；对于用户而言，保护隐私似乎从一开始就是个伪命题；对于政府而言，安全与发展似乎总是难以抉择。

目前，欧盟模式和美国模式是全球最有影响的两种个人数据保护模式。

欧盟模式是由国家主导的立法模式，即国家通过立法确定个人数据保护的各项基本原则和具体法律规定。欧盟理事会早在 1981 年就通过了《有关个人数据自动化处理的个人保护协定》，之后又于 1995 年通过了《保护个人享有的与个人数据处理有关的权利以及个人数据自由流动的指令》(简称《数据保护指令》)。随着信息技术的发展，欧盟后来又制定了一系列与个人数据保护相关的法律法规。

美国则是行业自律模式的倡导者，即通过行业内部的行为规则、规范、标准和行业协会的监督，实现行业内个人数据保护的自我约束，目标是在充分保证个人数据自由流动的基础上保护个人数据，从而保护行业利益。

目前，国内个人数据保护的相关法律法规仅有 2012 年后颁布的三部法律，即 2012 年全国人大常委会发布的《关于加强网络信息保护的决定》，2013 年工信部发布的《信息安全技术公共及商用服务信息系统个人信息保护指南》(这份标准不具备法律约束力)与 2013 年工信部发布的《电信和互联网用户个人信息保护规定》。在立法缺位的情况下，很容易出现"守法成本高、违法成本低"的情况。

但在近期，国家在个人数据保护立法方面作出了很多新的举措，国内个人数据保护的立法正在逐步加强。2014 年，最高人民法院发布了《关于审理利用信息网络侵害人身权益民事纠纷案件适用法律若干问题的规定》，明确了用户个人信息及隐私被侵犯的诉权；同年，工信部发布了《通信短信息服务管理规定(征求意见稿)》(简称《意见稿》)向社会公开征求意见，该《意见稿》规定：任何组织或个人不得将采用人工收集、在线自动收集、数字任意组合等手段获得的他人的电话号码用于出售、共享和交换，或者向通过上述方式获得的电话号码发送短信息。

4.3　主流大数据服务

针对大数据分析的需求，IT 界纷纷推出自己的大数据分析工具，目前主流的平台和产品有以下几种。

4.3.1 Google 的技术与产品研发

Google 近年来持续投入大数据产品研发，从 MapReduce、GFS 和 BigTable 开始，已经开发了多个有影响力的技术和产品。

1. Percolator

Google 的一个核心业务就是提供全球搜索服务，而对于搜索来说，索引非常重要，每当爬虫爬取到新的 Web 页面时，索引就需要更新，否则这个页面就无法被人搜索到。为此，Google 建立了一个巨大的文档库，存放着它从互联网上爬取的所有 Web 页面，同时也有一个相对应的巨大索引库，如果使用全量更新的方式，即对该文档库进行全库扫描来创建新的索引会带来很多问题，比如遭遇性能、存储与技术的上限等，因此，对索引的更新要做成增量更新，即只对每天新爬到的 Web 页面作索引。Percolator 就是一个可以为一个巨大的数据集提供增量更新的系统，该系统在 BigTable 的基础上加入了对局部更新的支持，弥补了 MapReduce 无法在计算时处理局部更新的缺陷，成为 Google 用来更新其搜索索引的有力工具。

2. Pregel

当今互联网产生了很多社交数据，其中有许多是图数据，比如人物关系图即是一种很关键的图数据。而随着图数据规模的增大，图分析也越来越受到互联网公司的关注，为此 Google 研发了 Pregel，用来支持大规模分布式的图分析和计算。

3. Dremel

Dremel 是 Google 的交互式数据分析系统，可以组建规模上千的集群，并使用类 SQL 语言在秒级分析 PB 级的数据。使用 MapReduce 处理一个数据需要分钟级的时间，而作为 MapReduce 的发起者的 Google 开发了 Dremel，将处理时间缩短到秒级，以作为 MapReduce 的有力补充。

Google 开发的技术带动了开源大数据产品的发展，Hadoop、HBase 等都受到了 Google 相关产品的巨大影响。

4.3.2 微软的 HDInsight

HDInsight 是微软在 Windows Azure 上运行的云服务，该服务以云方式部署并设置 Apache Hadoop 群集，从而提供对大数据进行管理、分析和报告的软件框架。

作为 Azure 云生态系统的一部分，HDInsight 中的 Hadoop 拥有众多优势：最先进的 Hadoop 组件；高可用性和可靠性的群集；高效又经济的 Azure Blob 数据存储；集成其他 Azure 服务，包括网站和 SQL 数据库；使用成本低等。

相较于其他云服务，Azure 上的大数据服务 HDInsight 支持的技术种类非常多，包括基本的 Hadoop 分布式文件系统 HDFS、超大型表格的非关系型数据库 HBase、类 SQL 的查询语言 Hive、分布式处理和资源管理技术 MapReduce 与 YARN，以及更简单的 MapReduce 转换脚本 Pig。此外，HDInsight 还支持负责群集设置、管理和监视的 Ambari，进行 Microsoft.NET 环境下数据序列化的 Avro，计算机学习技术 Mahout，数据导入和导出工具 Sqoop，快速、大型数据流的实时处理系统 Storm，负责协调分布式系统的流程 ZooKeeper 等。

4.3.3　IBM 的 InfoSphere

2011 年 5 月，IBM 正式推出了 InfoSphere 大数据分析平台，包括互补的 BigInsights 和 Streams 两部分。Biglnsights 可以对大规模的静态数据进行分析，它提供多节点的分布式计算，可以随时增加节点，提升数据处理能力；Streams 则采用内存计算方式分析实时数据。除此之外，InfoSphere 大数据分析平台还集成了数据仓库、数据库、数据集成、业务流程管理等组件。

BigInsights 基于 Hadoop，增加了文本分析和统计决策工具，并在可靠性、安全性、易用性、管理性方面作出了相应的改进，比如提供了一种类 SQL 的更高级的查询语言，此外，BigInsights 还可与 DB2、Netezza 等集成，使得该大数据平台更适合企业级的应用。对企业级产品而言，最重要的是没有单点故障，而 BigInsights 除了支持 Hadoop 的 HDFS 存储系统外，BigInsights 也支持 IBM 最新推出的 GPFS(General Parallel File System，IBM 开发的文件系统)平台，以更好发挥其强大的灾难恢复、高可靠性、高扩展性的优势，让整个分布式系统更可靠。

4.4　开源大数据平台

大数据相关标准的制定开始于 2012 年，但在此之前一些开源项目已非常活跃，并在业界和学术界产生了巨大影响，其中就包括最为著名的 Hadoop。早在 2005 年，Hadoop 就被 Apache 软件基金会(ASF)作为 Lucene 的子项目 Nutch 的一部分引入，成为独立开源项目，时至今日仍不断地得到广泛应用和改进，其开源生态圈几乎已成为大数据的标准。

在 ASF 发布 Hadoop 系列开源产品后，得到了大量用户、厂商、科研院校和研究机构的欢迎和支持，ASF 也成为了最具影响力的大数据开源组织。Apache 项目列表(http://www.apache.org/index.Html#projects-list)表明，截至 2015 年 6 月，ASF 的 163 个顶级开源项目中有 26 个直接服务于大数据产品与应用，充分体现了 ASF 对大数据开源的重视程度。除 ASF 以外，还有很多厂商、院校也为大数据开源应用作出了积极的贡献，例如伯克利大学研发的著名的 Spark、Twitter 与 Storm 等。

各类开源项目逐渐主导了市场，降低了大数据技术的门槛，构成了大数据标准化建设的重要产业背景，但由于没有一个标准化体系可供参考，加上一些同质开源软件的竞争，导致即使是同类大数据开源产品也有诸多不同，也带来了大数据平台标准技术空心化以及大数据平台产品竞争的同质化等问题。

4.4.1 Hadoop 系统架构

Hadoop 是一个由 ASF 开发的开源分布式系统基础架构，用户可以在不了解底层分布式细节的情况下，基于 Hadoop 开发分布式的大数据存储与处理应用程序，并利用分布式集群进行高速运算和海量存储。

为达到这一目标，Hadoop 使用了分布式文件系统 HDFS(Hadoop Distributed File System)。分布式的 HDFS 具有高容错性的特点，其数据节点可运行和存储在大量廉价的硬件(如 PC 服务器)上，降低系统总体采购成本。与 HDFS 技术相关的标准包括 POSIX 标准(Portable Operating System Interface，可移植操作系统接口)。POSIX 标准是 IEEE 为在各种 UNIX 操作系统上运行的软件而定义的一系列 API 标准的总称。POSIX 定义了操作系统为应用程序提供的接口标准，其中包括 IEEE 1003 和国际标准名称 ISO/IEC 9945，但在分布式环境下要严格实现 POSIX 标准是非常困难和低效的，因此 HDFS 针对分析型大数据一次写入后不能修改的特点，放宽了 POSIX 的要求，实现了在分布式文件系统中按流访问数据的功能。除分布式文件系统以外，Apache 还在 HDFS 上实现了分布式大表存储 HBase。

Hadoop 还结合 MapReduce 计算模型提供了批处理计算框架 Hadoop MapReduce，该框架可以直接访问 HDFS 和 HBase 中的数据来进行分析计算。但是，早期的 Hadoop MapReduce 系列依赖于集中的元数据，这些元数据运行和存储在名字节点上，容易形成系统瓶颈，且不能为 MapReduce 之外的计算模型提供服务，鉴于此，最新的 Hadoop MapReduce 版本改进了资源管理，推出了 YARN，为 Hadoop 的再次崛起打下了基础。

除此之外，Apache 还在 Hadoop 基础上提供了很多服务，如数据传输、数据分析处理、管理与协同服务等，代表产品包括 Avro、Hive、Pig、OoZie、ZooKeeper、Mahout 等，使 Apache Hadoop 成为大数据开源界最具影响力的产品系列。

另外，也有很多公司在 Apache Hadoop 的基础上，进一步开发出自己的 Hadoop 版本，其中最为著名的包括 Cloudera CDH(Cloudera's Distribution Hadoop) 版本和 Hortonworks HDP(Hortonworks Data Platform)版本等。

4.4.2 Storm 流计算系统

Hadoop MapReduce 是批处理计算模型，其任务运行一次常常需要长达数小时、数天甚至更长的周期，即便是几十条记录的小数据，MapReduce 处理一次也需要几秒的时间，也就是说，MapReduce 并不适合分析处理实时性要求高的业务，但这种情况下可以采用流计算框架进行改进。

Storm 是一个分布式的、容错的实时流计算系统，由 Twitter 正式开源，能够逐条接收和处理数据记录，具有很好的实时响应特性。Storm 实时计算被用于"流处理"之中，能实时处理消息并更新数据。Storm 借助实时的信息交互与通信组件(如 Kafka、ZeroMQ、Netty 等)对大数据中的记录进行逐条处理，响应实时性可以达到秒级别甚至更短。

Storm 还能与 HDFS、YARN 有效集成，进一步拓展了其在大数据领域的适用范围。

目前，Storm 已成为 ASF 下的顶级项目。

4.4.3　Spark 迭代计算框架

很多大数据分析场景需要进行多步骤的、迭代的分析计算，因此，每次 Map 或 Reduce 都需要进行大量的文件 I/O、排序等处理，虽然采用固态硬盘(SSD)等硬件可以提升一部分性能，但和在内存中的数据访问与计算相比，速度还是慢了很多。

Spark 是一个以 MapReduce 计算模型为原型实现的高效迭代计算框架，由伯克利大学计算机系的 AMPLab 实验室开发，在 2010 年发布第一个版本。与 MapReduce 计算模型相比，Spark 通过把数据放入内存(RDD，弹性数据集)和有向无环图任务计划安排，大幅度缩减了迭代计算中的 I/O 耗时，提高了任务效率。按照网站 http://spark.apache.org 的说法，Spark 程序在磁盘和内存中的计算速度分别比同类的 Hadoop MapReduce 要快 10 倍和 100 倍。

除了能与 HDFS、YARN 有效集成，伯克利大学还为 Spark 提供了支持流处理能力的 Spark Streaming 组件，使其具有了更快的分析、计算和响应速度。目前，Spark 也已成为 ASF 下的顶级项目，并已经被 FaceBook、Twitter、亚马逊、百度、淘宝等多家国际化互联网公司的大数据团队所使用，是近年来迅速成长的大数据分析计算技术体系。

4.4.4　其他产品

上面介绍的开源产品是目前国内外应用最多的大数据产品，它们提供了大数据的分布式存储能力与大数据的分布式计算能力(包括分布式批处理能力和分布式流计算能力)，可以满足一些大数据应用的基础存储和计算要求，并已得到业界的广泛应用。

为了更好地从大数据中挖掘并识别潜在的价值，洞察数据规律，大批科学家和工程师不懈努力，不断发明出机器学习、人工智能和深度学习的新型算法，并开发出相对应的开源程序，这些程序也正在逐步优化改进，以适应大数据挖掘分析的需求。

本 章 小 结

❖ 大数据关键技术包括：大数据收集技术、大数据预处理技术、大数据存储技术、大数据处理技术、大数据挖掘技术、大数据分析与数据可视化技术、大数据安全技术。

❖ 数据收集一般可以分为设备数据收集和 Web 数据爬取两类，常用的数据收集软件如 Splunk、Sqoop、Flume 以及各种网络爬虫，如 Heritrix、Nutch 等。

❖ 数据挖掘的三种常用方法包括：分类法、关联分析法、聚类法。

❖ 数据可视化技术的应用标准包含以下四个方面：直观化——将数据直观、形象地呈现出来；关联化——突出呈现出数据之间的关联性；艺术性——使数据的呈现更具有艺术性，更加符合审美规则；交互性——实现用户与数据的交互，方便用户控制数据。

◇ 大数据安全面临的挑战主要体现在三个方面：大数据中的用户隐私保护问题，大数据的可信性问题，大数据的访问控制问题。

本 章 练 习

1．数据组织管理形式主要包括按行组织、按列组织、按_____组织和按关系组织。

2．常用的聚类算法分为五类：划分方法、层次方法、_____、_____、和_____。

3．分类法的典型例子包括_____、_____、_____、支持向量机和朴素贝叶斯分类法等。

4．请简述分类技术的工作方法。

第 5 章 Hadoop 开发平台

本章目标

- 了解 Hadoop 的发展历史
- 了解 Hadoop 的功能和作用
- 掌握 HDFS 的体系结构
- 掌握 HDFS 的文件读/写过程
- 了解 MapReduce 计算模型
- 了解 Zookeeper 的作用
- 了解 HBase、Hive 的作用

Hadoop 是一个开源的、可运行在大规模集群上的分布式并行编程框架，它实现了 Map Reduce 计算模型。借助 Hadoop，程序员可以轻松地编写分布式并行程序，将其运行在计算机集群上，完成海量数据的计算。

几乎所有的主流厂商都围绕 Hadoop 进行工具开发、软件开源以及工具和技术服务的商业化。一方面，EMC、Microsoft、Intel、Teradata、Cisco 等大型 IT 公司都显著增加了 Hadoop 开发方面的投入，Teradata 还公开展示了一款一体机；另一方面，使用 Hadoop 的创业型公司层出不穷，如 Wandisco、GridGain 等，都基于 Hadoop 推出了开源的或者商用的软件。

本章将介绍 Hadoop 的相关知识。

5.1 Hadoop 的发展史

Hadoop 起源于 Apache Nutch，Apache Nutch 是 Apache Lucene 创始人 Doug Cutting 开发的一个开源的网络搜索引擎，本身也是项目 Lucene 的一部分。

Hadoop 这个名字并非缩写，而是一个虚构的名字。该项目的创建者 Doug Cutting 这样解释 Hadoop 的命名："这个名字是我孩子给一头吃饱了的棕黄色大象命名的。我的命名标准就是简短，容易发音和拼写，没有太多的意义，并且不会被用于别处。小孩子是这方面的高手。Google 就是由孩子命名的。"

Hadoop 及其子项目和后继模块所使用的名字往往也与其功能并不相关，而是经常使用一些动物的名称(例如 Pig)，但较小的组成部分则会被赋予更多描述性质(也更俗套)的名称，这是一个很好的命名原则，因为它意味着从名字就可以大致猜测其功能，例如，JobTracker 的功能就是跟踪 MapReduce 作业。

Nutch 项目开始于 2002 年，一个可工作的抓取工具和搜索系统很快浮出水面，但开发者们意识到，该系统的架构将无法扩展到拥有数十亿网页的网络。好在 2003 年发表的一篇描述 Google 分布式文件系统(Google File System，简称 GFS)的论文为他们提供了及时的帮助，文中称：Google 使用的 GFS 文件系统可以解决在网络抓取和索引过程中产生的大量文件存储的需求，具体来说，就是 GFS 会节省管理工作——如管理存储节点所花费的时间。于是，在 2004 年，Nutch 项目的开发者们开始编写一个开放源码的应用，即 Nutch 的分布式文件系统(NDFS)。

2004 年，Google 发表了论文，向全世界介绍了 MapReduce。而在 2005 年初，Nutch 的开发者就在 Nutch 上开发了一个可工作的 MapReduce 应用，同年中旬，所有主要的 Nutch 算法都开始使用 MapReduce 和 NDFS 来运行。

Nutch 中的 NDFS 和 MapReduce 远不止应用于搜索领域，2006 年 2 月，他们从 Nutch 转移出来成为一个独立的 Lucene 子项目 Hadoop。大约在同一时间，Doug Cutting 加入雅虎公司，雅虎公司为其提供了一个专门的团队和资源，将 Hadoop 发展成一个可在网络上运行的系统。2008 年 2 月，雅虎公司宣布，已经将自己的搜索引擎产品部署在了一个拥有 1 万个内核的 Hadoop 集群上。

2008 年 1 月，Hadoop 已成为 Apache 的顶级项目，时间证明它是成功的、多样化的、活跃的社区，借助这次机会，Hadoop 成功地被雅虎公司以外的很多公司应用，如 Last.fm、Facebook 和《纽约时报》。

一个案例为 Hadoop 作了良好的宣传：《纽约时报》使用 Amazon 的 EC2 云计算将 4TB 的报纸扫描文档压缩，转换成用于 Web 的 PDF 文件，整个过程使用 100 台机器运行，历时不到 24 小时，如果不结合 Amazon 的按小时付费的模式(即允许《纽约时报》在很短的一段时间内访问大量机器)和 Hadoop 易于使用的并行程序设计模型，该项目很可能不会这么快就能完成。

2008 年 4 月，Hadoop 打破了世界纪录，一个运行在 910 个节点上的 Hadoop 群集在 209 秒内排序了 1TB 的数据，击败了前一年用了 297 秒的冠军，成为最快排序 1TB 数据的系统；同年 11 月，Google 在报告中声称，它的 MapReduce 实现对 1TB 数据的排序只用了 68 秒；而在 2009 年 5 月，有报道宣称，雅虎公司的团队使用 Hadoop 对 1TB 的数据进行排序只花了 62 秒时间。

Hadoop 发展大事年表如下：

- 2004 年——最初的版本(现在称为 HDFS 和 MapReduce)由 Doug Cutting 和 Mike Cafarella 开始创建。
- 2005 年 12 月——Nutch 移植到新的框架，Hadoop 在 20 个节点上稳定运行。
- 2006 年 1 月——Doug Cutting 加入雅虎公司。
- 2006 年 2 月——Apache Hadoop 项目正式启动，以支持 MapReduce 和 HDFS 的独立发展。
- 2006 年 2 月——雅虎公司的网络计算团队开始采用 Hadoop。
- 2006 年 4 月——标准排序(10 GB 每个节点)在 188 个节点上运行 47.9 个小时。
- 2006 年 5 月——雅虎公司建立了一个 300 个节点的 Hadoop 研究集群。
- 2006 年 5 月——标准排序在 500 个节点上运行 42 个小时(硬件配置比 4 月的更好)。
- 2006 年 11 月——研究集群增加到 600 个节点。
- 2006 年 12 月——标准排序在 20 个节点上运行 1.8 个小时，100 个节点 3.3 小时，500 个节点 5.2 小时，900 个节点 7.8 个小时。
- 2007 年 1 月——研究集群达到 900 个节点。
- 2007 年 4 月——研究集群达到两个 1000 个节点的集群。
- 2008 年 4 月——创造 1 TB 数据排序世界最快记录，在 910 个节点上用时 209 秒完成。
- 2008 年 10 月——研究集群每天装载 10TB 的数据。
- 2009 年 3 月——Hadoop 建成 17 个集群，使用总共 24 000 台机器。
- 2009 年 4 月——创造每分钟排序世界纪录，在 59 秒内排序了 500 GB(在 1400 个节点上)数据，并在 173 分钟内排序了 100 TB(在 3400 个节点上)数据。

5.2　Hadoop 的功能与作用

众所周知，现代社会的信息量增长速度极快，而这些信息里又积累着大量的数据，其中包括个人数据和工业数据，预计到 2020 年，每年产生的数字信息将会有超过 1/3 的内容驻留在云平台中或借助云平台来处理。那么，应如何高效地存储和管理这些数据，又如何分析这些数据，从而获取更多有价值的信息呢？

此时，我们就可以选用 Hadoop 系统，它在处理这类问题时采用了 HDFS 分布式存储方式，提高了读写速度，并扩大了存储容量；它使用 MapReduce 来整合分布式文件系统上的数据，可保证分析和处理数据的高效；同时，它还采用存储冗余数据的方法保证了数据的安全性。

Hadoop 中基于 Java 语言开发的 HDFS 具备高容错的特性，这使得 Hadoop 可以部署在低廉的计算机集群中，同时不限于某个操作系统。HDFS 的数据管理能力、MapReduce 处理任务时的高效率以及开源特性，使 Hadoop 在同类的分布式系统中大放异彩，并在众多行业以及科研领域中得到广泛应用。

但是，为什么需要 MapReduce？为什么不可以用传统数据库加上更多的磁盘来进行大规模的批量分析呢？该问题的答案来自于磁盘驱动器的另一个发展趋势：寻址时间的提高速度远远慢于传输速率的提高速度。寻址就是将磁头移动到特定位置进行读写操作的工序，它的特点是磁盘操作会有延迟，而传输速率对应于磁盘的带宽。如果数据的访问模式受限于磁盘的寻址，势必会导致耗费更长时间(相较于流)来读或写大部分数据。另一方面，在更新一小部分数据库记录的时候，传统的 B 树(关系型数据库中使用的一种数据结构，受限于执行查找的速度)效果很好。但在更新大部分数据库记录的时候，B 树的效率就没有 MapReduce 的效率高，因为前者需要使用排序/合并来重建数据库。

在许多情况下，MapReduce 能够被视为一种 RDBMS(关系型数据库管理系统)的补充。MapReduce 很适合处理那些需要分析整个数据集的问题(以批处理的方式)，而 RDBMS 则适用于点查询和更新(其中，数据集已经被索引以提供低延迟的检索和短时间的少量数据更新)。MapReduce 适合数据被一次写入和多次读取的应用，而 RDBMS 更适合持续更新的数据集，二者的差异如表 5-1 所示。

表 5-1　RDBMS 和 MapReduce 的比较

	RDBMS	MapReduce
数据大小	GB	PB
访问	交互型和批处理	批处理
更新	多次读写	一次写入，多次读取
结构	静态模式	动态模式
集成度	高	高

MapReduce 和 RDBMS 之间的另一个区别是操作的数据集里的结构化数据的数量不同。结构化数据是指拥有准确定义的实体化数据，具有诸如数据库表定义的格式，符合特定的预定义模式，RDBMS 主要包括的即为此类数据；半结构化数据就比较宽松(比如 XML 文档)，虽然可能有模式，但经常被忽略，仅能用作数据结构指南；非结构化数据则没有什么特别的内部结构，例如纯文本或图像数据。MapReduce 处理非结构化或半结构化数据时非常有效，因为它被设计为在处理时间内解释数据，换句话说，MapReduce 输入的键和值并不是数据固有的属性，而是由分析数据的人来选择的。

RDBMS 往往是规范的，以保持其数据的完整性和消除冗余，但这种规范化的数据却给 MapReduce 的读取带来了麻烦，因为它使用异地操作进行记录的读取，而且 MapReduce 的核心价值之一就是可以进行高速流式的读写操作。

Web 服务器日志是记录集的一个很好的非规范化例子(例如，客户端主机名每次都以全名来指定，即使同一客户端可能会出现很多次)，这也是 MapReduce 非常适合用来分析各种日志文件的原因之一。

MapReduce 是一种线性的可伸缩的编程模型，程序员编写两个函数——Map 函数和 Reduce 函数——每一个都定义一个键值对集映射到另一个。这些函数无视数据的大小或者它们正使用的集群的特性，可以原封不动地应用到小规模数据集或者大的数据集上。

随着时间的推移，RDBMS 和 MapReduce 之间的差异很可能变得模糊：一方面，RDBMS 开始吸收 MapReduce 的一些思路(如 ASTER DATA 和 GreenPlum 的数据库)；另一方面，基于 MapReduce 的高级查询语言(如 Pig 和 Hive)使 MapReduce 的系统能够更接近传统的 RDBMS 编程方式。

5.3 Hadoop 的基本组成

Hadoop 由许多层子系统构成。最底部是 HDFS(Hadoop Distributed File System)，它存储 Hadoop 集群中所有存储节点上的文件；HDFS 的上一层是 MapReduce 引擎，具体内容如图 5-1 所示。随着技术的进步，Hadoop 系统也在不断出现新的成员。

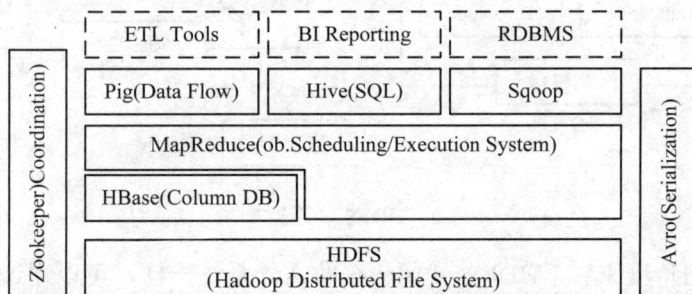

图 5-1　Hadoop 生态系统图

5.3.1 HDFS(Hadoop 分布式文件系统)

HDFS 是 Hadoop 项目的核心子项目，是分布式计算中数据存储管理的基础，它基于流数据模式访问和处理超大文件的需求而开发，可以运行在廉价的商用服务器上。HDFS 具有的高容错、高可靠性、高可扩展性、高获得性、高吞吐率等特征为海量数据提供了不怕故障的存储，为超大数据集(Large Data Set)的应用处理带来了很多便利。

1. HDFS 的设计目标

(1) 检测和快速恢复硬件故障。硬件故障是常见的问题，整个 HDFS 系统由数百台或数千台存储着数据文件的服务器组成，而如此多的服务器意味着高故障率，因此，故障的检测和自动快速恢复是 HDFS 的一个核心目标。

(2) 流式的数据访问。HDFS 使应用程序能流式地访问它们的数据集。HDFS 被设计成适合进行批量处理，而不是用户交互式的处理，所以它重视数据吞吐量，而不是数据访问的反应速度。

(3) 简化一致性模型。大部分的 HDFS 程序操作文件时需要一次写入，多次读取。一个文件一旦经过创建、写入、关闭之后就不需要修改了，从而简化了数据一致性问题和高吞吐量的数据访问问题。

(4) 通信协议。所有的通信协议都建立在 TCP/IP 协议之上。一个客户端和明确配置了端口的目录节点(NameNode)建立连接之后，它和目录节点(NameNode)的协议便是客户端协议(Client Protocol)。数据节点(DataNode)和目录节点(NameNode)之间则用数据节点协议(DataNode Protocol)。

2．HDFS 的体系结构

HDFS 是一个主/从(Master/Slave)式的结构，如图 5-2 所示。

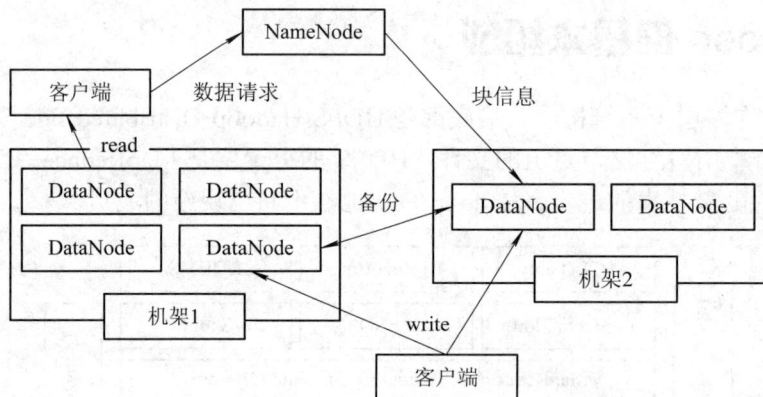

图 5-2　HDFS 体系结构图

从最终用户的角度来看，HDFS 就像传统的文件系统一样，可以通过目录路径对文件执行 CRUD(增加(Create)、读取查询(Retrieve)、更新(Update)和删除(Delete)，即增、删、查、改)操作，但由于分布式存储的性质，HDFS 拥有一个 NameNode 和一些 DataNode。NameNode 管理文件系统的元数据，DataNode 存储实际的数据，而客户端则通过与 NameNode 和 DataNode 的交互来访问文件系统。

以使用客户端访问一个文件为例：首先，客户端从 NameNode 中获得组成该文件数据块的位置列表，即知道数据块被存储在哪些 DataNode 上；然后，客户端直接从 DataNode 上读取文件数据。在此过程中，NameNode 并不参与文件的传输。

HDFS 的一种典型部署是在集群中某个专用的机器上运行 NameNode，而在集群中的其他机器上各运行一个 DataNode(当然，也可以在运行 NameNode 的机器上同时运行 DataNode，或者在一个机器上运行多个 DataNode)。一个集群中只有一个 NameNode 的设计大大简化了系统。

NameNode 和 DataNode 都被设计为可以在普通商用计算机上运行，这些计算机通常运行的是 GNU/Linux 操作系统。HDFS 采用 Java 语言开发，因此，理论上任何支持 Java 的机器都可以部署 NameNode 和 DataNode。

3. HDFS 的构成组件

1) 数据块(Block)

HDFS 默认的最基本存储单位是 64 MB 的数据块。和普通文件系统相同的是：HDFS 中的文件是被分成 64 MB 一块的数据块存储的；不同于普通文件系统的是：如果 HDFS 中的一个文件小于一个数据块的大小，该文件并不占用整个数据块的存储空间。

2) NameNode 和 DataNode

HDFS 体系结构中有两类节点，一类是 NameNode，又叫"元数据节点"；另一类是 DataNode，又叫"数据节点"。这两类节点分别承担 Master 和 Worker 具体任务的执行。

(1) NameNode 管理文件系统的命名空间。

NameNode 将所有的文件和文件夹的元数据保存在一个文件系统树中。这些元数据主要包括两个文件：edits 和 fsimage。fsimage 是截止到自身被创建为止的 HDFS 的最新状态文件，而 edits 是自 fsimage 创建后的文件系统操作日志。NameNode 每次启动的时候，都要合并这两个文件，按照 edits 的记录把 fsimage 更新到最新。

(2) DataNode 是文件系统中真正存储数据的地方。

客户端(Client)或者元数据信息(NameNode)可以向 DataNode 请求写入或者读出数据块，DataNode 则周期性地向 NameNode 汇报其存储的数据块信息。

读出数据块的处理过程如图 5-3 所示。

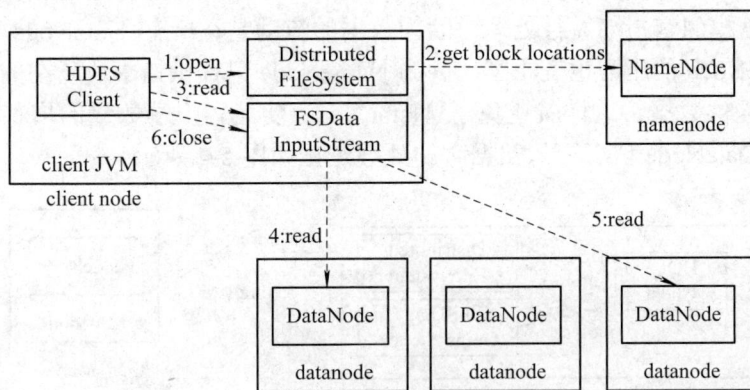

图 5-3　客户端从 HDFS 读取数据

① 客户端通过调用 FileSystem 对象中的 open()函数来读取它需要的数据。FileSystem 是 HDFS 中 DistributedFileSystem 的一个实例。

② DistributedFileSystem 通过 RPC 协议，调用 NameNode 来确定请求文件块所在的位置。

这里需要注意的是：首先，NameNode 只会返回所调用文件中开始的几个块而不是返回全部块；其次，每个返回的块都包含着块所在的 DataNode 地址，随后这些返回的 DataNode 会按照 Hadoop 定义的集群拓扑结构得出客户端的距离，然后进行排序，如果客户端本身就是一个 DataNode，那么它就从本地读取文件；最后，DistributedFileSystem 发起一个读取文件的请求，DistributedFileSystem 会向客户端返回一个支持文件定位的输入流对象 FSDataInputStream，用于帮助客户端读取数据，而 FSDataInputStream 包含一个 DFSInputStream 对象，这个对象用来管理 DataNode 和 NameNode 之间的 I/O。当以上步骤完成时，客户端便会在这个输入流上调用 read()函数。

③ DFSInputStream 对象中包含文件开始部分数据块所在的 DataNode 地址，它首先会连接距离客户端最近的一个存储数据块的 DataNode，随后在数据流中重复调用 read()函数，直到这个块完全读完为止。

④ 当第一个块读取完毕时，DFSInputStream 会关闭连接，并查找下一个距客户端最近的存储数据块的 DataNode。以上这些步骤对于客户端来说都是透明的。

⑤ 客户端按照 DFSInputStream 打开连接和 DataNode 返回数据流的顺序读取该块，它也会调用 NameNode 来检索下一组块所在的 DataNode 的位置信息。当完成所有文件的读取时，客户端会在 DFSInputStream 中调用 close()函数。

如果客户端正在读取数据时节点出现故障，HDFS 会这样处理：如果客户端所连接的 DataNode 在读取时出现故障，则客户端会尝试连接存储该块的下一个最近的 DataNode，同时会记录这个节点的故障，以免后面再次连接该节点。客户端还会验证从 DataNode 传送过来的数据校验和，如果发现一个损坏块，则客户端将再次尝试从别的 DataNode 读取数据块，并向 NameNode 报告这个信息，NameNode 也会更新保存的文件信息。

这里需要关注的一个设计要点是：客户端通过 NameNode 引导来获取最合适的 DataNode 地址，然后直接连接 DataNode 读取数据。这样的好处首先是可以将 HDFS 的应用扩展到更大规模的客户端并行处理，因为数据的流动是在所有 DataNode 之间分散进行的；同时 NameNode 的压力也变小了，因为 NameNode 只提供请求块所在的位置信息就可以了，而不用提供数据，这样就避免了 NameNode 随着客户端数量的增长而成为系统瓶颈。客户端向 DataNode 请求写入数据时的处理过程如图 5-4 所示。

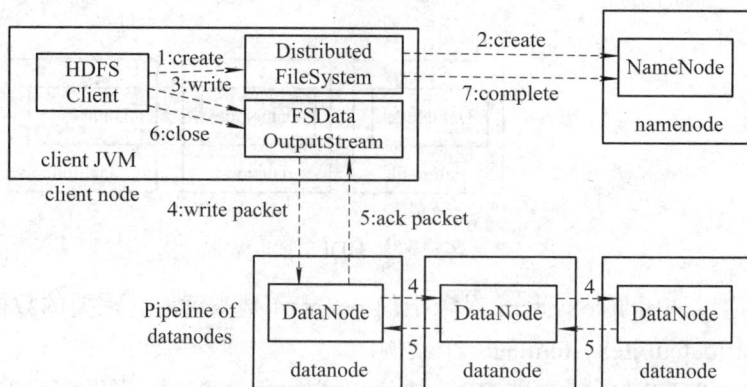

图 5-4　客户端在 HDFS 中写入数据

① 客户端调用 DistributedFileSystem 对象中的 create()函数，创建一个文件。

② DistributedFileSystem 通过 RPC 协议，在 NameNode 的文件系统命名空间中创建一个新文件，此时没有 DataNode 与之相关。

③　NameNode 会进行多种验证以保证新建的文件不存在于文件系统中，并且确保请求客户端拥有创建文件的权限。当所有验证通过时，NameNode 会创建一个新文件的记录，如果创建失败，会抛出一个 IOException 异常；如果成功，则 DistributedFileSystem 会返回一个 FSDataOutputStream 用来给客户端写入数据。这里的 FSDataOutputStream 和读取数据时的 FSDataInputStream 一样，都包含一个数据流对象 DFSOutputStream，客户端将使用它来处理 DataNode 与 NameNode 之间的通信。

④　当客户端写入数据时，DFSOutputStream 会将文件分割成包，然后放入一个内部队列，该队列被称为 DataStreamer，由 DataStreamer 将这些文件包放入数据流中。DataStreamer 的作用是请求 NameNode 为新的文件包分配合适的 DataNode 存放副本，返回的 DataNode 列表会形成一个"管道"，假设副本数是 3，那么这个管道中就会有 3 个 DataNode。DataStreamer 将文件包以流的方式传送给队列中的第一个 DataNode，第一个 DataNode 会存储这个包，然后将它推送到第二个 DataNode 中，依此类推，直到管道中的最后一个 DataNode。

⑤　在传送文件的同时，DFSOutputStream 也会保存一个包的内部队列，用来等待管道中的 DataNode 返回确认信息，这个队列被称为确认队列。只有当所有管道中的 DataNode 都返回了写入成功的信息文件包，DFSOutputStream 才会从确认队列中删除。

当数据写入节点失败时，HDFS 会作出以下处理：首先，管道会被关闭，任何在确认队列中的文件包都会被添加到数据队列的前端，这样管道中写入失败的 DataNode 都不会丢失数据，而当前存放于正常工作 DataNode 之上的文件块则会被赋予一个新的身份，并和 NameNode 进行关联。这样如果写入失败的 DataNode 从故障中恢复，其中的部分数据块就会被删除，然后，管道会把失败的 DataNode 删除，文件会继续被写到管道中的另外两个 DataNode 中。最后，NameNode 会注意到现在的文件块副本数没有达到配置属性要求，就会在其他的 DataNode 上重新安排创建一个副本，随后文件就会正常执行写入操作。

当然，在文件块写入期间，多个 DataNode 同时出现故障的可能性也存在，但是很小。只要 dfs.replication.min 的属性值(默认为 1)成功写入，这个文件块就会被异步复制到其他 DataNode 中，直到满足 dfs.replictaion 的属性值(默认为 3)。

⑥　客户端成功完成数据写入的操作后，会调用 close()函数关闭数据流。客户端会在连接 NameNode 确认文件写入完全之前，将所有剩下的文件包放入 DataNode 管道，等待通知确认信息。NameNode 会知道由哪些块组成一个文件(通过 DataStreamer 获得块的位置信息)，这样，NameNode 只要在返回成功标志前等待块被最小量(dfs.replication.min)复制即可。

3) 从元数据节点(SecondaryNameNode)

Hadoop SecondaryNameNode 并不是 Hadoop 的第二个 NameNode，它不提供 NameNode 服务，而仅是 NameNode 的一个工具，帮助 NameNode 管理元数据。

一般情况下，当 NameNode 重启的时候，会合并硬盘上的 fsimage 文件和 edits 文件，得到完整的元数据信息。但是，如果集群规模十分庞大，操作频繁，那么 edits 文件就会非常大，这个合并过程会非常慢，导致 HDFS 长时间无法启动。如果定时将 edits 文件合并到 fsimage 文件，那么重启 NameNode 的过程就可以加快，而 SecondaryNameNode 承担的就是这一合并的工作。

SecondaryNameNode 会定期从 NameNode 上获取元数据。当它准备获取元数据的时候，就通知 NameNode 暂停写入 edits 文件。NameNode 收到请求后，会停止写入 edits 文件，并将之后的 log 记录写入一个名为 edits.new 的文件。SecondaryNameNode 获取到元数据以后，会把 edits 文件和 fsimage 文件在本机进行合并，创建出一个新的 fsimage 文件，然后把新的 fsimage 文件发送回 NameNode。NameNode 收到 SecondaryNameNode 发回的 fsimage 文件后，就用它覆盖掉原来的 fsimage 文件，并删除 edits 文件，然后把 edits.new 重命名为 edits。

经过上述操作，可以避免 NameNode 的 edits 日志的无限增长，加速 NameNode 的启动过程，整个过程如图 5-5 所示。

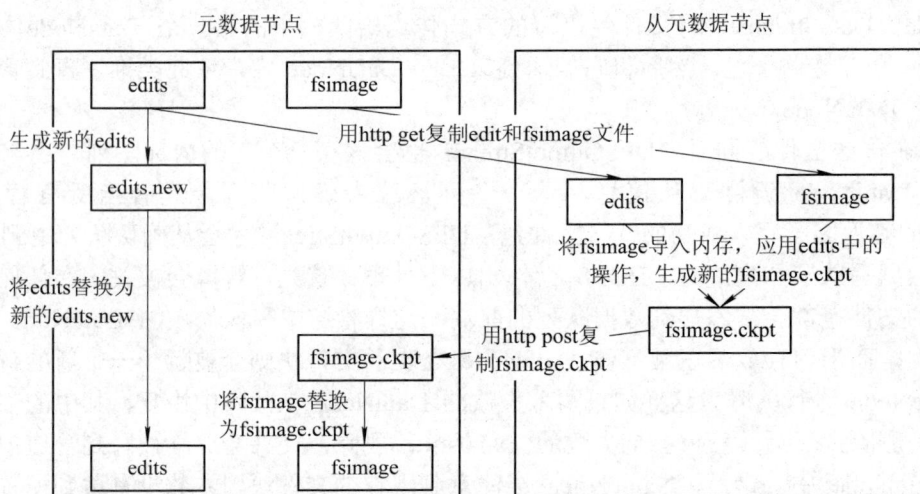

图 5-5　SecondaryNameNode 的工作过程

4）CheckpointNode

由于 SecondaryNameNode 这个名称容易对人产生误导，因此，在 Hadoop 1.0.4 之后的版本中使用 CheckPointNode 来代替 SecondaryNameNode。CheckpointNode 和 SecondaryNameNode 的作用及配置完全相同，只是启动命令不同。

5）BackupNode

BackupNode 在内存中维护着一份从 NameNode 同步过来的 fsimage，同时还从 NameNode 接收 edits 文件的日志流，并把它们持久化存入硬盘。BackupNode 会把收到的 edits 文件和内存中的 fsimage 文件进行合并，创建一份元数据备份。虽然 BackupNode 是一个备份的 NameNode 节点，不过 BackupNode 目前还无法直接代替 NameNode 提供服务，因此当前版本的 BackupNode 并不具备热备功能，也就是说，当 NameNode 发生故障，目前依然只能通过重启 NameNode 的方式来恢复服务。

6）JournalNode

Hadoop 中的 NameNode 如同人的心脏一样重要，不能停止运作。在 Hadoop 1.X 中，只有一个 NameNode，如果该 NameNode 数据丢失或者不能工作，整个集群就无法恢复。这就是 Hadoop 1.X 中的单点瓶颈，也是其不可靠的表现之一，如图 5-6 所示。

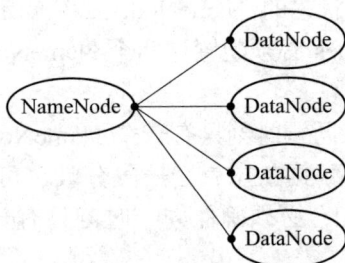

图 5-6　Hadoop 1.X 版本中 HDFS 的结构图

Hadoop 2.X 则解决了这一问题，允许 HDFS 同时启动两个 NameNode，其中一个处于工作状态，另一个则处于随时待命状态，而当一个 NameNode 所在的服务器宕机时，可在数据不丢失的情况下手工或自动切换到另一个 NameNode 继续提供服务，这些 NameNode 之间通过共享数据，保证数据的状态一致，如图 5-7 所示。

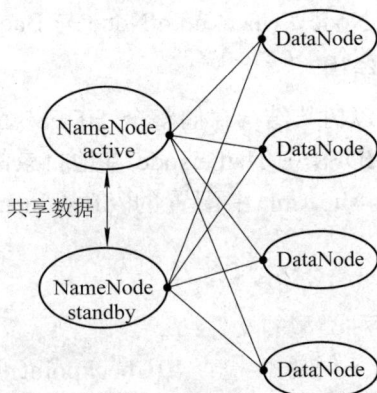

图 5-7　Hadoop 2.X 版本的 HDFS 的结构图

在 Hadoop 中，两个 NameNode 为了同步数据，会通过一组称为 JournalNodes 的独立进程进行相互通信：当 active 状态的 NameNode 的命名空间有任何修改时，会告知大部分的 JournlNodes 进程；standby 状态的 NameNode 则有能力读取 JournalNodes 中的变更信息，并且一直监控 edit log 的变化，把变化应用于自己的命名空间，确保在集群出错时，命名空间状态已经完全同步了，如图 5-8 所示。

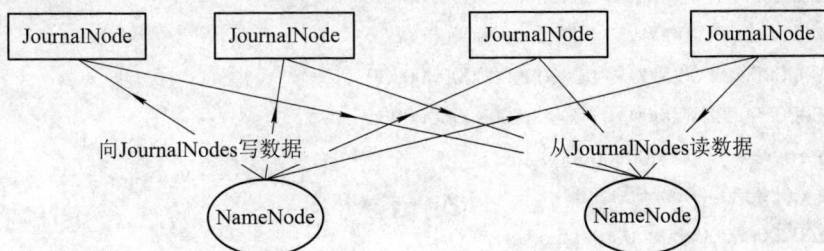

图 5-8　两个 NameNode 的同步过程

为确保快速切换，standby 状态的 NameNode 必须知道集群中所有数据块的位置。为了做到这一点，所有的 DataNodes 必须配置这两个 NameNode 的地址，将数据块位置信息和心跳信息发送给它们。

对 Hadoop 集群而言，确保同一时刻只有一个 NameNode 处于 active 状态是至关重要的，否则，两个 NameNode 的数据状态就会产生分歧，可能丢失数据，或者产生错误结果。为保证这一点，JournalNode 必须确保同一时刻只有一个 NameNode 可以向自己写数据。

为了部署该类型集群，应该进行以下准备：

(1) NameNode 服务器：运行 NameNode 的服务器应该具有相同的硬件配置。

(2) JournalNode 服务器：运行的 JournalNode 进程非常轻量，可以部署在其他的服务器上。注意：必须运行至少 3 个以上节点，但节点数必须是奇数个，如 3、5、7、9 个等。

在 Hadoop 集群中，standby 状态的 NameNode 可以完成 Checkpoint 操作，因此，没有必要再配置 SecondaryNameNode、CheckpointNode 与 BackupNode。

4．HDFS 本地存储目录结构

HDFS 元数据(MetaData)以树状结构存储整个 HDFS 上的文件和目录，以及相应的权限和副本因子等。下面介绍 HDFS 中 NameNode 本地目录的存储结构与 DataNode 数据块存储目录结构，也就是 hdfs-site.xml 中配置的 dfs.namenode.name.dir 和 dfs.namenode.data.dir。

1) NameNode

HDFS 元数据主要存储两种类型的文件：

(1) fsimage 文件：记录某一永久性检查点(Checkpoint)创建时整个 HDFS 的元信息。

(2) edits 文件：所有对 HDFS 的写操作都会记录在此文件中。

下面是一个标准的 dfs.namenode.name.dir 目录结构，注意，edits 和 fsimage 也可以通过配置放到不同目录中。

```
├── current
│   ├── VERSION
│   ├── edits_0000000000000000001-0000000000000000007
│   ├── edits_0000000000000000008-0000000000000000015
│   ├── edits_0000000000000000016-0000000000000000022
│   ├── edits_0000000000000000023-0000000000000000029
│   ├── edits_0000000000000000030-0000000000000000030
│   ├── edits_0000000000000000031-0000000000000000031
│   ├── edits_inprogress_0000000000000000032
│   ├── fsimage_0000000000000000030
│   ├── fsimage_0000000000000000030.md5
│   ├── fsimage_0000000000000000031
│   ├── fsimage_0000000000000000031.md5
│   └── seen_txid
```

```
└── in_use.lock
```

① VERSION。

1.   namespaceID=1242163293
2.   clusterID=CID-124668a8-9b25-4ca7-97bf-5dd5c25041a9
3.   cTime=1455091012961
4.   storageType=NAME_NODE
5.   blockpoolID=BP-180412957-192.168.1.8-1419305031110
6.   layoutVersion=-60

✧ layoutVersion——HDFS 元数据版本号,通常只有在 HDFS 增加新特性时才会更新这个版本号。

✧ namespaceID/clusterID/blockpoolID——这三个 ID 在整个 HDFS 集群中是唯一的,作用是引导 DataNode 加入同一个集群。在 HDFS Federation 机制下,会有多个 NameNode,所以不同的 NameNode 有着不同的 namespaceID,分别管理一组 blockpoolID,但在整个集群中只有一个 clusterID,每次 format NameNode 都会生成一个新的,也可以使用 clusterid 命令来手工指定 clusterID。

✧ storageType——有两种取值,分别是 NAME_NODE 与 JOURNAL_NODE,在 JournalNode 的参数 dfs.journalnode.edits.dir 的 VERSION 文件中,显示的值为 JOURNAL_NODE。

✧ cTime——HDFS 的创建时间,在升级后会更新该值。

② edits_inprogress__start transaction ID。

当前正在被追加的 edit log,HDFS 默认为该文件提前申请 1MB 空间以提升性能。

③ fsimage_end transaction ID。

每次 Checkpoing(合并所有 edits 到一个 fsimage 的过程)产生的最终的 fsimage,同时会生成一个后缀名为.md5 的文件来对文件作完整性校验。

④ seen_txid。

保存最近一次 fsimage 或者 edits_inprogress 的 transaction ID。需要注意的是,这并不是 NameNode 当前最新的 transaction ID,该文件只有在 Checkpoing(整合到一个 fsimage)或者 edit log roll(结束写当前日志,创建新日志文件)时才会被更新。这个文件的目的是:判断在 NameNode 的启动过程中是否有丢失的 edits。由于 edits 和 fsimage 可以配置在不同目录中,如果 edits 目录被意外删除了,最近一次 Checkpoint 后的所有 edits 也就丢失了,从而导致 NameNode 状态并不是最新的,为了防止这种情况发生,NameNode 启动时会检查 seen_txid,如果无法加载到最新的 Transactions,NameNode 进程将不会完成启动以保护数据一致性。

⑤ in_use.lock。

防止一台机器同时启动多个 NameNode 进程,导致目录数据不一致。

2) DataNode

DataNode 主要存储数据,下面是一个标准的 dfs.datanode.data.dir 目录结构。

```
├── current
│   ├── BP-1079595417-192.168.2.45-1412613236271
```

```
| | |—— current
| | |—— VERSION
| | |—— finalized
| | | |— subdir0
| | | |— subdir1
| | | |—— blk_1073741825
| | | |—— blk_1073741825_1001.meta
| | |—— lazyPersist
| | |—— rbw
| |—— dncp_block_verification.log.curr
| |—— dncp_block_verification.log.prev
| |—— tmp
| |—— VERSION
|—— in_use.lock
```

① BP-随机数-NameNode-IP 地址-创建时间。

BP 代表 BlockPool，即上面介绍的 NameNode 的 VERSION 中的集群唯一的 blockpoolID，如果是 Federation HDFS，则该目录下有两个 BP 开头的目录，IP 部分和时间戳分别代表创建该 BP 的 NameNode 的 IP 地址和创建时间。

② VERSION。

```
7.    storageID=DS-2e165f84-68b1-40c9-b501-b6b08fcb09ee
8.    clusterID=CID-124668a8-9b25-4ca7-97bf-5dd5c25041a9
9.    cTime=0
10.   datanodeUuid=cb9fead7-cd64-4507-affd-c06f083708b5
11.   storageType=DATA_NODE
12.   layoutVersion=-56
```

③ finalized/rbw 目录。

这两个目录都用于实际存储 HDFS 的数据块的数据，里面包含许多的 block_xx 文件以及相应的.meta 文件，在.meta 文件中包含了 checksum 信息。

rbw 是 replica being written 的意思，该目录用于存储用户当前正在写入的数据。

④ dncp_block_verification.log。

该文件用于追踪每个数据块最终修改后的 Checksum 值，该文件会定期滚动，滚动后会转移到 .prev 文件。

⑤ in_use.lock。

防止一台机器同时启动多个 DataNode 进程，导致目录数据不一致。DataNode 不启动的时候，不存在该文件。

5．HDFS 的安全措施

HDFS 具备较为完善的冗余备份和故障恢复机制，能够在集群中可靠地存储海量文件，简述如下：

(1) 冗余备份。

HDFS 将每个文件存储成一系列的数据块，默认块大小为 64 MB(可以自定义配置)。为了容错，文件的所有数据块都可以有副本(默认为 3 个，可以自定义配置)。当 DataNode 启动的时候，它会遍历本地文件系统，产生一份 HDFS 数据块和本地文件对应关系的列表，并把这个报告发送给 NameNode，这就是报告块(BlockReport)，报告块上包含了 DataNode 上所有块的列表。

(2) 副本存放。

HDFS 集群一般运行在多个机架上，不同机架上机器的通信需要通过交换机。通常情况下，副本的存放策略很关键，机架内节点之间的带宽比跨机架节点之间的带宽要大，它能影响 HDFS 的可靠性和性能。

HDFS 采用一种称为机架感知(Rack-Aware)的策略来提高数据的可靠性、可用性和网络带宽的利用率，由于多数情况下 HDFS 的副本系数默认为 3，因此 HDFS 的存放策略是将一个副本存放在本地机架节点上，另一个副本存放在同一机架的另一个节点上，最后一个副本则存放在不同机架的节点上。这种策略减少了机架间的数据传输，提高了写操作的效率，而且因为机架的错误远远少于节点，所以这种策略不会影响到数据的可靠性和可用性。

(3) 心跳检测。

NameNode 会周期性地从集群中的每个 DataNode 中获取心跳信息和块报告。收到心跳信息，说明该 DataNode 工作正常。如果某些 DataNode 最近未发送心跳信息，NameNode 就会标记这些 DataNode 为宕机，并且不会给它们发送任何 I/O 请求。

(4) 安全模式。

安全模式是 Hadoop 集群的一种保护机制。Hadoop 系统启动时会首先进入安全模式。在安全模式下，系统会检查数据块的完整性，如果配置设置的副本数没有达到实际 DataNode 存储的副本数，则会进一步对比设置的最小副本率，如果没有达到最小副本率，系统就会自动地复制副本到其他 DataNode。

在安全模式下，不允许客户端进行任何修改文件的操作，包括上传文件、删除文件、重命名、创建文件夹等操作，直到系统完成检查数据块的完整性操作，并退出安全模式为止。

5.3.2　MapReduce(分布式计算框架)

MapReduce 是一种编程模型，用于大规模数据集(大于 1TB)的并行运算。MapReduce 中的"映射(Map)"、"化简(Reduce)"等概念和它们的主要思想都是从函数式编程语言中借来的，使编程人员在不了解分布式并行编程的情况下也能方便地将自己的程序运行在分布式系统上。在执行时，MapReduce 会先指定一个 Map 函数，把输入键值对映射成一组新的键值对，经过一定的处理后交给 Reduce，再由 Reduce 对相同键值对下的所有值进行处理，然后输出键值对作为最终结果。

5.3.3　YARN(集群资源管理器)

YARN 是一种新的 Hadoop 资源管理器，可为上层应用提供统一的资源管理和调度，它的引入给集群的利用率、资源统一管理和数据共享等方面带来了巨大的好处。

MapReduce 起源于 Google 推广的一个简单的编程模型，在以高度并行和可扩展的方式处理大数据集时非常有用。MapReduce 的灵感来源于函数式编程，用户可用它将计算表达为 Map 和 Reduce 函数，将数据作为键值对来处理。

但是，经典的 MapReduce 有以下局限性：

(1) 扩展性受限。

大型的 Hadoop 集群暴露出了由单个 JobTracker 导致的可伸缩性瓶颈。依据雅虎公司的测试数据，在集群中有 5000 个节点和 40000 个任务同时运行时，MapReduce 会遇到扩展上限，性能就会受到限制。由于这一限制，只能创建和维护更小的、功能更差的集群。

(2) 利用率受限。

较小和较大的 Hadoop 集群都从未最高效地使用它们的计算资源。在 Hadoop MapReduce 中，每个从属节点上的计算资源会由集群管理员分解为固定数量的 Map 和 Reduce Slot，这些 Slot 不可替代。而在设定 Map Slot 和 Reduce Slot 的数量后，即使没有 Reduce 任务在运行，节点在任何时刻都不能运行比 Map Slot 更多的 Map 任务。这影响了集群的利用率，因为在所有 Map Slot 都被使用(而且我们还需要更多)时，用户无法使用任何 Reduce Slot，即使它们可用，反之亦然。

(3) 难以支持 MapReduce 以外的运算。

Hadoop 起初是被设计成仅能运行 MapReduce 作业的，但随着替代性的编程模型(比如 Apache Giraph 所提供的图形处理机制)的到来，除 MapReduce 外，Hadoop 越来越需要能够通过高效且公平的方式，为在同一个集群上运行并共享资源的其他编程模型提供支持。

基于上述原因，2010 年，雅虎公司的工程师开始研究一种全新的 Hadoop 架构，即 YARN，以此来解决上述所有限制，并新增多种附加功能。

与第一版 Hadoop 中经典的 MapReduce 引擎相比，YARN 在可伸缩性、效率和灵活性上拥有明显的优势，小型和大型 Hadoop 集群都能从 YARN 中受益匪浅。对于最终用户(开发人员，而不是管理员)而言，这些更改几乎是不可见的，因为仍然可使用相同的 MapReduce API 和 CLI 运行未经修改的 MapReduce 作业。

如今，YARN 已被许多公司成功应用到生产中，比如雅虎公司、eBay、Spotify、Xing、Allegro 等。

新、旧版 Hadoop 的脚本和变量位置的变化如表 5-2 所示。

表 5-2 新、旧版 Hadoop 脚本和变量位置变化表

改变项	原框架中	新框架中(YARN)	备　注
配置文件位置	${hadoop_home_dir}/conf	${hadoop_home_dir}/etc/hadoop/	YARN 兼容旧的 ${hadoop_home_dir}/conf 位置配置，启动时会检测是否存在旧版的 conf 目录，如果存在将加载 conf 目录下的配置，否则加载 etc 目录下的配置

改变项	原框架中	新框架中(YARN)	备　注
启停脚本	${hadoop_home_dir}/bin/start(stop)-all.sh	${hadoop_home_dir}/sbin/start(stop)-dfs.sh ${hadoop_home_dir}/bin/start(stop)-all.sh	新的 YARN 框架中，启动分布式文件系统和启动 YARN 是分离的。启动/停止分布式文件系统的命令位于 ${hadoop_home_dir}/sbin 目录下，而启动/停止 YARN 的框架则位于 ${hadoop_home_dir}/bin/目录下
JAVA_HOME 全局变量	${hadoop_home_dir}/bin/start-all.sh 中	${hadoop_home_dir}/etc/hadoop/hadoop-env.sh ${hadoop_home_dir}/etc/hadoop/Yarn-env.sh	在 YARN 框架中，由于 HDFS 分布式文件系统的启动和 MapReduce 框架的启动分离，JAVA_HOME 需要在 hadoop-env.sh 和 Yarn-env.sh 中分别进行配置
HADOOP_LOG_DIR 全局变量	不需要配置	${hadoop_home_dir}/etc/hadoop/hadoop-env.sh	旧框架的 log、conf、tmp 目录等均在默认脚本启动目录下创建；而在 YARN 新框架中，log 默认创建在 Hadoop 用户的 HOME 目录下的 log 子目录，因此，最好在 ${hadoop_home_dir}/etc/hadoop/hadoop-env.sh 中配置 HADOOP_LOG_DIR，否则有可能因为启动 Hadoop 的用户在.bashrc 文件或者.bash_profile 文件中指定了其他的$PATH 变量而造成日志位置混乱，并且如果该路径下的文件没有获得访问权限，启动过程中会报错

新的 YARN 框架与原 Hadoop MapReduce 框架相比变化较大，核心配置文件中的很多项在新框架中已经废弃，同时新框架中又新增了很多其他配置项，如表 5-3 所示。

表 5-3　新、旧 Hadoop 框架配置项变化表

配置文件	配置项	Hadoop 0.20.X 配置	Hadoop 0.23.X 配置	说　明
core-site.xml	系统默认分布式文件 URI	fs.default.name	fs.defaultFS	
hdfs-site.xml	DFS NameNode 存放 name table 的目录	dfs.name.dir	dfs.namenode.name.dir	新框架中，NameNode 分为 dfs.namenode.name.dir(存放 name table) 和 dfs.namenode.edits.dir(存放 edit 文件)，默认是同一目录
	DFS DataNode 存放数据块的目录	dfs.data.dir	dfs.datanode.data.dir	新框架中 DataNode 增加更多细节配置，位于 dfs.datanode.配置项下，如 dfs.datanode.data.dir.perm(DataNode local 目录默认权限)，dfs.datanode.address(DataNode 节点监听端口)等

配置文件	配置项	Hadoop 0.20.X 配置	Hadoop 0.23.X 配置	说　明
hdfs-site.xml	分布式文件系统数据块复制数	dfs.replication	dfs.replication	新框架与老框架一致，建议配置成与分布式 Cluster 中实际的 DataNode 主机数一致的值
mapred-site.xml	Job 监控地址及端口	mapred.job.tracker	无	新框架中，已改为 Yarn-site.xml 中的 ResouceManager 及 Node Manager 具体配置项，新框架中历史 Job 的查询已从 JobTracker 剥离，归入单独的 mapreduce.jobtracker.jobhistory 相关配置
	第三方 MapReduce 框架	无	mapreduce.framework.name	新框架支持第三方 MapReduce 开发框架以支持如 SmartTalk/DGSG 等非 YARN 架构，注意通常情况下这个配置的值都设置为 YARN，如果没有配置这项，那么提交的 YARN Job 只会运行在本地模式下，而不是分布式模式下
Yarn-site.xml	The address of the applications manager interface in the RM	无	Yarn.resourcemanager.address	新框架中 NodeManager 与 RM 通信的接口地址
	The address of the scheduler interface	无	Yarn.resourcemanager.scheduler.address	(同上)NodeManger 与 RM 主机 scheduler 的调度服务接口地址
	The address of the RM web application	无	Yarn.resourcemanager.webapp.address	新框架中各 Task 的资源调度及运行状况可以通过该 Web 界面访问
	The address of the resource tracker interface	无	Yarn.resourcemanager.resource-tracker.address	新框架中 NodeManager 要向 RM 报告任务运行状态，以供 Resource 跟踪，因此 NodeManager 节点主机需得知 RM 主机的 tracker 接口地址

5.3.4　ZooKeeper(分布式协作服务)

　　ZooKeeper 是一个分布式的服务框架，主要用来解决分布式集群中应用系统的一致性问题，能提供与目录节点树文件系统类似方式的数据存储。但是 ZooKeeper 并不是专门用来存储数据的，它的作用主要是监控所存储数据的状态变化，并通过监控这些变化，实现基于数据的集群管理。

从设计模式角度来看，ZooKeeper 是一个基于观察者模式设计的分布式服务管理框架，它负责存储和管理大家都关心的数据，然后接受观察者的注册，一旦这些数据的状态发生变化，ZooKeeper 就会通知已在 ZooKeeper 上注册的观察者作出相应的反应，从而在集群中实现类似于 Master/Slave 的架构。

下面详细介绍一些典型的应用场景，即 ZooKeeper 可以用于解决哪些问题。

1．统一命名服务

在分布式应用中，通常要有一套完整的命名规则，既能产生唯一的名称，又便于用户识别和记忆。通常情况下，使用树形的名称结构是一个理想的选择，树形的名称结构是一个有层次的目录结构，ZooKeeper 提供的就是此功能。

2．配置管理

对配置的管理需求在分布式应用环境中很常见，例如，同一个应用系统需要多台 PC 服务器运行，但是它们运行的应用系统的某些配置项是相同的，如果要修改这些相同的配置项，就必须同时修改每台运行这个应用系统的服务器，这样非常麻烦而且容易出错。

该问题完全可以交由 ZooKeeper 来解决，先将配置信息保存在 ZooKeeper 的某个目录节点中，然后监控所有服务器的配置信息状态，一旦配置信息发生变化，每台服务器都会收到 ZooKeeper 的通知，然后从 ZooKeeper 处获取新的配置信息并应用到系统中。

3．集群管理

ZooKeeper 能够轻松地实现集群管理的功能，如有多台服务器组成一个服务集群，那么必须有一个"总管"掌握当前集群中每台机器的服务状态，一旦有机器不能提供服务，集群中的其他节点都必须知道，从而作出调整，重新分配服务策略。同样，当增加集群的服务能力时，可能会增加一台或多台服务器，这也必须让"总管"知道。

ZooKeeper 不仅能帮助用户维护当前集群中机器的服务状态，而且能帮助用户选出一个"总管"，让它来管理集群，这就是 ZooKeeper 的另一个功能——Leader Election。

ZooKeeper 实现集群管理的方式是：在 ZooKeeper 上创建一个 EPHEMERAL 类型的目录节点，然后每个服务器在它们创建目录节点的父目录节点上调用 getChildren(String path,boolean watch)方法，并设置 Watch 为 true，由于是 EPHEMERAL 目录节点，当创建它的服务器死去，该目录节点也会随之被删除，所以 Children 将会变化，这时 getChildren 上的 Watch 将会被调用，其他服务器就知道有某台服务器死去了。新增服务器的原理与此相同。

ZooKeeper 的 Leader Election 功能，即选出一个 Master 服务器，也需要在每台服务器上创建一个 EPHEMERAL 目录节点，不同的是，该节点也是一个 SEQUENTIAL 目录节点，即一个 EPHEMERAL_SEQUENTIAL 目录节点。用户可以给每台服务器编号，ZooKeeper 会选择当前编号最小的服务器为 Master，假如这个编号最小的服务器死去，由于是 EPHEMERAL 节点，死去的服务器对应的节点也会被删除，于是当前的节点列表中又出现一个最小编号的节点，ZooKeeper 就可以选择这个节点为当前的 Master，这样就实现了动态选择 Master，避免了传统的单 Master 容易出现单点故障的问题。

4．共享锁(Locks)

共享锁在同一个进程中很容易实现，但在跨进程或在不同的服务器之间实现起来就比较困难。

5. 队列管理

ZooKeeper 可以管理两种类型的队列：

一种是当所有队列成员都聚齐时才可用，否则就会一直等待所有成员到达的队列，这类队列被称为同步队列。

另一类是按照 FIFO 方式进行入队和出队操作的队列，例如，实现生产者和消费者模型的队列。

5.3.5 HBase(分布式 NoSQL 数据库)

HBase 位于结构化存储层，是一个分布式的列存储数据库，该技术来源于 Google 的论文《BigTable：一个结构化数据的分布式存储系统》。HBase 是 Hadoop 项目的子项目，如同 BigTable 利用了 Google 文件系统(Google File System)提供的分布式数据存储方式一样，HBase 在 Hadoop 之上提供了类似于 BigTable 的功能。

HBase 不同于一般的 RDBMS：其一，HBase 是一个适合于存储非结构化数据的数据库；其二，HBase 使用基于列而不是基于行的模式。HBase 和 BigTable 使用相同的数据模型，用户将数据存储在一个表里，一个数据行拥有一个可选择的键和任意数量的列，由于 HBase 表是疏松的，用户可以给行定义各种不同的列。HBase 主要用于需要随机访问、实时读写的大数据(BigData)。

5.3.6 Hive(数据库管理工具)

Hive 最早由 Facebook 设计，是一个建立在 Hadoop 基础之上的数据库，提供了一套对存储在 Hadoop 文件中的数据集进行数据整理、特殊查询和分析的工具。

Hive 提供的是一种结构化数据的机制，它支持一种类似于传统 RDBMS 中 SQL 语言的查询语言，以帮助熟悉 SQL 的用户查询 Hadoop 中的数据，该查询语言称为 HiveQL。传统的 MapReduce 编程人员也可以在 Mapper 或 Reducer 中使用 HiveQL 查询数据。Hive 编译器会把 HiveQL 编译成一组 MapReduce 任务，从而方便 MapReduce 编程人员进行 Hadoop 应用的开发。

5.3.7 Pig(高层次抽象脚本语言)

Pig 是一种用来检索非常大的数据集的数据流语言和运行环境，大大简化了 Hadoop 常见的工作任务。Pig 可以加载数据、表达转换数据并存储最终结果，其内置的操作使得半结构化数据变得有意义(如日志文件)。

Pig 和 Hive 都为 HBase 提供了高层语言支持，使得在 HBase 上进行数据统计处理变得非常简单，但二者还是有区别的：Hive 在 Hadoop 中扮演数据库的角色，允许使用类似于 SQL 的语法进行数据查询，主要用于静态的结构以及需要经常分析的工作，而且由于 Hive 与 SQL 相似，其可以成为 Hadoop 与其他 BI 工具结合的理想交集；而 Pig 赋予开发人员在大数据集领域更多的灵活性，并允许开发用于转换数据流的简洁脚本，以便于嵌入到较大的应用程序。与 Hive 相比，Pig 属于较轻量级，相比直接使用 Hadoop Java API，Pig 主要的优势在于可以大幅度削减代码量。

5.3.8　Avro

Avro 是用于数据序列化的系统，它提供了丰富的数据结构类型、快速可压缩的二进制数据格式、存储持久性数据的文件集、远程调用 RPC 的功能和简单的动态语言集成功能。Avro 和动态语言集成后，读/写数据文件或者使用 RPC 协议都不需要生成代码，代码生成则既不需要读/写文件数据，也不需要使用或实现 RPC 协议，而仅仅是一个可选的对静态类型语言的实现。

Avro 系统依赖于模式(schema)，其数据的读和写是在模式之下完成的，这样可以减少写入数据的开销，提高序列化的速度并缩减其大小，同时也便于动态脚本语言的使用，因为数据连同其模式都是自描述的。

在 RPC 中，Avro 系统的客户端和服务端通过握手协议进行模式的交换，因此，当客户端和服务端拥有彼此全部的模式时，不同模式下的相同命名字段、丢失字段和附加字段等信息的一致性问题就得到了很好的解决。

5.3.9　Sqoop

Apache Sqoop(SQL-to-Hadoop)项目旨在协助 RDBMS 与 Hadoop 进行高效的大数据交流。用户可以在 Sqoop 的帮助下，轻松地把 RDBMS 的数据导入到 Hadoop 及其相关的系统(如 HBase 和 Hive)中，同时也可以把数据从 Hadoop 系统里抽取出来并导入 RDBMS 里。除了这些主要功能以外，Sqoop 也提供了一些实用的小工具，诸如查看数据库等。理论上，Sqoop 支持任何一款支持 JDBC 规范的数据库，如 DB2、MySQL 等。Sqoop 还能够将 DB2 数据库的数据导入到 HDFS 上，并保存为多种文件类型，常见的如定界文本类型、Avro 二进制类型以及 SequenceFiles 类型。

Sqoop 的架构非常简单，其整合了 Hive、Hbase 和 Oozie，可以通过 MapReduce 任务来传输数据，从而实现并发特性和容错。

本 章 小 结

◇　Hadoop 系统的最底层是 Hadoop Distributed File System(HDFS)，它存储 Hadoop 集群中所有存储节点上的文件；HDFS 的上一层则是 MapReduce 引擎。随着技术的推进，Hadoop 系统也在不断出现新成员。

◇　HDFS 是一个主/从(Master/Slave)式的结构，它就像传统的文件系统一样，可以通过目录路径对文件执行 CRUD：增加(Create)、读取查询(Retrieve)、更新(Update) 和删除(Delete)等操作。

◇　MapReduce 是一种编程模型，用于大规模数据集(大于 1 TB)的并行运算，它在执行时，会先指定一个 Map(映射)函数，把输入键值对映射成一组新的键值对，经过一定的处理后交给 Reduce，再由 Reduce 对相同键值对下的所有值进行处理，然后输出键值对作为最终的结果。

✧ ZooKeeper 的作用主要是监控所存储数据的状态变化，并通过监控这些变化，实现基于数据的集群管理。

✧ HBase 是一个适合于存储非结构化数据的数据库，主要用于需要随机访问、实时读写的大数据(BigData)，使用基于列而不是基于行的模式。由于 HBase 表是疏松的，用户可以给行定义各种不同的列。

✧ Hive 是一个建立在 Hadoop 基础之上的数据库管理工具，可以对存储在 Hadoop 文件中的数据集进行数据整理、特殊查询和分析。

本 章 练 习

1. 简述 HDFS 的基本体系结构。
2. Hadoop 的主要组成部分有哪些？
3. ZooKeeper 的应用场景有哪些？可以解决哪些问题？
4. HBase 与 RDBMS 的区别是什么？

第 6 章　MapReduce 应用

本章目标

- 了解 MapReduce 计算模型的基本原理和工作流程

- 了解 Hadoop 中实现并行计算的相关机制

- 掌握 MapReduce 的任务调度过程

- 掌握 MapReduce 的详细执行过程

- 了解 MapReduce 新框架 YARN 的原理及运作机制

MapReduce 是一种编程模型，常用于大规模数据集(大于 1 TB)的并行运算，其概念"Map(映射)"和"Reduce(归约)"以及它们的主要思想皆是从函数式编程语言里借用而来，同时也包含了矢量编程语言的特性。MapReduce 极大地方便了编程人员，使他们在不会分布式并行编程的情况下也能将自己的程序运行在分布式系统上。

本章介绍 MapReduce 的相关知识，内容要点如下：

✧ 分布式并行编程 MapReduce 模型概述。

✧ Map 和 Reduce 函数。

✧ MapReduce 工作流程。

✧ 并行计算的实现。

6.1　分布式并行编程：编程方式的变革

基于集群的分布式并行编程能让软件和数据同时运行在连成一个网络的许多台计算机上，其中的每一台计算机均是一台普通的 PC 机，这种分布式并行环境的最大优点是：可以很容易地通过增加计算机来扩充新的计算节点，并由此获得不可思议的海量计算能力，同时又具有相当强的容错能力，即使有一批计算节点失效，也不会影响计算的整体正常进行以及结果的正确性。

Google 就是这么做的，他们使用名为 MapReduce 的并行编程模型，进行分布式并行编程，该模型运行在名为 GFS(Google File System)的分布式文件系统上，为全球亿万用户提供搜索服务。

Hadoop 也实现了 Google 的 MapReduce 编程模型，并提供了简单、易用的编程接口以及自己的分布式文件系统 HDFS，但与 Google 不同，Hadoop 是开源的，任何人都可以使用这个框架来进行并行编程。如果说分布式并行编程的难度足以让普通程序员望而生畏的话，开源框架 Hadoop 的出现则极大地降低了它的门槛。基于 Hadoop 的编程非常简单，无需任何并行开发经验即可轻松开发出分布式的并行程序，并让其同时运行在数百台机器上，在短时间内完成海量数据的计算。可能你会觉得，自己不可能拥有数百台机器来运行你的并行程序，而事实上，随着"云计算"的普及，任何人都可以轻松获得这样的海量计算能力。例如，Amazon 公司的云计算平台 Amazon EC2 就已经提供了这种按需计算的租用服务。

对未来的程序员而言，掌握一些分布式并行编程的知识是必不可少的，因此，本章会先简要介绍一下 MapReduce 计算模型，然后讲解 Hadoop 是如何实现并行计算的。

6.2　MapReduce 模型概述

MapReduce 是 Google 公司的核心计算模型，它将复杂的、运行于大规模集群上的并行计算过程高度地抽象到了 Map 和 Reduce 两个函数之中。适合用 MapReduce 来处理的数据集(或者任务)需要满足一个基本要求，即待处理的数据集可以分解成许多小的数据集，且每一个小数据集都可以完全并行地进行处理。

一个 MapReduce 作业(Job)通常会把输入的数据集切分为若干独立的数据块，由 Map 任务(Task)以完全并行的方式进行处理。MapReduce 框架会对 Map 的输出先进行排序，然后把结果输入给 Reduce 任务，通常作业的输入和输出都会被存储在文件系统中，而由整个框架负责任务的调度和监控，并重新执行已经失败的任务。

通常而言，MapReduce 框架和分布式文件系统运行在一组相同的节点上，就是说计算节点和存储节点通常在一起，这种配置允许 MapReduce 框架在那些已经存储了数据的节点上高效地调度任务，使整个集群的网络带宽得到非常高效的利用。

MapReduce 框架由一个单独的 Master JobTracker 和每个集群节点各一个的 Slave TaskTracker 共同组成，唯一的 Master 负责调度构成一个作业的所有任务，而这些任务分布在不同的 Slave 上，Master 监控它们的执行并重新执行已经失败的任务，而 Slave 仅负责执行由 Master 指派的任务。

应用程序应指明输入/输出的位置(路径)，并通过实现合适的接口或抽象类提供 Map 和 Reduce 函数，再加上其他作业的参数，就构成了作业配置(Job configuration)，然后，Hadoop 的 Job Client 会将作业(jar 包/可执行程序等)和配置信息提交给 JobTracker，后者负责将这些程序和配置信息分发给 Slave，调度任务并监控它们的执行，同时将状态和诊断信息提供给 Job Client。

虽然 Hadoop 框架是用 Java 实现的，但 MapReduce 程序却不一定使用 Java 编写。

MapReduce 计算模型的核心是 Map 和 Reduce 两个函数，这两个函数由用户负责实现，作用是按照一定的映射规则，将输入的键值对转换成另一个或一批键值对并输出。

以一个计算文本文件中每个单词出现次数的程序为例：<k1/v1>可以是<行在文件中的偏移位置，文件中的一行>，经 Map 函数映射之后，形成一批中间结果<单词，出现次数>，而 Reduce 函数则可以处理中间结果，将相同单词的出现次数进行累加，得到每个单词的总出现次数，如表 6-1 所示。

表 6-1　Map 和 Reduce 函数说明

函数	输入	输出	说　　明
Map	<k1/v1>	List(k2/v2)	① 将小数据集进一步解析成一批键值对，输入 Map 函数中进行处理 ② 每一个输入的<k1/v1>会输出一批<k2/v2>，<k2/v2>是计算的中间结果
Reduce	<k2/List(v2)>	<k3/v3>	输入的中间结果<k2/List(v2)>中的 List(v2)表示是一批属于同一个 k2 的值

基于 MapReduce 计算模型编写分布式并行程序非常简单，程序员只需负责 Map 和 Reduce 函数的主要编码工作，而并行编程中的其他种种复杂问题，诸如分布式存储、工作调度、负载均衡、容错处理、网络通信等，均可由 MapReduce 框架(如 Hadoop)代为处理，程序员完全不用操心。

6.3　工作组件

MapReduce 的运行机制中主要包含以下几个独立的大类组件，如图 6-1 所示。

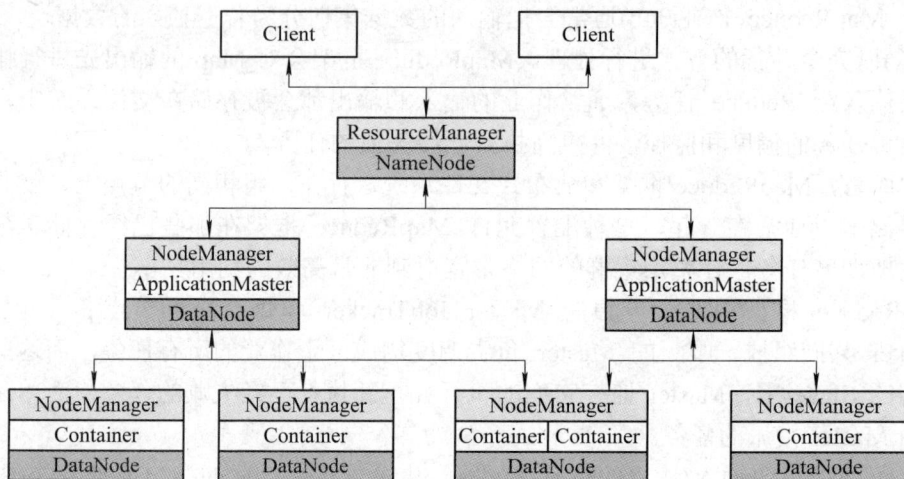

图 6-1　MapReduce 的工作组件

(1) Client：此节点上运行着 MapReduce 程序和 JobClient，主要作用是提交 MapReduce 作业并为用户显示处理结果。

(2) ResourceManager：主要进行 MapReduce 作业执行的协调工作，是 MapReduce 运行机制中的主控节点。ResourceManager 的功能包括制定 MapReduce 作业计划、将任务分配给 Map() 和 Reduce() 执行、执行节点监控任务、重新分配失败的任务等。ResourceManager 对集群中所有资源进行统一管理与分配，将各类资源(计算、内存、带宽等)精心安排给基础 NodeManager(YARN 的每节点代理)。除此之外，ResourceManager 还与 ApplicationMaster 一起分配资源，并接收 NodeManager 的资源汇报信息，然后把这些信息按照一定的策略分配给各个应用程序。ResourceManager 是 Hadoop 集群中十分重要的节点，并且每个集群只能有一个 ResourceManager。

(3) NameNode：文件管理系统中的中心服务器，负责管理文件系统的命名空间(元数据)，维护整个文件系统的文件目录树以及这些文件的索引目录，并记录文件和目录的拥有者、权限、文件包含的块的个数、块的副本数以及决定数据块到具体 DataNode 节点的映射等，同时也负责管理客户端对文件的访问，例如打开、关闭、重命名文件和目录等。

(4) ApplicationMaster：管理在 YARN 内运行的应用程序实例，协调来自 ResourceManager 的资源，并通过 NodeManager 监视程序的执行和资源使用情况(如 CPU、内存等资源的分配)。

(5) NodeManager：每一台机器框架的代理，是执行应用程序的容器，监控应用程序的资源使用情况(如 CPU，内存，硬盘，网络等)，并向调度器汇报。

(6) DataNode：负责处理文件系统的读写请求，在 NameNode 的指挥下进行数据块的创建、删除和复制。文件分成一个或多个数据块，这些数据块存储在 DataNode 中，DataNode 启动时会对本地磁盘进行扫描，将本地 DataNode 上保存的数据块信息汇报给 NameNode，并通过向 NameNode 发送心跳信息与其保持联系(3 秒一次)，如果 NameNode 过了 10 分钟没有收到 DataNode 的心跳信息，则会认为后者已经失效，并拷贝其备份的数据块到其他 DataNode 上。

(7) Container：YARN 中资源的抽象，封装了某个节点上一定量的资源(CPU 和内存两类资源)。一个应用程序所需的 Container 分为两大类：一类是运行 ApplicationMaster 的 Container，由 ResourceManager 向内部的资源调度器申请并启动，用户提交应用程序时，可指定唯一的 ApplicationMaster 所需的资源；另一类是运行各类任务的 Container，由 ApplicationMaster 向 ResourceManager 申请，并由 ApplicationMaster 与 NodeManager 通信以启动。以上两类 Container 的位置一般是随机的，可能在任意节点上，即 ApplicationMaster 可能与它管理的任务运行在同一节点上。

6.4　MapReduce 工作流程

MapReduce 其实是分治算法的一种实现，所谓分治算法就是"分而治之"，将大的问题分解为相同类型的子问题，对子问题进行求解，然后合并成大问题的解。

6.4.1　工作流程概述

MapReduce 处理大数据集的计算过程就是将大数据集分解为成百上千的小数据集，每个(或若干个)数据集分别由集群中的一个节点(通常就是一台普通的计算机)进行处理并生成中间结果，然后这些中间结果又由大量的节点进行合并，从而形成最终结果，如图 6-2 所示。

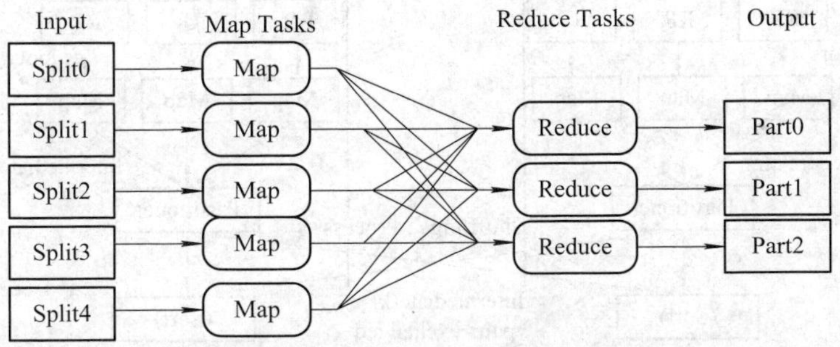

图 6-2　MapReduce 的工作流程

MapReduce 的输入数据一般来自 HDFS 中的文件，这些文件分布存储在集群内的节点上。一个 MapReduce 程序会在集群的许多节点甚至所有节点上运行 Mapping(MapReduce 程序执行的第一个阶段，这个阶段中的每个分割数据被传递给映射函数来产生输出值)任务，每一个 Mapping 任务都是平等的，因为 Mappers(映射器)没有特定"标识物"与其关联，所以任意的 Mapper(执行 MapReduce 程序第一阶段中的用户定义工作的函数)都可以处理任意的输入文件，每一个 Mapper 会加载一些存储在本地运行节点上的文件集来进行处理(注：此处是移动计算，即把计算移动到数据所在节点，可以避免额外的数据传输开销)。

当 Mapping 阶段完成后，此阶段所生成的中间键值对数据必须在节点间进行交换，把具有相同键的数值发送到同一个 Reducer(对传入的中间结果进行进一步处理的函数)那里。Reduce 任务在集群内的分布节点与 Mappers 的一样，这是 MapReduce 中唯一的任务节点间的通信过程。Map 任务之间不会进行任何的信息交换，也不会去关心别的 Map 任务的存在，相似地，不同的 Reduce 任务之间也不会有通信。用户不能显式地从一台机器发送信息到另外一台机器，所有数据传送都由 Hadoop MapReduce 平台自身完成，这些传送过程通过关联到数值上的不同键来隐式引导，是 Hadoop MapReduce 可靠性的基础元素。如果集群中的某些节点失效了，任务必须能被重新启动，而如果任务已经执行了有副作用(side-effect)的操作，比如与外界进行通信，则共享状态必须存在于可以重启的任务上。消除了通信和副作用问题，任务重启就可以更顺利一些。

6.4.2 MapReduce 各个执行阶段

一般而言，Hadoop 中一个简单的 MapReduce 任务执行流程如图 6-3 所示。

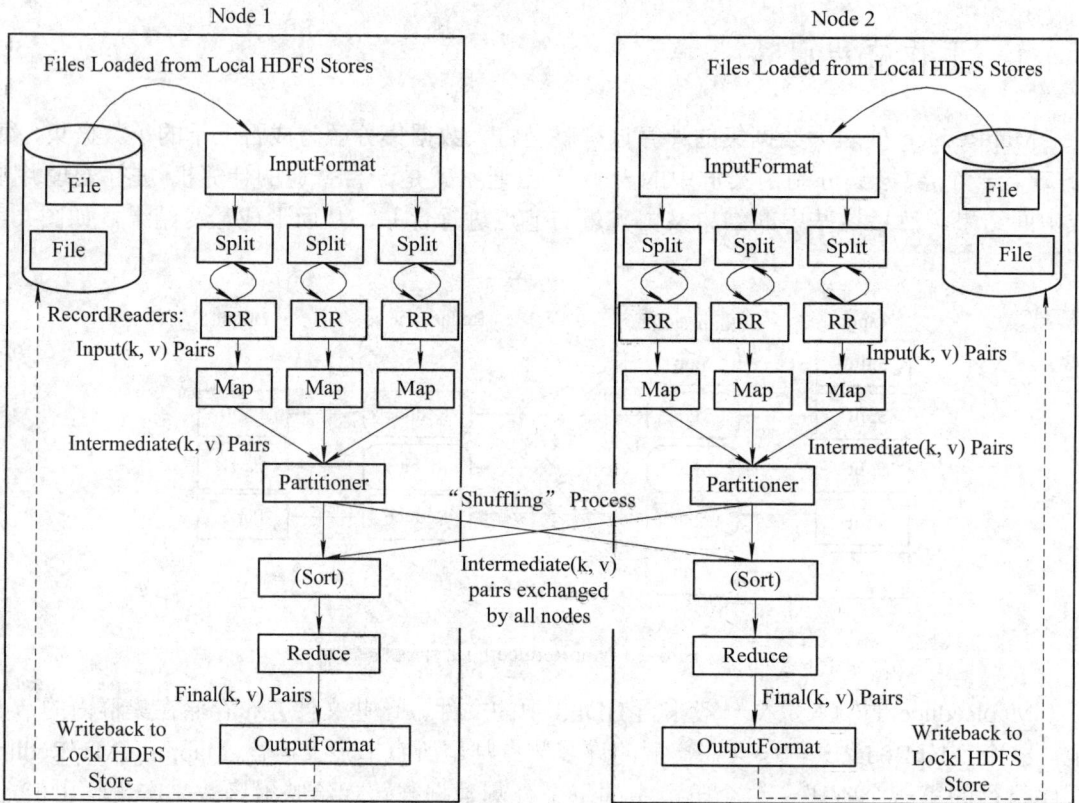

图 6-3 Hadoop MapReduce 工作流程中的各个执行阶段

(1) JobTracker 负责在分布式环境中实现客户端任务的创建和提交。

(2) InputFormat 模块负责进行 Map 前的预处理，主要包括以下工作：验证输入数据的格式是否符合 JobConfig 的输入数据定义，可以是专门定义的类或是 Writable 的子类；将输入的文件切分为多个逻辑上的输入 InputSplit，因为在分布式文件系统中，数据块大小是有限制的，所以大文件需要被划分为多个较小的数据块；使用 RecordReader 来处理切分为 InputSplit 的一组记录，并将结果输出给 Map，因为 InputSplit 只是逻辑切分的第一步，根据文件中的信息进行具体切分还需要 RecordReader 来完成。

(3) 将 RecordReader 处理后的结果作为 Map 的输入数据，然后由 Map 执行预先定义的 Map 逻辑，将处理后的键值对结果输出到临时中间文件。

(4) Shuffle&Partitioner：在 MapReduce 流程中，为了让 Reduce 能并行处理 Map 结果，必须对 Map 的输出结果进行一定的排序和分割，然后再交给对应的 Reduce，而这个将 Map 输出作进一步整理并交给 Reduce 的过程，就称为 Shuffle。Partitioner 是选择配置，主要作用是在有多个 Reduce 的情况下，指定 Map 的结果由某一个 Reduce 处理。每一个 Reduce 都会有单独的输出文件。

(5) Reduce 执行具体的业务逻辑，即由用户编写的处理数据并得到结果的业务，并且将处理结果输出给 OutputFormat。OutputFormat 的作用是：验证输出目录是否已经存在，并检查输出结果类型是否符合 Config 中的配置类型，如果上述两项都通过，则输出 Reduce 汇总后的结果。

一个完整的 MapReduce 过程包括输入文件、输入格式、输入块、记录读取器、Mapper、Partion&Shuffle、Reducer、输出格式、RecordWriter 等多个部分，下面分别简要介绍。

1) 输入文件

文件是 MapReduce 任务的数据的初始存储地。正常情况下，输入文件一般储存在 HDFS 里。这些文件的格式是任意的，既可以使用基于行的日志文件，也可以使用二进制格式、多行输入记录或其他一些格式，这些文件也通常会很大——数十 GB 或更大。

2) 输入格式

InputFormat 类定义了如何分割和读取输入文件，它提供了以下功能：

(1) 选择输入的文件或对象。

(2) 定义把文件划分到任务的 InputSplits。

(3) 为 RecordReader 读取文件提供一个工厂方法。

Hadoop 自带了多种输入格式，其中有一个抽象类 FileInputFormat，所有操作文件的 InputFormat 类都从它那里继承功能和属性。当启动 Hadoop 作业时，FileInputFormat 会得到一个路径参数，这个路径内包含了需要处理的文件，FileInputFormat 会读取这个文件夹内的所有文件(默认不包括子文件夹内的)，然后把这些文件拆分成一个或多个 InputSplit。可以通过 JobConf 对象的 setInputFormat()方法，设定应用到作业输入文件上的输入格式。MapReduce 提供的输入格式如表 6-2 所示。

表 6-2　MapReduce 提供的输入格式

输入格式	描　　述	键	值
TextInputFormat	默认格式，读取文件的行	行的字节偏移量	行的内容
KeyValueInputFormat	把行解析为键值对	第一个Tab字符(制表符)前的所有字符	行剩下的内容
SequenceFileInputFormat	Hadoop定义的高性能二进制格式	用户自定义	用户自定义

Hadoop 默认的输入格式是 TextInputFormat，它把输入文件的每一行作为单独的一个记录，但不作解析处理，这对那些没有被格式化的数据或是基于行的记录来说十分有用，比如日志文件。

更有趣的一种输入格式是 KeyValueInputFormat，这种格式也把输入文件的每一行作为单独的一个记录，但不同的是，TextInputFormat 把整个文件行当作值数据，KeyValueInputFormat 则是通过搜寻 Tab 字符来把行拆分为键值对，这在将一个MapReduce 的作业输出结果作为下一个作业的输入数据时显得特别有用，因为默认的Map 输出格式正是 KeyValueInputFormat。

SequenceFileInputFormat 用于读取特殊的、专用于 Hadoop 的 SequenceFile 类型的二进制文件，这些文件包含很多能让 Hadoop 的 Mapper 快速读取数据的特性。SequenceFile类型的文件是块压缩的，并能够对几种数据类型(不仅仅是文本类型)直接进行序列化与反序列化操作。SequenceFile 类型的文件也可以作为 MapReduce 任务的输出数据，用它作为一个 MapReduce 作业到另一个作业的中间数据是很高效的。

3) 输入块(InputSplit)

一个输入块描述了构成 MapReduce 程序中单个 Map 任务的一个单元。把一个MapReduce 程序应用到一个数据集上，即是指一个作业会由几个(也可能几百个)任务组成。Map 任务可能会读取整个文件，但一般是读取文件的一部分，默认情况下，FileInputFormat 及其子类会以 64MB 为基数来拆分文件(与 HDFS 的数据块默认大小相同，Hadoop 建议分片(Split)的大小与此相同)，可以在 hadoop-site.xml(0.20.*版本后是在mapred-default.xml 里)文件中设定 mapred.min.split.size 参数，来控制具体的拆分大小，或者在具体 MapReduce 作业的 JobConf 对象中重写这个参数。

通过以块形式处理文件，可以让多个 Map 任务并行地操作一个文件，如果文件非常大的话，该特性可以通过并行处理大幅提升程序性能。更重要的是，多个数据块组成的文件可能分散在集群内的许多节点上，因此可以把任务调度在不同的节点上，于是所有的单个块都可以在本地进行处理，而不用把数据从一个节点传输到另外一个节点。虽然多数日志文件都可以用这种块处理方式进行处理，但有些文件格式不支持块处理方式，针对这种情况，可以编写一个自定义的 InputFormat，就可以控制文件是如何被拆分(或不拆分)成文件块的了。

输入格式定义了组成 Mapping 阶段的 Map 任务列表，每一个任务对应一个输入块。接下来，根据输入文件块所在的物理地址，这些任务会被分派到对应的系统节点上，可能会有多个 Map 任务被分派到同一个节点上，分派完毕后节点开始运行任务，尝试最大并行化执行，节点上的最大任务并行数由 mapred.tasktracker.map.tasks.maximum 参数控制。

4) 记录读取器(RecordReader)

InputSplit 定义了如何切分工作，但是没有描述如何去访问它，RecordReader 类则用来加载数据，并把数据转换为适合 Mapper 读取的键值对。RecordReader 实例是由输入格式定义的，默认的输入格式 TextInputFormat 提供了一个类 LineRecordReader，这个类会把输入文件的每一行作为一个新的值，关联到每一行的键则是该行在文件中的字节偏移量。RecordReader 会在输入块上被重复地调用，直到整个输入块被处理完毕。每一次调用RecordReader 都会调用 Mapper 的 map()方法。

5) Mapper

Mapper 执行了 MapReduce 程序第一阶段中的用户定义工作：给定一个键值对，map()方法会生成一个或多个键值对，这些键值对会被送到 Reducer 那里。对于整个作业输入部分的每一个 Map 任务(输入块)，每一个新的 Mapper 实例都会在单独的 Java 进程中被初始化。Mapper 之间不能进行通信，这就使得每一个 Map 任务的可靠性不受其他 Map 任务的影响，只由本地机器的可靠性来决定。

6) Partition & Shuffle

当第一个 Map 任务完成后，节点可能还要继续执行更多的 Map 任务，但这时也要开始把 Map 任务的中间结果作进一步整理，输出到需要它们的 Reducer 中，这个把 Map 输出作进一步整理并移交到 Reducer 中的过程就叫作 Shuffle。每一个 Reduce 节点会分配到 Map 输出的键集合中的一个子集合，这些子集合(被称为 Partitions)各不相同，是 Reduce 任务的输入数据。每一个 Map 任务生成的键值对，可能会隶属于任意的 Partition，有着相同键的数值总是在一起执行 Reduce 任务，不管它是来自哪个 Mapper 的，因此，所有的 Map 节点必须就不同的中间结果发往何处达成一致。而 Partitioner 类就是用来决定给定键值对去向的，默认的分类器(Partitioner)会计算键的 Hash 值，并基于这个结果把键赋到相应的 Partition 上。

7) Reducer

每一个 Reduce 任务负责对那些关联到相同键上的所有数值进行归约(Reducing)，每一个节点收到的中间结果集合，在被送到具体的 Reducer 那里前就已经被 Hadoop 自动排序过了。每个 Reduce 任务都会创建一个 Reducer 实例，这是一个用户自定义代码的实例，负责执行特定作业的第二个重要阶段。对于每一个已被赋予到 Reduce 的 Partition 内的键来说，Reducer 的 reduce()方法只会调用一次，它会接收一个键和关联到键的所有值的一个迭代器，迭代器会以一个未定义的顺序返回关联到同一个键的值。Reducer 也要接收 OutputCollector 对象和 Report 对象，它们像在 map()方法中那样被使用。

8) 输出格式

提供给 OutputCollector 的键值对会被写到输出文件中，写入的方式由输出格式控制。OutputFormat 的功能与前面描述的 InputFormat 类很相似，Hadoop 提供的 OutputFormat 实例会把文件写在本地磁盘或 HDFS 上，它们都是继承自公共的 FileInputFormat 类。每一个 Reducer 会把结果输出写在公共文件夹中一个单独的文件内，这些文件的命名一般是"part-nnnnn"，其中，"nnnnn"是关联到某个 Reduce 任务的 Partition 的 ID，输出文件夹通过 FileOutputFormat.setOutputPath()来设置。可以通过具体 MapReduce 作业的 JobConf 对象的 setOutputFormat()方法来设置具体用到的输出格式。Hadoop 已提供的输出格式如表 6-3 所示。

表 6-3　Hadoop 提供的输出格式

输 出 格 式	描　　述
TextOutputFormat	默认的输出格式，以"key value"的方式输出行
SequenceFileOutputFormat	输出二进制文件，适合于读取 MapReduce 作业的输入
NullOutputFormat	忽略收到的数据，即不作输出

Hadoop 提供了一些 OutputFormat 实例用于写入输出文件，基本的(默认的)实例是 TextOutputFormat，它会以一行一个键值对的方式把数据写入到一个文本文件中，这样后面的 MapReduce 任务就可以通过 KeyValueInputFormat 类，简单地重新读取所需的输入数据了，而且也适合于人的阅读；另一个更适合于在 MapReduce 作业间使用的中间格式是 SequenceFileOutputFormat，它可以快速地序列化任意的数据类型到文件中，而对应的 SequenceFileInputFormat 则会把文件反序列化为相同的类型，并提交为下一个 Mapper 的输入数据，方式和前一个 Reducer 的生成方式一样；NullOutputFormat 不会生成输出文件，且会丢弃任何通过 OutputCollector 传递给它的键值对，如果要在 reduce()方法中显式地编写自定义的输出文件，又不希望 Hadoop 框架输出额外的空输出文件，则这个类就非常有用。

9) RecordWriter

该类的作用与在 InputFormat 中通过 RecordReader 读取单个记录十分相似，OutputFormat 类是 RecordWriter 对象的工厂方法，用来把单个的记录写到文件中，就像是由 OuputFormat 直接写入的一样。

Reducer 输出的文件会留在 HDFS 上供其他应用使用，比如另外一个 MapReduce 作业，或者一个由人工检查的单独程序。

6.4.3　Shuffle 过程详解

Shuffle 过程是 MapReduce 工作流程的核心，也被称为"奇迹发生的地方"。要想理解 MapReduce，Shuffle 是必须要了解的。

Shuffle 过程包含在 Map 和 Reduce 两端中，描述着数据从 Map Task 输出到 Reduce Task 输入的这段过程：在 Map 端，Shuffle 过程对 Map 的结果进行划分(Partition)、排序(Sort)和溢写(Spill)，然后将属于同一划分的输出结果合，并在一起并写到磁盘上，同时，按照不同的划分将结果发送给对应的 Reduce(Map 输出结果的划分与 Reduce 的对应关系由 JobTracker 确定)；而在 Reduce 端，Shuffle 又会将各个 Map 送来的属于同一划分的输出结果进行合并(Merge)，然后对合并的结果进行排序，最后交给 Reduce 处理，如图 6-4 所示。

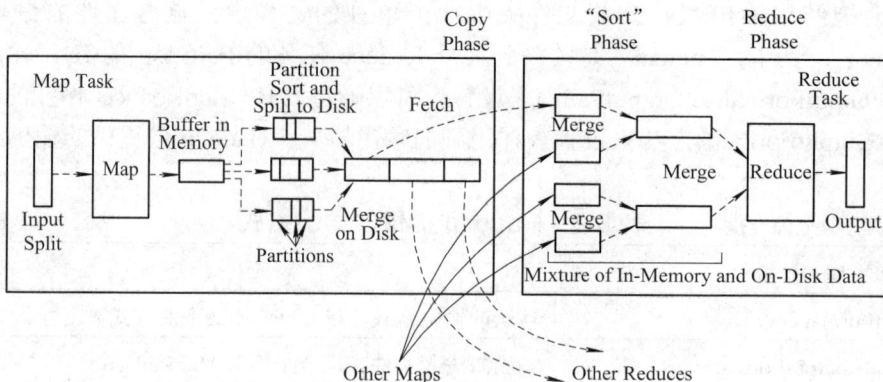

图 6-4　Shuffle 过程

下面对 Map 和 Reduce 两端的 Shuffle 过程分别进行详细介绍。

1．Map 端的 Shuffle 过程

一个假想的 Map Task(Map 任务)的运行情况可以清楚地说明划分(Partition)、排序(Sort)与合并(Combiner)各作用在 MapReduce 工作流程的哪个阶段，帮助大家清晰地了解从 Map数据输入到 Map 端所有数据准备完毕的全过程，如图 6-5 所示。

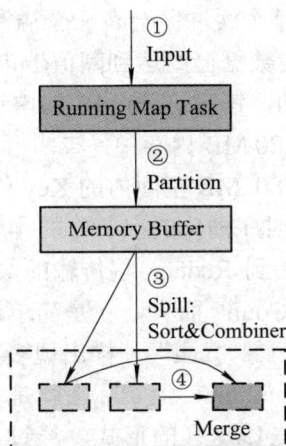

图 6-5　Map 端的 Shuffle 过程

简单地说，每个 Map Task 都有一个内存缓冲区，存储着 Map 的输出结果，当缓冲区快满的时候，需要将缓冲区的数据以一个临时文件的方式存放到磁盘，当整个 Map Task结束后，再将磁盘中这个 Map Task 产生的所有临时文件合并，生成最终的正式输出文件，然后等待 Reduce Task 来取数据。整个流程大致包含四步，当然，每一个步骤都可能包含着多个小步骤与细节，下面就对每个步骤的细节进行说明：

(1) Map Task 执行时，其输入的数据来源于 HDFS 的 Block，在 MapReduce 中，MapTask 只读取 Split，Split 与 Block 的对应关系可能是多对一，但默认是一对一。在经典的Hadoop 程序 WordCount 里，可以假设 Map 的输入数据都是像"aaa"这样的字符串。

(2) Mapper 运行后，可知 Mapper 的输出数据是这样一个键值对：键是"aaa"，值是数值 1。注意：当前 Map 端只做加 1 的操作，在 Reduce Task 里才会去合并结果集。假设这个 Job 有 3 个 Reduce Task，则现在就需要决定当前的"aaa"应该交由哪个 Reduce 去处理。

MapReduce 提供 Partitioner 接口，它的作用就是根据键值对以及 Reducer 的数量来决定当前的这个键值对输出数据最终应该交由哪个 Reduce Task 处理。默认是对键进行 Hash算法处理后再用 Reduce Task 数量进行取模，即 hash(key) mod R，其中的 R 表示 Reducer的数量，默认的取模方式只是为了平均 Reduce 的处理能力，如果用户对 Partitioner 有自己的需求，可以订制并设置到 Job 上。

假设在上面的例子中，"aaa"经过 Partitioner 后返回 0，也就是这个键值对应当交由第一个 Reducer 来处理，接下来需要将数据写入内存缓冲区中，缓冲区的作用是批量收集Map 结果，减少磁盘 I/O 的影响，整个内存缓冲区就是一个字节数组，键值对以及

Partition 的结果都会被写入缓冲区。当然，在写入之前，键与值都会被序列化成字节数组。

(3) 内存缓冲区的大小是有限制的，默认是 100 MB。当 Map Task 的输出结果很多时，就可能会撑爆内存，所以需要在一定条件下将缓冲区中的数据临时写入磁盘，然后重新利用这块缓冲区。这个从内存往磁盘写数据的过程就被称为 Spill，中文可译为"溢写"。

溢写由单独线程完成，不影响向缓冲区写入 Map 结果的线程。溢写线程启动时，不应该阻止 Map 的结果输出，因此整个缓冲区会有一个溢写的比例 spill.percent，这个比例默认是 0.8。也就是说，当缓冲区的数据已经达到阈值(buffer size * spill percent = 100 MB * 0.8 = 80 MB)时，溢写线程就会启动，锁定这 80 MB 的内存，执行溢写过程，而 Map Task 的输出结果还可以继续写入剩下的 20 MB 内存中，二者互不影响。

当溢写线程启动后，需要对这 80 MB 空间内的 Key 作排序(Sort)。排序是 MapReduce 模型默认的行为，这里的排序也是对序列化的字节作的排序。

此外，为进一步减少从 Map 端到 Reduce 端传输的数据量，还可以在 Map 端执行合并(Combine)操作。对于程序 WordCount 而言，就是简单地统计单词出现的次数，如果在同一个 Map Task 的结果中有很多个像"aaa"一样出现多次的 Key，我们就应该把它们的值合并到一块，这个过程虽然叫 Combine，但实际上就是 Reduce，比如有些 Map 的输出数据可能像<"aaa",1>、<"aaa",1>这样的形式，经过 Combine 操作之后就可以得到<"aaa",2>，只是在 MapReduce 的术语中，Reduce 单纯是指 Reduce 端执行从多个 Map Task 取数据作计算的过程，除 Reduce 外，非正式地合并数据只能称为 Combine。实际上，MapReduce 是将 Combiner 等同于 Reducer 的。

如果 Client 设置过 Combiner，那么现在就是使用它的时候了。将有相同 Key 的键值对的 value 加起来，可以减少溢写到磁盘的数据量。

Combiner 可以优化 MapReduce 的中间结果，因此会在整个模型中多次使用，那么，哪些场景可以使用 Combiner 呢？由于 Combiner 的输出是 Reducer 的输入，Combiner 绝不可以改变最终的计算结果，因此，一般而言 Combiner 只适用于 Reduce 的输入键值对与输出键值对类型完全一致且不影响最终结果的场景，比如累加、最大值等。使用 Combiner 必须慎重，如果用得好，有助于提高 Job 的执行效率，反之，则会影响 Reduce 的最终结果。

(4) 每次溢写都会在磁盘上生成一个溢写文件，如果 Map 的输出结果很多，有多次这样的溢写发生，磁盘上相应地就会有多个溢写文件存在，而当 Map Task 真正完成时，内存缓冲区中的数据也会全部溢写到磁盘中形成一个溢写文件。最终，磁盘中会至少有一个这样的溢写文件存在(如果 Map 的输出结果很少，则 Map 执行完成时，只会产生一个溢写文件)，因为最终的文件只允许有一个，所以需要将这些溢写文件归并到一起，这个过程就叫作整合(Merge)。

如前面的例子，"aaa"从某个 Map Task 读取过来时值是 5，从另外一个 Map 读取时值是 8，因为它们有相同的 Key，所以需要进行整合。对于"aaa"而言，整合后得到的结果是像这样的：<"aaa",{5,8,2,,,}>，其中数组的值就是对从不同溢写文件中读取出来的值进行合并的结果。请注意，因为整合是将多个溢写文件合并到一个文件中，所以会有相同的 Key 存在，而这个过程中如果 Client 设置过 Combiner，就会使用 Combiner 来合并相同的 Key。

至此，Map 端的所有工作都已结束，最终生成的文件也存放在 TaskTracker 可操作的某个本地目录内。每个 Reduce Task 不断地通过 RPC 从 JobTracker 那里获取 Map Task 是否完成的信息，如果 Reduce Task 得到通知，某台 TaskTracker 上的 Map Task 已经执行完成，则 Shuffle 的后半段过程就会开始启动。

2．Reduce 端的 Shuffle 过程

简单地说，Reduce Task 前面的工作就是不断地拉取当前 Job 里每个 Map Task 的最终结果，然后对从不同地方拉取过来的数据不断地执行 Merge(整合)操作，最终形成一个文件作为 Reduce Task 的输入文件，如图 6-6 所示。

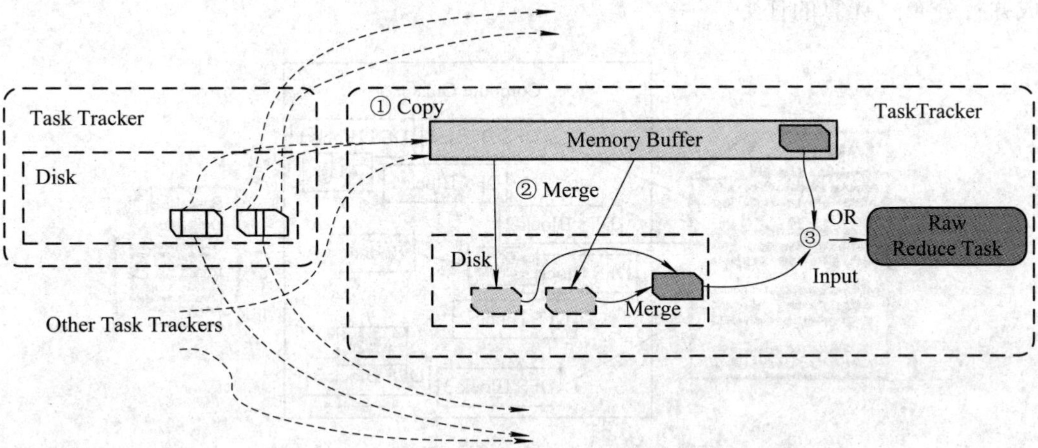

图 6-6 Reduce 端的 Shuffle 过程

与 Map 端一样，Shuffle 在 Reduce 端的过程也能用三个步骤来概括，下面分别描述这一过程的细节：

(1) 复制过程，简单地拉取数据。Reduce 进程启动一些数据复制线程(Fetcher)，通过 HTTP 方式，请求 Map Task 所在的 TaskTracker 获取 Map Task 的输出文件。因为 Map Task 早已结束，这些输出文件在本地磁盘中由 TaskTracker 管理。

(2) Merge 阶段。这里的 Merge 操作与 Map 端的相同，只是数组中存放的是从不同 Map 端复制而来的数值，这些复制来的数据会先放入内存缓冲区中，但这里的缓冲区大小要比 Map 端的更灵活，因为 Shuffle 阶段 Reducer 是不运行的，所以会把绝大部分的内存都给 Shuffle 使用。这里需要强调的是，Merge 有三种方式：内存到内存；内存到磁盘；磁盘到磁盘。默认情况下，第一种方式是不启用的，而当内存中的数据量到达一定阈值，就会启动第二种内存到磁盘的 Merge 方式，与 Map 端类似，这也是一个溢写的过程，如果在此之前设置有 Combiner，此时也会启用，然后在磁盘中生成众多的溢写文件，第二种形式的 Merge 会一直运行，直到没有 Map 端的数据时才结束，然后启动第三种磁盘到磁盘的 Merge 方式，生成最终的文件。

(3) 准备输入 Reducer 的文件在不断地进行 Merge 之后，最后会生成一个"最终文件"，加引号的原因是这个文件既可能存放于磁盘上，也可能存放于内存中。虽然我们更希望它存放于内存中，就可以直接作为 Reducer 的输入，但默认情况下该文件是存放于磁

盘中的。当 Reducer 的输入文件已经确定，整个 Shuffle 过程才最终结束，然后 Reducer 就会执行合并工作，并把工作结果存入 HDFS 中。

6.5　并行计算的实现

MapReduce 计算模型非常适合在大量计算机组成的大规模集群上并行运行。如图 6-7 所示，每一个 Map 任务和每一个 Reduce 任务均可以同时运行在一个单独的计算节点上，可想而知，其运算效率是很高的。那么，这样的并行计算是如何实现的呢？实际上，这里涉及到了三个方面的内容：数据分布存储、分布式并行计算和本地计算，三者共同合作，完成并行分布式计算的任务。

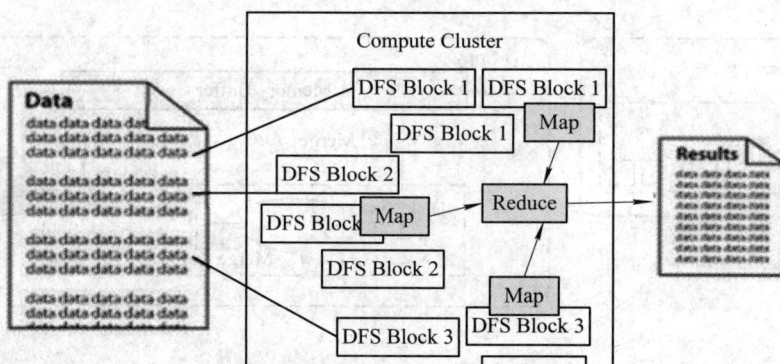

图 6-7　分布存储与并行计算

6.5.1　数据分布存储

Hadoop 中的分布式文件系统 HDFS 由一个管理节点(NameNode)和 N 个数据节点(DataNode)组成，每个节点均是一台普通的计算机。在使用方面与我们熟悉的单机文件系统非常类似，同样可以新建目录、创建、复制、删除文件以及查看文件内容等。但其在底层实现方面则是把文件切割成 Block，然后将这些 Block 分散存储在不同的 DataNode 上，每个 Block 还可以复制数份存储于不同的 DataNode 上，达到容错容灾的目的。NameNode 是整个 HDFS 的核心，它通过维护一些数据结构，记录下每一个文件被切割成了多少个 Block，这些 Block 可以从哪些 DataNode 中获得以及各个 DataNode 的状态等重要信息。

6.5.2　分布式并行计算

Hadoop 中有的 JobTracker 用于调度和管理其他的 TaskTracker。JobTracker 可以运行在集群中任一台计算机上，但负责执行任务的 TaskTracker 必须运行在 DataNode 上，即 DataNode 既是数据存储节点，也是计算节点。

在进行 MapReduce 的任务调度时，首先要保证 Master 节点(主节点)的 NameNode、

SecondaryNameNode、JobTracker 和 Slave 节点(从节点)的 DataNode、TaskTracker 都已经启动。

具体来说，MapReduce 任务请求调度的过程包括以下两步：

(1) JobClient 提交作业。

MapRedcue 作业通过 JobClient.runJob(job)静态方法实例化一个 JobClient 的实例，然后用此实例的 submitJob(job)方法向 JobTracker 提交作业，submitJob(job)方法会返回一个 RunningJob 对象，用来跟踪作业的状态。作业提交完毕后，JobClient 会根据此对象开始关注作业的进度，直到作业完成。submitJob(job)内部是通过调用 submitJobInternal(job)方法完成实质性的作业提交的。submitJobInternal(job)方法首先会向 Hadoop 分布式文件系统(HDFS)依次上传三个文件 job.jar、job.split 和 job.xml，其中，job.jar 里面包含了执行此任务需要的各种类，比如 Mapper、Reducer 等实现；job.split 是文件分块的相关信息，比如数据分多少个块、块的大小(默认 64 MB)等；job.xml 是有关的作业配置，例如 Mapper、Combiner、Reducer 的类型，输入/输出格式的类型等。

(2) JobTacker 调度作业。

JobTracker 一直在等待 JobClient 通过 RPC 向其提交作业，当它接到 JobClient 提交的作业后，即在 JobTracker.submitJob(job)方法中首先产生一个 JobInProgress 对象，该对象代表一项作业，它的作用是维护这道作业的所有信息，包括作业相关信息 JobProfile 和最近作业状态 JobStatus，并将规划所有作业的 Task 登记到任务列表中。随后 JobTracker 将此 JobInProgress 对象通过 listener.jobAdded(job)方法加入到调度队列中，并用一个成员变量 jobs 来维护所有的作业，等到 TaskTracker 有空闲，就使用 JobTracker.AssignTask (TaskTracker)来请求任务，如果调度队列不空，程序便通过调度算法取出一个 Task 任务交给请求的 TaskTracker 去执行，至此，整个任务分配过程基本完成。

MapReduce 任务请求的调度过程如图 6-8 所示。

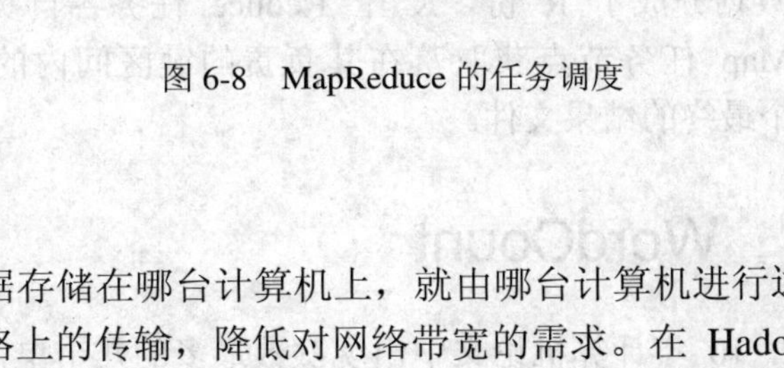

图 6-8　MapReduce 的任务调度

6.5.3　本地计算

本地计算，即数据存储在哪台计算机上，就由哪台计算机进行这部分数据的计算，这样可以减少数据在网络上的传输，降低对网络带宽的需求。在 Hadoop 这样的基于集群的分布式并行系统中，计算节点可以很方便地扩充，因为它所能够提供的计算能力近乎是无限的，但是由于数据需要在不同的计算机之间流动，故而对网络带宽的要求比较高，这种情况下，本地计算就是最有效的一种节约网络带宽的手段，业界将其形容为"移动计算比移动数据更经济"。

6.5.4　任务粒度

把原始大数据集切分成小数据集时，需要控制好切分粒度，通常是让小数据集小于或等于 HDFS 中一个数据块的大小(默认是 64 MB)，这样能够保证一个小数据集位于一台计算机上，便于进行本地计算。如果有 M 个小数据集待处理，就启动 M 个 Map 任务，且这 M 个 Map 任务是分布于 N 台计算机上并行运行的。Reduce 任务的数量 R 则可由用户指定。

6.5.5　Partition

Partition(划分)是可选配置，主要作用是在有多个 Reduce 的情况下，指定 Map 的结果由某一个 Reduce 处理，每一个 Reduce 都会有单独的输出文件。Partition 会把 Map 任务输出的中间结果按键的范围划分成 R 份(R 是预先定义的 Reduce 任务的个数)，划分时通常使用 Hash 函数，如 hash(key) mod R，这样可以保证某一范围内的键一定是由一个 Reduce 任务来处理，简化 Reduce 的过程。

6.5.6　Combine

在 Partition 之前，还可以对中间结果先进行 Combine(合并)，即将中间结果中有相同键的键值对合并成一对。Combiner 是可选择的，它的主要作用是在每一个 Map 执行完分析以后，在本地优先做 Reduce 的工作，减少中间结果中键值对的数目，从而减少在 Reduce 过程中的数据传输量。Combine 的过程与 Reduce 的过程类似，但 Combine 是作为 Map 任务的一部分，在执行完 Map 函数后紧接着执行的。

6.5.7　Reduce 任务

Map 任务的中间结果在完成 Combine 和 Partition 之后，以文件形式保存于本地磁盘。中间结果文件的位置会被通知给主控 JobTracker，由 JobTracker 再通知 Reduce 任务到哪个 DataNode 上去取中间结果。注意：所有 Map 任务产生的中间结果均按其键的范围使用同一个 Hash 函数划分成了 R 份，R 个 Reduce 任务各自负责一段键区间。每个 Reduce 需要从多个 Map 任务节点获取落在其负责的键区间内的中间结果，然后执行 Reduce 函数，形成一个最终的结果文件。

6.6　实例分析：WordCount

如果需要统计过去 10 年计算机论文中出现次数最多的几个单词，以分析当前的热点研究议题是什么，那将论文样本收集完毕之后，接下来该怎么办呢？这一经典的 WordCount 案例可以采用以下几种方法解决：

方法一：写一个小程序，把所有论文按顺序遍历一遍，统计每一个单词的出现次数，最后就可以知道哪几个单词最热门了。这种方法在数据集比较小时，是非常有效的，而且实现起来最为简单，用来解决这个问题很合适。

　　方法二：写一个多线程程序，并发遍历论文。此类问题理论上是可以进行高度并发处理的，因为统计一个文件时不会影响对另一个文件的统计。当机器是多核或者多处理器时，使用方法二比方法一高效，但是，写一个多线程程序要比写一个单线程程序困难得多，用户必须自己同步共享数据，比如，要防止两个线程重复统计文件。

　　方法三：把作业交给多个计算机去完成。可以将方法一的程序部署到 N 台机器上，然后把论文集分成 N 份，一台机器执行一个作业。这种方法效率足够高，但是部署起来很麻烦——需要人工把程序复制分发到别的机器，需要人工把论文集分开，还需要人工把 N 个运行结果进行整合。

　　方法四：使用 MapReduce。MapReduce 本质上就是方法三，但是如何拆分文件集、如何复制分发程序、如何整合结果都是框架定义好的。用户只需要定义好这个任务(用户程序)，其他都可以交给 MapReduce 去处理。

6.6.1　设　计　思　路

　　如同 Java 中的"HelloWorld"经典程序一样，WordCount 是 MapReduce 的入门程序，该程序要求计算出文件中各个单词的频数，并将输出结果按照单词的字母顺序进行排序，每个单词和其频数占一行，且单词和频数之间有间隔。

　　例如，输入一个文件，其内容如下：

hello world hello hadoop hello mapreduce

　　其符合要求的输出结果为：

hadoop 1 hello 3 mapreduce 1 world 1

　　上面这个应用实例的解决方案很直接，就是将文件内容切分成单词，然后将所有相同的单词聚集到一起，最后计算单词出现的次数并输出计算结果。根据 MapReduce 并行程序设计的原则可知：解决方案中的内容切分步骤和内容不相关，可以并行化处理，每个拿到原始数据的机器只要将输入数据切分成单词就可以了，因此，可以在 Map 阶段完成单词切分的任务；另外，相同单词的频数计算也可以并行化处理，根据实例要求来看，不同单词之间的频数并不相关，所以，可将相同的单词交给一台机器来计算频数，然后输出最终结果，该任务可由 Reduce 阶段完成；至于将中间结果根据不同单词进行分组，然后再发送给 Reduce 机器的任务，则可由 MapReduce 中的 Shuffle 阶段完成。

　　至此，上述实例的 MapReduce 程序就设计完成了：Map 阶段完成由数据输入到单词切分的工作；Shuffle 阶段完成相同单词的聚集和分发工作(这一过程是 MapReduce 的默认过程，不需要具体配置)；Reduce 阶段则完成接收所有单词并计算其频数的工作。由于 MapReduce 中传递的数据都是键值对形式的，而且 Shuffle 的排序、聚集和分发都是按照键值进行的，因此可以将 Map 的输出设计成以 word 作为键，1 作为值的形式，表示单词出现了 1 次(Map 的输入采用 Hadoop 默认的输入方式，即文件的一行作为值，行号作为键)。Reduce 的输入是 Map 输出聚集后的结果，即<key,value-list>，具体到这个实例就是 <word,{1,1,1,1,…}>；Reduce 的输出则可以设计成与 Map 输出相同的形式，只是后面的数值不再是固定的 1，而是具体算出的 word 所对应的频数。

6.6.2 程序源代码

WordCount 类程序的源代码如下：

```
import java.io.IOException;
import java.io.PrintStream;
import java.util.StringTokenizer;
import org.apache.hadoop.conf.Configuration;
import org.apache.hadoop.fs.Path;
import org.apache.hadoop.io.IntWritable;
import org.apache.hadoop.io.Text;
import org.apache.hadoop.mapreduce.Job;
import org.apache.hadoop.mapreduce.Mapper;
import org.apache.hadoop.mapreduce.Mapper.Context;
import org.apache.hadoop.mapreduce.Reducer;
import org.apache.hadoop.mapreduce.Reducer.Context;
import org.apache.hadoop.mapreduce.lib.input.FileInputFormat;
import org.apache.hadoop.mapreduce.lib.output.FileOutputFormat;
import org.apache.hadoop.util.GenericOptionsParser;

public class WordCount
{
  public static void main(String[] args)
    throws Exception
  {
    Configuration conf = new Configuration();
    String[] otherArgs = new GenericOptionsParser(conf, args).getRemainingArgs();
    if (otherArgs.length < 2) {
      System.err.println("Usage: wordcount <in> [<in>...] <out>");
      System.exit(2);
    }
    Job job = Job.getInstance(conf, "word count");
    job.setJarByClass(WordCount.class);
    job.setMapperClass(TokenizerMapper.class);
    job.setCombinerClass(IntSumReducer.class);
    job.setReducerClass(IntSumReducer.class);
    job.setOutputKeyClass(Text.class);
    job.setOutputValueClass(IntWritable.class);
    for (int i = 0; i < otherArgs.length - 1; i++) {
```

```
            FileInputFormat.addInputPath(job, new Path(otherArgs[i]));
        }
        FileOutputFormat.setOutputPath(job, new Path(otherArgs[(otherArgs.length - 1)]));

        System.exit(job.waitForCompletion(true) ? 0 : 1);
    }

    public static class IntSumReducer extends Reducer<Text, IntWritable, Text, IntWritable>
    {
        private IntWritable result = new IntWritable();

        public void reduce(Text key, Iterable<IntWritable> values, Reducer<Text, IntWritable, Text,
IntWritable>.Context context)
            throws IOException, InterruptedException
        {
            int sum = 0;
            for (IntWritable val : values) {
                sum += val.get();
            }
            this.result.set(sum);
            context.write(key, this.result);
        }
    }

    public static class TokenizerMapper extends Mapper<Object, Text, Text, IntWritable>
    {
        private static final IntWritable one = new IntWritable(1);
        private Text word = new Text();

        public void map(Object key, Text value, Mapper<Object, Text, Text, IntWritable>.Context context) throws
IOException, InterruptedException
        {
            StringTokenizer itr = new StringTokenizer(value.toString());
            while (itr.hasMoreTokens()) {
                this.word.set(itr.nextToken());
                context.write(this.word, one);
            }
        }
    }
}
```

6.6.3 程序解读

1．数据类型介绍

Hadoop 提供了以下几种数据类型，这些数据类型都实现了 WritableComparable 接口，以便用这些类型定义的数据可以被序列化，并能够在分布式环境中进行数据交换，可以理解为 Java 数据类型的替代品。

- ◇ BooleanWritable：标准布尔型数值。
- ◇ ByteWritable：单字节数值。
- ◇ DoubleWritable：双字节数值。
- ◇ FloatWritable：浮点数值。
- ◇ IntWritable：整型数值。
- ◇ LongWritable：长整型数值。
- ◇ Text：使用 UTF8 格式存储的文本，可以理解为 String 的替代品。

2．main 代码分析

（1）Configuration。

```
Configuration conf = new Configuration();
```

运行 MapReduce 程序之前，都需要先初始化 Configuration 类，该类的主要作用是读取 MapReduce 的系统配置信息，包括 HDFS 和 MapReduce，也就是安装 Hadoop 时候的配置文件，例如 core-site.xml、hdfs-site.xml 和 mapred-site.xml 等文件里的信息。

（2）GenericOptionsParser。

```
String[] otherArgs = new GenericOptionsParser(conf, args).getRemainingArgs();
    if (otherArgs.length < 2) {
    System.err.println("Usage: wordcount <in> [<in>...] <out>");
    System.exit(2);
}
```

GenericOptionsParser 是 Hadoop 框架中解析命令行参数的基本类，上面代码中，getRemainingArgs 返回命令行中的路径数组。运行 WordCount 程序的时候，main 的参数不少于两个，最后一个参数为输出路径，其他参数为输入路径。

（3）Job。

```
Job job = new Job(conf, "word count");
job.setJarByClass(WordCount.class);
job.setMapperClass(TokenizerMapper.class);
job.setCombinerClass(IntSumReducer.class);
job.setReducerClass(IntSumReducer.class);
```

第一行是在构建一个 Job。在 MapReduce 框架里，一个 MapReduce 任务(或称 MapReduce 作业)也叫作一个 MapReduce 的 Job，而具体的 Map 和 Reduce 运算则被称为 Task。这里的 Job 构建时有两个参数，一个是 conf，一个是这个 Job 的名称。

第二行装载程序员编写好的计算程序，例如我们的程序类名 WordCount。这里需要纠正一点：虽然编写 MapReduce 程序只需要实现 Map 函数和 Reduce 函数，但是实际开发时需要实现三个类，第三个类是负责配置 MapReduce 如何运行 Map 和 Reduce 函数的，准确地说，就是构建一个 MapReduce 能执行的 Job，例如 WordCount 类。

第三行和第五行装载 Map 函数和 Reduce 函数的实现类，中间多出的第四行装载的是 Combiner 类，这个类和 MapReduce 的运行机制有关，虽然本例去掉第四行也没有关系，但是使用了第四行理论上运行效率会更高。

以下代码定义了输出的键值对的类型，也就是最终存储在 HDFS 上的结果文件的键值对的类型。

```
job.setOutputKeyClass(Text.class);
job.setOutputValueClass(IntWritable.class);
```

以下代码定义了输入和输出路径，其中，第一行构建输入的数据文件，第二行构建输出的数据文件，最后一行定义了如果 Job 运行成功，程序就会正常退出。

```
FileInputFormat.addInputPath(job, new Path(otherArgs[0]));
FileOutputFormat.setOutputPath(job, new Path(otherArgs[1]));
System.exit(job.waitForCompletion(true) ? 0 : 1);
```

3. TokenizerMapper 类代码分析

TokenizerMapper 类中 map 函数的代码如下：

```
public void map(Object key, Text value, Mapper<Object, Text, Text, IntWritable>.Context context)
```

Map 函数每次接收到的数据是 Hadoop 切分之后的数据，即为一行数据。所以在本程序中，value 参数接收的是输入文件的某一行数据。

下面代码中，变量 one 为常量，表示单词出现了一次，变量 word 用于保存单词。

```
private static final IntWritable one = new IntWritable(1);
    private Text word = new Text();
```

因为变量 value 的值为一行字符串数据，所以使用 StringTokenizer 类对该行字符串进行切分，然后把切分之后的单词分别记为出现了一次。对象 context 通过 write(key,value) 方法添加参数，即(单词,1)，代码如下：

```
 public void map(Object key, Text value, Mapper<Object, Text, Text, IntWritable>.Context context) throws
IOException, InterruptedException
    {
    StringTokenizer itr = new StringTokenizer(value.toString());
    while (itr.hasMoreTokens()) {
      this.word.set(itr.nextToken());
      context.write(this.word, one);
    }
```

以对一个有三行文本的文件进行 Map 操作为例，该文件内容如下：

```
Hello World Bye World
Hello Hadoop Bye Hadoop
Bye Hadoop Hello Hadoop
```

执行 Map1，读取第一行 Hello World Bye World，分割单词后输出结果：

`<Hello,1><World,1><Bye,1><World,1>`

执行 Map2，读取第二行 Hello Hadoop Bye Hadoop，分割单词后输出结果：

`<Hello,1><Hadoop,1><Bye,1><Hadoop,1>`

执行 Map3，读取第三行 Bye Hadoop Hello Hadoop，分割单词后输出结果：

`<Bye,1><Hadoop,1><Hello,1><Hadoop,1>`

整个过程如图 6-9 所示。

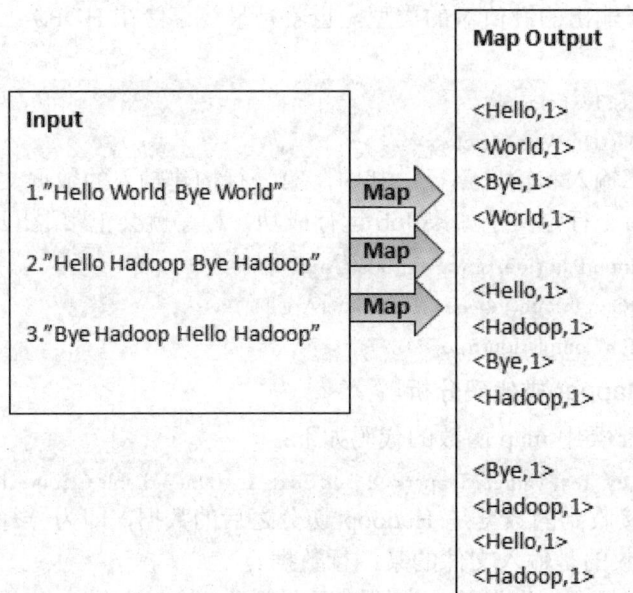

图 6-9　WordCount 案例的 Map 过程

4．IntSumReducer 类代码分析

IntSumReducer 类的 Reduce 函数的代码如下：

```
public void reduce(Text key, Iterable<IntWritable> values, Reducer<Text, IntWritable, Text,
IntWritable>.Context context)
    throws IOException, InterruptedException
{
int sum = 0;
for (IntWritable val : values) {
    sum += val.get();
}
this.result.set(sum);
context.write(key, this.result);
}
```

Reduce 操作是对 Map 的结果进行合并，最后得出词频。对于 Map 输出的<key,value>
形式的数据，Hadoop 会根据相同的键将其组合成值的数组。在图 6-9 的例子中，Reduce

函数接收到的数据为<Bye,1,1,1><Hadoop,1,1,1,1><Hello,1,1,1><World,1,1>，随后 Reduce 函数会将变量值数组中的值循环相加，分别统计每个单词出现的总次数，最终输出的结果为<Bye,3><Hadoop,4><Hello,3><World,2>，如图 6-10 所示。

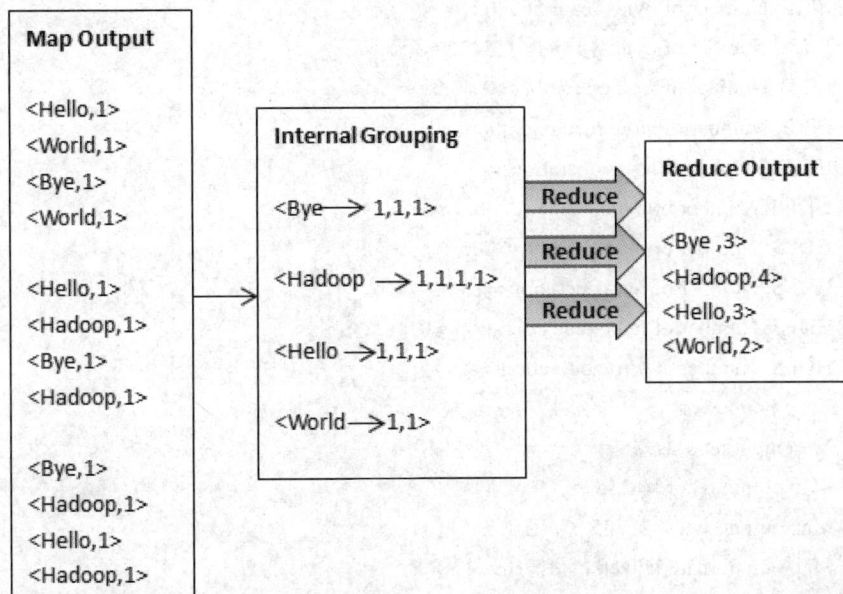

图 6-10　WordCount 案例的 Reduce 过程

6.6.4　使用 Hadoop 运行程序

执行如下命令，在 HDFS 中，创建 input 文件目录。

```
$hadoop fs -mkdir /input
```

在 Hadoop 目录下，找到文件 LICENSE.txt，执行如下命令，将其放到 HDFS 的 input 目录下。

```
$hadoop fs -put LICENSE.txt   /input
```

执行如下命令，查看是否成功上传文件。

```
$ hadoop fs -ls hdfs:/input
Found 1 items
-rw-r--r--    3 hadoop supergroup        15429 2016-09-05 22:44 hdfs:///input/LICENSE.txt
```

执行如下命令，运行 WordCount 程序。

```
$ hadoop jar share/hadoop/mapreduce/hadoop-mapreduce-examples-2.7.0.jar wordcount /input /output
```

运行过程中，如果看到如下信息，表示程序运行正常。

```
16/09/05 22:51:27 INFO mapred.LocalJobRunner: reduce > reduce
16/09/05 22:51:27 INFO mapred.Task: Task 'attempt_local1035441982_0001_r_000000_0' done.
16/09/05 22:51:27 INFO mapred.LocalJobRunner: Finishing task: attempt_local1035441982_0001_r_000000_0
16/09/05 22:51:27 INFO mapred.LocalJobRunner: reduce task executor complete.
16/09/05 22:51:28 INFO mapreduce.Job:   map 100% reduce 100%
```

16/09/05 22:51:28 INFO mapreduce.Job: Job job_local1035441982_0001 completed successfully

16/09/05 22:51:28 INFO mapreduce.Job: Counters: 35

  File System Counters

    FILE: Number of bytes read=569202

    FILE: Number of bytes written=1134222

    FILE: Number of read operations=0

    FILE: Number of large read operations=0

    FILE: Number of write operations=0

    HDFS: Number of bytes read=30858

    HDFS: Number of bytes written=8006

    HDFS: Number of read operations=13

    HDFS: Number of large read operations=0

    HDFS: Number of write operations=4

  Map-Reduce Framework

    Map input records=289

    Map output records=2157

    Map output bytes=22735

    Map output materialized bytes=10992

    Input split bytes=104

    Combine input records=2157

    Combine output records=755

    Reduce input groups=755

    Reduce shuffle bytes=10992

    Reduce input records=755

    Reduce output records=755

    Spilled Records=1510

    Shuffled Maps =1

    Failed Shuffles=0

    Merged Map outputs=1

    GC time elapsed (ms)=221

    Total committed heap usage (bytes)=242360320

  Shuffle Errors

    BAD_ID=0

    CONNECTION=0

    IO_ERROR=0

    WRONG_LENGTH=0

    WRONG_MAP=0

    WRONG_REDUCE=0

  File Input Format Counters

    Bytes Read=15429

```
File Output Format Counters
          Bytes Written=8006
```

程序运行的结果以文件的形式存放在 HDFS 系统的 output 目录中，其地址如下：

```
hadoop@ubuntu:~/soft/hadoop-2.7.0$ hadoop fs -get hdfs:/output
```

将运行结果文件下载到本地，查看统计结果，如图 6-11 所示。

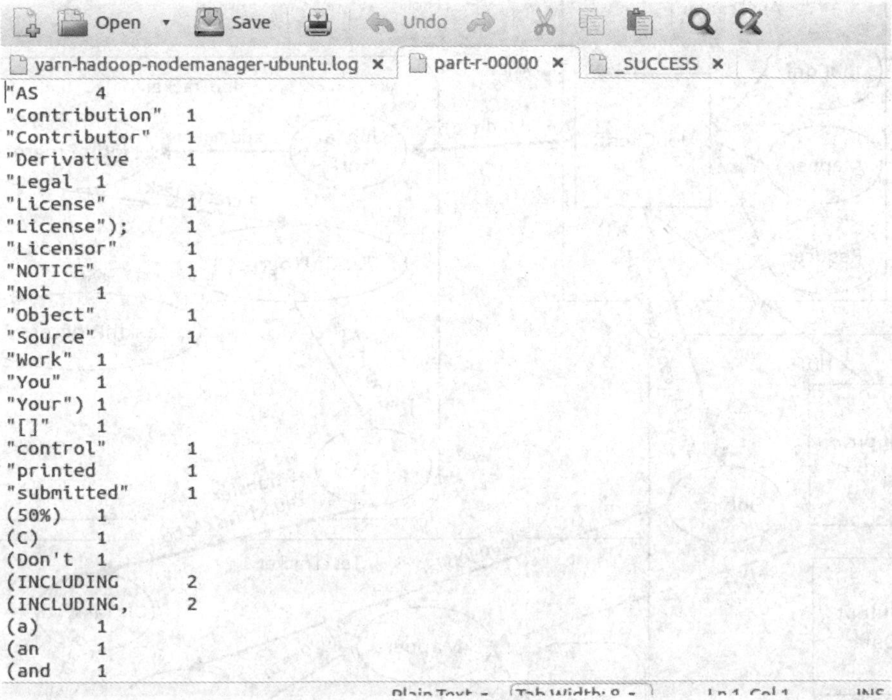

图 6-11　WordCount 统计结果

6.7　MapReduce 新框架 YARN

YARN 带来了巨大的改变，它改变了 Hadoop 计算组件(MapReduce)切分和重新组成处理任务的方式，因为 YARN 把 MapReduce 的追踪组件切分成两个不同的部分：资源管理器和应用调度，有助于更加轻松地同时运行 MapReduce 或 Storm 这样的任务以及 HBase 等服务。Hadoop 的共同创始人之一 Doug Cutting 表示："它使得其他非 MapReduce 的工作负载现在可以更有效地与 MapReduce 分享资源。现在这些系统可以动态地分享资源，资源也可以设置优先级"。

Hadoop 项目的发起人 Cutting 和 Bhandarkar 声称这种方法是受到了 Apache 项目 Mesos 集群管理系统以及谷歌 Borg 和 Omega 秘密项目的一些影响。YARN 的出现，使得 Hadoop 变成一个针对数据中心的操作系统，可以支持广泛的应用。

6.7.1　原 Hadoop MapReduce 框架的问题

原 MapReduce 程序的流程及设计思路如图 6-12 所示。

(1) 用户程序(JobClient)提交了一个 Job(作业)，Job 的信息会发送到 JobTracker 中，JobTracker 是 MapReduce 框架的中心，它需要与集群中的机器定时通信(Heartbeat，又称心跳信息)，需要管理哪些程序应该运行在哪些机器上，需要管理所有 Job 的失败、重启等操作。

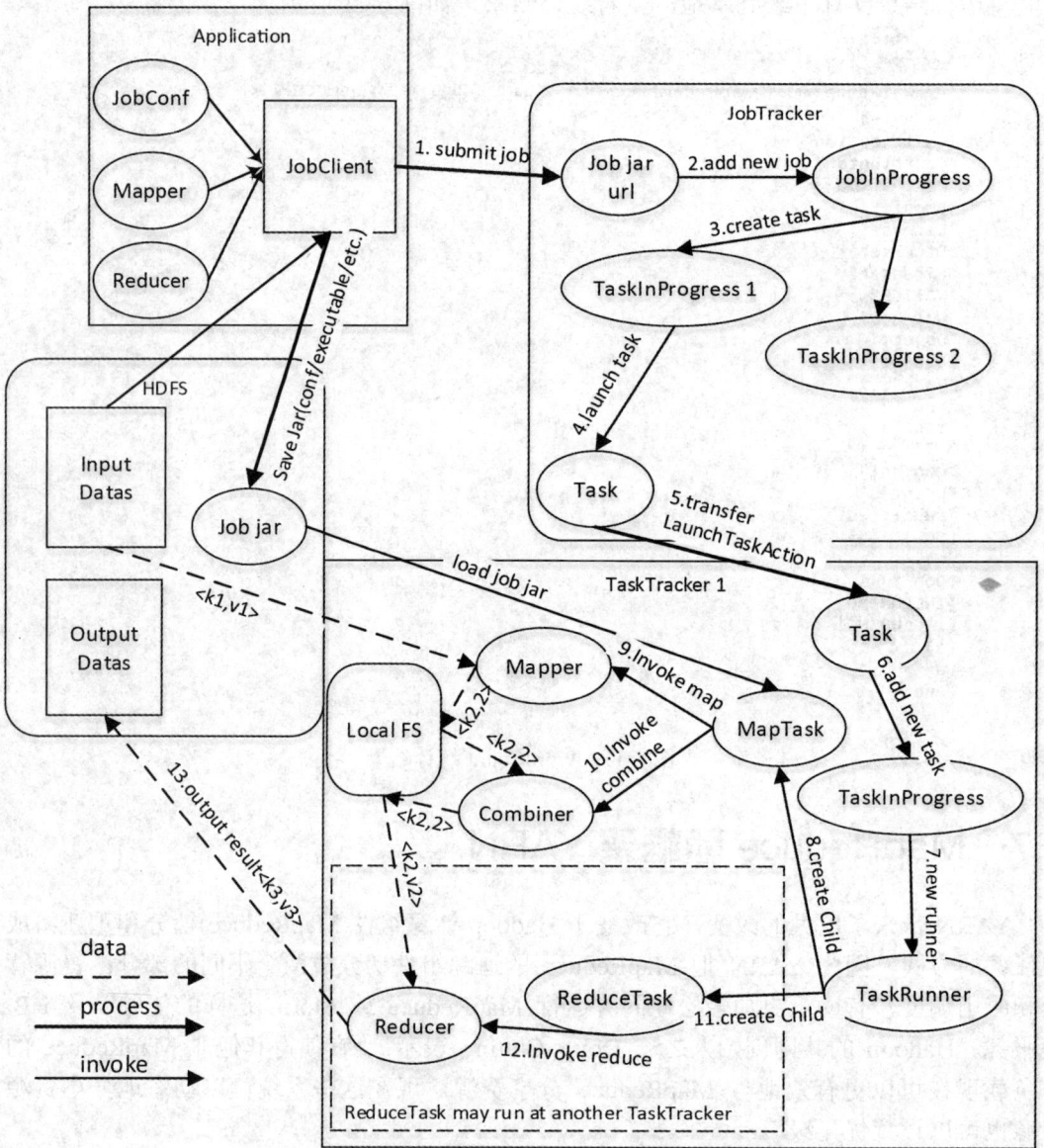

图 6-12　原 Hadoop MapReduce 架构

(2) TaskTracker 是 MapReduce 集群中每台机器都有的一个组成部分，它的工作主要是监视自己所在机器的资源情况。

(3) TaskTracker 同时也会监视当前机器的任务运行状况，并将这些信息通过 Heartbeat 发送给 JobTracker，JobTracker 会搜集这些信息以确定新提交的 Job 要分配在哪些机器上运行。图 6-12 中的虚线箭头即表示这一消息的"发送—接收"过程。

可以看出，原有的 MapReduce 架构简单明了，在最初推出的几年，也创造了众多的成功案例，获得业界广泛的支持和肯定。但是，随着分布式系统集群的规模及其工作负荷的增大，原框架的问题逐渐浮出水面，主要的问题集中如下：

(1) JobTracker 是 MapReduce 的集中处理点，容易存在单点故障。

(2) JobTracker 完成了太多的任务，造成了过多的资源消耗，当 MapReduce 的 Job 非常多的时候，会造成很大的内存开销，潜在来说，也增加了 JobTracker 失败的风险，这也是业界总结出来的一个结论，即原 Hadoop 的 MapReduce 只能支持上限为 4000 的主机节点。

(3) 在 TaskTracker 端，以 MapReduce 任务的数目来表示资源的做法过于简单，没有考虑到 CPU 和内存的占用情况，如果两个内存消耗多的任务被调度到了一起，很容易出现内存溢出(Out of Memory)。

(4) 在 TaskTracker 端，会把资源强制划分为 Map Task Slot 和 Reduce Task Slot，但如果系统中只有 Map Task 或者只有 Reduce Task 的时候，就会造成资源的浪费，也就是前面提到的集群资源利用问题。

(5) 在对源代码进行分析的时候，会发现代码非常难读，经常出现一个类(Class)由于承担太多任务，代码量可能高达 3000 多行，导致类的任务不清晰，增加 bug 修复和版本维护的难度。

(6) 从操作的角度来看，原有的 Hadoop MapReduce 框架在发生任何重要的或者不重要的变化时(例如 bug 修复、性能提升和特性化等)，都会强制进行系统级别的升级更新。更糟的是，它无视用户的喜好，强制让分布式集群系统的每一个用户端同时更新。这些更新会让用户为了验证他们之前的应用程序是否适用于新的 Hadoop 版本而浪费大量时间。

6.7.2　Hadoop YARN 框架的原理及运作机制

从业界对分布式系统的需求趋势和 Hadoop 框架的长远发展来看，MapReduce 的 JobTracker/TaskTracker 机制必须进行大规模的调整，以修复其在可扩展性、内存消耗、线程模型、可靠性和性能上的缺陷。在开始的几年中，Hadoop 开发团队进行了一些 bug 的修复，但是这些修复的成本越来越高，表明对原框架作出改变的难度越来越大。

为从根本上解决旧 MapReduce 框架的性能瓶颈，谋求 Hadoop 框架的更长远发展，从版本 0.23.0 开始，Hadoop 的 MapReduce 框架从根本上完全重构，新的 Hadoop MapReduce 框架被命名为 MapReduce V2 或者 YARN，其架构如图 6-13 所示。

此次重构的基本思想是：将 JobTracker 的两个主要功能——资源管理和任务调度/监控——分离成单独的组件。新的 ResourceManager 全局管理所有应用程序计算资源的分配，而每一个应用的 ApplicationMaster 负责相应的调度和协调。实际上，每一个应用的 ApplicationMaster 都是一个详细的框架库，它结合从 ResourceManager 获得的资源，与 NodeManager 协同工作来执行并监控任务。ResourceManager 支持分层级的应用队列，这些队列享有集群一定比例的资源，某种意义上讲，ResourceManager 就是一个纯粹的调度器，它在执行过程中不对应用进行监控和状态跟踪，同样，它也不能重启因应用失败或硬件错误而运行失败的任务。

ResourceManager 是基于应用程序对资源的需求进行调度的，资源包括内存、CPU、磁盘、网络等，而每一个应用程序需要不同类型的资源，可以看出，这与原来的 MapReduce 固定类型的资源使用模型有显著区别，相比之下，原来的模型显然会给集群的使用带来负面影响。ResourceManager 提供一个调度策略插件，它负责将集群资源分配给多个队列和应用程序，调度插件可以基于现有的能力调度资源。

NodeManager 是每一台机器框架的代理，是执行应用程序的容器，它监控应用程序的资源使用情况(CPU、内存、硬盘、网络等)并向调度器汇报。每一个应用的 ApplicationMaster 的职责包括：向调度器索要适当的资源容器；运行任务；跟踪应用程序的状态并监控它们的进程；处理任务失败的原因。

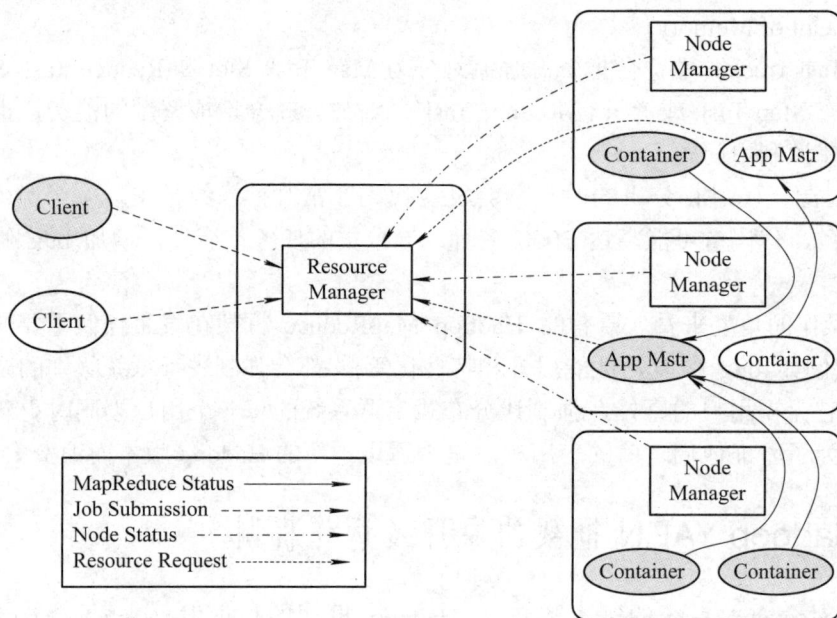

图 6-13 Hadoop MapReduce 的新框架(YARN)架构

6.7.3 新旧 Hadoop MapReduce 框架对比

新的 YARN 框架相对于旧的 MapRduce 框架而言，其配置文件、启停脚本及全局变量等都发生了一些变化，但新旧 MapReduce 框架的客户端没有发生变化，其调用 API 及接口大部分保持兼容，这也是为了使开发者不必对原有代码作大的改变。但是，原框架中核心的 JobTracker 和 TaskTracker 不见了，取而代之的是 ResourceManager、ApplicationMaster 与 NodeManager 三个部分，三者的具体功能如下：

(1) ResourceManager：ResourceManager 是一个中心的服务，它的工作是调度、启动每一个 Job 所属的 ApplicationMaster，并且监控 ApplicationMaster 的存在情况。ResourceManager 负责作业与资源的调度，它接收 JobSubmitter 提交的作业，按照作业的上、下文(Context)信息以及从 NodeManager 收集来的状态信息，启动调度过程，并分配一个 Container 作为 ApplicationMaster。

(2) ApplicationMaster：负责一个 Job 生命周期内的所有工作，类似旧 MapReduce 框架中的 JobTracker。但要注意，每一个 Job(不是每一种)都有一个 ApplicationMaster，它可以运行在 ResourceManager 以外的机器上。

(3) NodeManager：功能比较专一，即负责 Container 状态的维护，并与 ResourceManager 保持通信。

YARN 框架相对于旧 MapReduce 框架的优势具体表现在以下几个方面：

(1) 大大减少了 JobTracker(也就是现在的 ResourceManager)的资源消耗，并且使监测每一个 Job 子任务的程序分布式部署，使程序更安全、更顺畅。

(2) 在新的 YARN 中，ApplicationMaster 是一个可变更的部分，用户可以针对不同的编程模型编写自己的 ApplicationMaster，让更多类型的编程模型能够运行在 Hadoop 集群中。

(3) 对资源的表示以内存为单位(目前版本的 YARN 尚未考虑 CPU 的占用)，比之前以剩余 Slot 数目为单位更合理。

(4) 原框架中，JobTracker 的一个很大负担就是要监控 Job 下的 Tasks 的运行状况，而现在这个部分由 ApplicationMaster 负责，在 ResourceManager 中有一个模块叫作 ApplicationsMasters(注意不是 ApplicationMaster)，其功能是监测 ApplicationMaster 的运行状况，如果某个机器的 ApplicationMaster 出现问题，ApplicationsMasters 会将其在其他机器上重启。

(5) Container 是 YARN 为实现资源隔离而提出的一个框架，这一点应是借鉴了 Mesos 的思路，目前这个框架仅能实现 Java 虚拟机内存的隔离，但按照 Hadoop 团队的设计思路，后续会支持更多的资源调度和控制项。

本 章 小 结

◇ MapReduce 运行机制中的主要组件包括 Client、ResourceManager、NameNode、ApplicationMaster、NodeManager、DataNode 与 Container。

◇ MapReduce 计算模型中的每一个 Map 任务和每一个 Reduce 任务均可以同时运行在一个单独的计算节点上，极大地提高了运算效率，这种并行计算是由数据分布存储、分布式并行计算和本地计算三者共同合作完成的。

◇ Hadoop 中的分布式文件系统 HDFS 由一个管理节点(NameNode)和 N 个数据节点(DataNode)组成，使用时，NameNode 会把文件切割成 Block(数据块)，然后将这些 Block 分散存储于不同的 DataNode 上，每个 Block 还可以复制数份存储于不同的 DataNode 上，达到容错容灾的目的。

◇ YARN 改变了 Hadoop 计算组件(MapReduce)切分和重新组成处理任务的方式，有助于更加轻松地同时运行 MapReduce 任务。

本 章 练 习

1. MapReduce 运行机制中的主要组件有哪些？
2. 简述 MapReduce 的工作流程。
3. 对比传统的 MapReduce 框架，YARN 带来的变化主要有哪些？
4. 简述 YARN 的原理及运作机制。

第 7 章　Pig 简介

本章目标

- 了解 Pig 的作用
- 了解 Pig 的设计思想
- 了解 Pig 的运行模式
- 掌握 Pig Latin 的基础知识
- 掌握 Pig 脚本的运行方法

7.1 Pig 概述

Pig 是 Hadoop 的一个扩展，它简化了 Hadoop 的编程，提供了一套高级数据处理语言，且保持了 Hadoop 易于扩展与可靠的特性。雅虎是 Hadoop 的一个重量级用户(也是 Hadoop Core 和 Pig 的后台支持者)，它有 40%的 Hadoop 作业是使用 Pig 运行的。

Pig 有两个主要的组成部分：

(1) 高级数据处理语言 Pig Latin。

(2) 依据可供抽样的评价机制编译与运行 Pig Latin 脚本的编译器。

Pig Latin 是 Pig 的脚本语言，该语言具有以下主要特性：

(1) 易于编程。Pig Latin 能非常容易地实现高度并行的数据分析任务。在 Pig 中，由相互关联的数据转换实例所组成的复杂任务被明确地编码为数据流，这使它们的编写更加容易，同时也更容易理解和维护。

(2) 自动优化。Pig 任务编码的方式允许系统自动优化执行过程，使用户能够专注于语义，而非效率。

(3) 可扩展性。用户可以轻松编写自己的函数来对数据进行特殊处理。

Pig 编译器可自动在脚本中发掘出能够优化的空间，使开发人员从手动优化程序的繁琐工作中摆脱出来。随着 Pig 编译器的改进，Pig Latin 程序的运行速度也会自动随之提高。

7.2 Pig 的用途

Pig 的主要应用场景是传统的数据流处理、原生数据研究和迭代处理。其中，数据流处理方面的应用最为广泛，如网络公司需要把收集到的日志进行处理后导入到数据仓库中，这种情况下，数据会先被加载到计算网格中，然后使用 Pig 从中找出有价值的信息。另外，Pig 还可以用来处理离线用户数据，对用户行为进行预测，比如扫描所有的用户和网站的交互数据，将用户进行分类，对每一类建立一个数学模型，通过分析该模型，可以预测某类用户对各种类型的广告或新闻会作出怎样的反应，从而有针对性地展示这类用户感兴趣的广告。

Pig 采用面向数据批处理的模式，因此，如果需要处理大量的数据，如 GB 或者 TB 数量级的数据，则 Pig 是个不错的选择，但对于需要写单条或者少量记录的任务，Pig 并非十分适用。

7.3 Pig 的设计思想

在 Pig 发展早期，开发团队并不清楚该扩展需要具备哪些功能才会被大众所接受，因此他们发布了一个设计思想声明，主要内容包括：不管数据是否有元数据，Pig 都可以操作；不管数据是关系型的、嵌套型的或者是非结构化的，Pig 都可以操作；Pig 还应该很容易扩展，不仅可以操作文件，还可以操作键值型的存储和数据库等。

Pig 是基于 Hadoop 之上实现的，但它的设计目标并非是只能用于 Hadoop 平台。目前，Pig 支持用户自定义字段类型转换函数、用户自定义聚合方法函数和用户自定义条件式函数，允许用户随时整合加入自己的代码。

Pig 还有一个优化控制器，可以重新排列脚本中的操作过程以达到更好的性能，如果用户不希望进行这种优化，也可以很容易地将该控制器关闭，这样就不会改变执行过程。

7.4 Pig 的运行模式

Pig 有两种运行模式：Local 模式和 MapReduce 模式，默认模式为 MapReduce 模式。当 Pig 在 Local 模式下运行时，Pig 只访问本地一台主机；而当 Pig 在 MapReduce 模式下运行时，它将访问一个 Hadoop 集群和 HDFS 的安装位置，此时 Pig 将自动对这个集群进行分配和回收。当用户使用 Pig Latin 语言编程的时候，不必关心程序运行的效率，Pig 系统将会自动对程序进行优化，这样可以大大节省编程时间。

Pig 的 Local 模式和 MapReduce 模式都有三种运行方式，分别为 Grunt Shell 方式、脚本文件方式和嵌入式程序方式。

1. Local 模式

在 Local 模式下，Pig 在单个 JVM 中访问本地文件系统，该模式用于测试或处理小规模数据集。

1）Grunt Shell 方式

使用 Grunt Shell 方式时，需要先开启 Pig 的 Grunt Shell 窗口，在 Linux 终端中执行如下命令即可。

```
$pig –x local
```

这样，Pig 将进入 Grunt Shell 的 Local 模式。注意，如果直接执行$Pig 命令，Pig 将首先检测 Pig 的环境变量设置，然后进入相应的模式，如果没有设置环境变量，则 Pig 将直接进入 Local 模式。

Grunt Shell 窗口与 Windows 系统中的 DOS 窗口非常类似，用户可以在这里逐条输入命令对数据进行操作。Grunt Shell 支持一些基本的实用命令，如执行 help 命令，可以打印出所有可用命令的帮助信息；执行 quit 命令，可以退出 Grunt Shell，执行"kill(空格)某 Hadoop 作业的 ID"命令，可以终止该 Hadoop 作业等。

Pig 的部分参数可以使用 set 命令设置，示例如下：

```
gruot> set debug on
```

该命令使用参数 debug 声明是否打开或关闭调试级别的日志。

Grunt Shell 还支持文件级的实用命令，如 ls 和 cp。Grunt Shell 支持的实用命令与文件命令的详细说明如表 7-1 所示，这些命令大体上是 HDFS 文件系统的 Shell 命令的一个子集。

表 7-1　Grunt Shell 中的实用命令和文件命令

命　令	示　例	说　明
mv	mv filename1 filename2	修改或者移动文件
cd	cd directory	切换当前的工作路径
mkdir	mkdir directory	创建新的目录
rm	rm directory	移除文件或者目录
ls	ls /Data/	显示目录下的文件
quit		退出 Grunt Shell
cat	cat filename	显示文件的内容
copyFromLocal	copyFromLocal localfile hdfsfile	将本地文件上载至 HDFS 中
copyToLocal	copyToLocal hdfsfile localfile	将 HDFS 文件下载至本地磁盘
run	run xxx.pig	在 Grunt 中执行脚本

2) 脚本文件方式

该方式以脚本文件来进行 Pig 命令的批处理运行，这些脚本文件实际上是第一种运行方式中 Pig 命令的集合。

执行如下命令，可在本地模式下运行 Pig 脚本。

```
$pig -x local script.pig
```

其中，script.pig 是要运行的 Pig 脚本，这里需要正确指定该 Pig 脚本的位置，否则系统将无法识别。例如，假设 Pig 脚本位于/root/PigTmp 目录下，则需要写出此脚本的完整路径"/root/PigTmp/script.pig"。

3) 嵌入式程序方式

可以将 Pig 命令嵌入到主机语言中，然后运行这个嵌入式程序。

与运行普通的 Java 程序相同，首先需要编写特定的 Java 程序，并将其编译生成对应的.class 文件或 package 包，然后调用 main 函数运行该程序。

可以使用如下命令，对 Java 源文件进行编译：

```
$javac -cp pig-*.*.*-core.jar local.java
```

其中，pig-*.*.*-core.jar 为 Java 源文件编译过后的打包文件，位于 Pig 安装目录下，local.java 为用户编写的 Java 源文件，两个文件都需要正确指定其位置，举例来说，假设pig-*.*.*-core.jar 文件位于/root/hadoop-0.20.2/目录下，local.java 文件位于/root/PigTmp 目录下，则编译命令应该写成：

```
$javac -cp /root/hadoop-0.20.2/ pig-0.20.2-core.jar/root/PigTmp/local.java
```

编译完成后，Java 会生成一个文件 local.class，可以使用如下命令，调用此文件。

```
$ java -cp pig-*.*.*-core.jar:. local
```

2．MapReduce 模式

在 MapReduce 模式下，Pig 可以访问整个 Hadoop 集群，处理大规模数据集。

1）Grunt Shell 方式

在 Linux 终端上执行如下命令，就可以进入 Grunt Shell 的 MapReduce 模式：

```
$pig -x mapreduce
```

2）脚本文件方式

执行如下命令，可以在 MapReduce 模式下运行 Pig 脚本文件：

```
$Pig -x mapreduce script.pig
```

3）嵌入式程序方式

与 Local 模式相同，在 MapReduce 模式下运行嵌入式程序同样需要经过编译和执行两个步骤，可以使用如下命令完成相应操作：

```
javac -cp pig-xxx-core.jar mapreduce.java
java -cp pig-xxx -core.jar:. mapreduce
```

7.5　Pig Latin

Pig Latin 是 Pig 针对 MapReduce 算法(框架)开发的一套 Shell 脚本，类似用户熟悉的 SQL 语句，这套脚本可以对加载完毕的数据进行排序、过滤、求和、分组(group by)、关联(joining)等操作。

7.5.1　基础知识

Pig Latin 是一种数据流语言，每一步处理都会产生一个新的数据集或者一个新的关系，比如下面这个脚本：

```
input=load'data'
```

该脚本中，"input"是加载数据集 data 之后的结果的关系名称，这里的关系名称即指通常所说的别名，但需要注意的是，关系名称与变量不同，一旦声明了，这个名称就是不变的了。

Pig 中的另一个常见概念是字段名称，它是一个关系所包含的字段(或者称为列)的名称。关系名称和字段名称都必须以字母字符开头，后面可以跟上零个或多个字母、数字或者下划线。

Pig 中的关系名称和字段名称是区分大、小写的，例如"A=load'foo';"和"a=load'foo';"是不等价的；但是，Pig 中的关键字是不区分大、小写的，例如 LOAD 和 load 就是等价的。

7.5.2 读写和检测操作符

以一个简单的例子作为 Pig Latin 的入门：在 Pig 安装目录下有一个文件 tutoria1/data/excite-small.log，其中的数据分为 3 列，中间用制表符分隔，第一列为用户 ID，第二列为 Unix 时间戳，第三列则为查询记录。

首先，从该文件的 4500 条记录中，选取一段样本如下：

```
3F8AAC2372F6941C  9709160913 01 bac
3F8AAC2372F6941C  9709160913 54 blood alcohol content
3F8AAC2372F6941C  9709160914 25
3F8AAC2372F6941C  9709160915 45
3F8AAC2372F6941C  9709160934 48
3F8AAC2372F6941C  9709160935 44 breathalizers
3F8AAC2372F6941C  9709160935 51 breathalizers
3F8AAC2372F6941C  9709160936 42 breathalizers
3F8AAC2372F6941C  9709160937 24 minors in possesion
3F8AAC2372F6941C  9709160938 48 minors in possesion
3F8AAC2372F6941C  9709160939 04 mip
```

然后，在 Grunt Shell 中输入如下命令，将数据装载到一个称为 log 的别名中。

```
grunt> log = LOAD 'tutoria1/data/excite-small. Log' AS (user, time , query);
```

但是，该命令输入后却似乎什么也没发生，因为在 Grunt Shell 中，Pig 会解析命令，却并不立刻执行它们，直到使用 DUMP 命令或 STORE 命令来请求其结果。DUMP 命令会打印出一个别名的内容，而 STORE 命令则将该内容保存在一个文件中。一般而言，在显式地请求某些最终结果前，Pig 都不会实际执行任何命令，因为 Pig 处理的是大规模数据集，并没有足够的内存空间用来装载数据，而且在多数情况下，用户都希望能在花费时间和资源去实际执行计划之前就能验证该计划的逻辑是正确的。

通常仅在项目开发时会使用 DUMP 命令，除此之外，更多时候都会将庞大的程序执行结果存储到一个目录中。当对某个别名使用 DUMP 命令时，需要使用者确认其内容足够小，以便能较好地输出到屏幕上，通常的做法是使用 LIMIT 命令生成另一个别名，而对这个新的、更小的别名使用 DUMP 命令。

LIMIT 命令允许指定有多少元组(行)用于返回结果。本例中，如果要查看别名 log 的 4 个元组，则可使用以下命令：

```
grunt> 1mt = LIMIT log 4;
grunt> DUMP lmt;
```

返回结果如下：

```
2A9EABFB35F5B954 970916105432 +md foods +proteins
BED75271605EBD0C 970916001949 yahoo chat
BED75271605EBD0C 970916001954 yahoo chat
BED75271605EBD0C 970916003523 yahoo chat
```

Pig Latin 中使用的读/写操作符如表 7-2 所示，虽然 LIMIT 在技术上并不是一个读/写操作符，但由于它经常与读/写操作符一起使用，因而也在表中列出。

表 7-2　Pig Latin 中的读/写操作符

操作符	说　　明
LOAD	语法：alias=LOAD 'file' [USING function] [AS schema]; 作用：从文件中装载数据。如果不使用 USING 选项，则默认使用 PigStorage 装载函数。数据可以使用 AS 选项给出 schema
LIMIT	语法：alias=LIMIT alias n; 作用：限制元素个数为 n，即当作用于 alias 时，LIMIT 返回前 n 个元素，如不使用，则不能保证哪些元素会被返回
DUMP	语法：DUMP alias; 作用：在屏幕上显示数据
STORE	语法：STORE alias INTO 'directory' [USING function]; 作用：将一个关系中的数据存储到一个目录中，并把关系存储在以 "part-nnnnn" 为名的文件中，如果不使用 USING 选项特别指定，则默认使用 PigStorage 存储函数

下面举例说明怎样在 Grunt Shell 中使用 Pig Latin，执行以下命令，完成统计每个用户发起的查询个数：

```
grunt> log = LOAD 'tutorial/data/excite-small.log' AS (user:chararray, time:long, query:chararray) ;
grunt> grpd = GROUP log BY user;
grunt> cntd = FOREACH grpd GENERATE group , COUNT(log);
grunt> STORE cntd INTO 'output';
```

部分统计结果如下：

```
002BB5A52580A8ED        18
005BD9CD3AC6BB38        18
00A08A54CD03EB95        3
011ACA65C2BF70B2        5
01500FAFE317B7C0        15
0158F8ACC570947D        3
018FBF6BFB213E68        1
019E9463F6695963        10
```

从概念上讲，上述命令已经执行了一个类似如下 SQL 查询命令的聚集操作：

```
SELECT user , COUNT( * ) FROM excite-small.log GROUP BY user ;
```

需要指出，Pig Latin 与 SQL 查询有两个主要的不同：Pig Latin 是一种数据处理语言，它使用的是一个数据处理步骤的序列，而不是由子句组成的复杂 SQL 查询；另一个区别则更加微妙——在 SQL 中，通常有固定的 schema，在填充数据之前也会先定义 schema，而 Pig 则在 schema 方面采取更为宽松的态度，事实上，如果使用者不愿意，其至可以不必使用 schema，这种情况通常出现在对半结构化和无结构化数据的处理当中。

在本例中，LOAD 命令已经指定了关系 log 的 schema：关系 log 包含三个字段，字段名称分别为 user、time 和 query，其中，字段 user 和 query 均为字符串(在 Pig 中为 chararray)，而字段 time 则为一个 long 类型，因此在装载数据的过程中，任何不遵循 schema 的字段都会被置为空，这可以保证关系 log 在后续操作中仍然遵循既定的 schema。

可以使用 DESCRIBE 命令，查看关系 log 已经指定好的 schema，代码如下：

```
grunt> DESCRIBE log;
log: {user: chararray,time: long,query: chararray}
```

本例中，关系 grpd 是由关系 log 中的 GROUP BY 操作生成的，基于该操作和关系 log 的 schema，Pig 为关系 grpd 生成了一个 schema，查看该 schema 的代码如下：

```
grunt> DESCRIBE grpd;
grpd: {group: chararray,log: {(user: chararray,time: long,query: chararray)}}
```

上述代码中，group 和 log 为关系 grpd 中的两个字段，而且字段 log 是一个包含子字段 user、time 和 query 的包(bag)。

本例最后，FOREACH 命令对关系 grpd 进行操作以输出 cntd。在查看了 cntd 的输出之后，可知它包含两个字段：用户 ID 和查询个数统计。正如 DESCRIBE 所给出的 Pig 的 cntd 策略那样，cntd 包含两个字段：第一个字段名为 group，取自 grpd 的 schema；第二个字段没有名字，但其类型为 long，这个字段由 COUNT 函数生成，该函数不会自动提供名字，但却由它来告知 Pig 其类型必须为 long。

7.5.3 数据类型和 schema

Pig 有六个简单的原子类型和三个复杂的类型。原子类型包括数字标量、字符串和二进制对象，类型间转换的实现和常规方式相同，除非特别声明，字段默认为 bytearray，如表 7-3 所示。

表 7-3　Pig Latin 中的原子数据类型

数据类型	说　明
int	整数，存储一个 4 个字节大小的带符号整数，如 36
long	长整型，存储一个 8 个字节大小的带符号整数，以一个结尾为 L 的整数来表示，如 50000000000L
float	浮点数，用 4 个字节存储值，通过一个浮点数加上 f 来表示，例如 3.14f
double	双精度浮点数，用 8 个字节存储值，可以使用简单的格式表示，例如 3.25628
çhararray	字符串或者字符数组，以加单引号的一系列字符来表示，如'food'，也可以通过转义符反斜杠表示一些特定的字符，例如，\n 表示回车
bytearray	一组字节，通过封装 Java 的 byte[] 的 DataByteArray 类来实现，没有办法单独定义一个 bytearray 常量

三个复杂数据类型是元组(tuple)、包(bag)和映射表(map)，如表 7-4 所示。

表 7-4　Pig Latin 中的复杂数据类型

数据类型	说　明	例　子
tuple(元组)	一个定长的包含有序 Pig 数据元素的集合，一个元组相当于 SQL 中的一行，而元组的字段相当于 SQL 中的列，其表现形式为逗号分隔的字段，前后用小括号包裹	(hello world,12.5,-2,123)
bag(包)	元组的无序集合(允许元组重复)，表示为逗号分隔的元组，前后由大括号包裹，一个包中的元组不必有相同的 schema，甚至字段也不必相同	{(hello world,12.5,-2,123),(2.87, bye world,10)}
map(映射)	一组键值对，键必须是唯一的字符串(chararray)，值可以是任意类型的数据	['name'#'bob', 'age'#21]

　　元组中的一个字段或者映射表中的一个值可以为空，也可以为任意原子类型或复杂类型，这使得组建嵌套和复杂数据结构成为可能。虽然数据结构可能是任意复杂的，但其中一些可能更实用，且出现得更为频繁，而且通常嵌套的深度不会超过两级。在前面的 excite 日志例子中，GROUP BY 运算符生成了一个关系 grpd，其中每个元组中有一个字段是由一个包构成的，而如果把 grpd 视为每个用户的查询历史，这个关系所用的 schema 看起来就会更为自然：每个元组代表一个用户，并有一个字段是由用户查询所构成的包。

　　也可以自上向下地审视 Pig 的数据模型：在顶端，Pig Latin 语句作用于关系，是由元组构成的一个包，如果让包中的所有元组包含固定数目的字段，而且每个字段有固定的原子类型，那么它的行为就像一个关系数据 schema——关系为一个表，元组为行(记录)，而字段为列。但是，Pig 的数据模型更为强大和灵活，允许存在嵌套式数据类型，字段本身也可以是元组、包或映射表。映射表有助于处理半结构化数据，如 JSON、XML 以及附属关系型数据，而且，在一个包中的元组不必具有相同数量的字段，这就允许元组表示非结构化数据。

　　除了为字段声明类型，schema 还可以为字段命名，使它们更易于引用，用户可以在 LOAD、STREAM 和 FOREACH 命令中使用 AS 关键字为关系定义字段名。

　　在定义 schema 时，如果遗漏了类型，Pig 会默认将 bytearray 作为最常用的类型，也可以不设置字段的名称，此时该字段的状态为未命名，只能通过位置来引用它。

7.5.4　表达式和函数

　　将表达式和函数应用于数据字段，可以计算出各种数值。最简单的表达式为常数值。表达式也可以引用一个字段的值，既可以通过名字直接引用命名字段的值，也可以使用$n 命令引用一个未命名的字段，这里的 n 是该字段在元组中的位置，从 0 开始计数。例如，关系 log 有 3 个命名的字段，分别为 user、time 和 query，则可以通过 "time" 或者 "$1"

来引用 time 字段。

Pig 还支持标准算术表达式、比较表达式、条件表达式、类型转换表达式和布尔表达式，它们常见于大多数流行的编程语言中，如表 7-5 所示。

表 7-5　Pig 表达式

表达式	说　明
12，19.2，'hello world'	常数值，没有小数点的数值为 int 型；数字之后带有 l 或 L 则为 long 型；带有小数点的数值为 double 型；数字之后有 f 或者 F 则为 float 型
+, -, *, /	加减乘除
+x, -x	负号(-)，改变一个数字的符号
t(x)	将 x 的值转换为 t 类型
x%y	x 被 y 除的余数
(x?y:z)	如果 x 为真则返回 y，否则为 z，该表达式必须用圆括号包裹
==, !=, <, >, <=, >=	分别为等于，不等于，小于，大于，不大于，不小于
x matches regex	与字符串 x 匹配的正则表达式
x is null x is not null	检查 x 是否为空
x and y x or y not x	布尔值：与、或、非

Pig 也支持函数，Pig 的内置函数及用法如下：

avg 用法——avg(expression)：计算单列值的平均数，忽略 NULL 值，在使用 group all 或 group 单列后可使用。

contact 用法——contact(expression1,expression2)：将两个字段的值拼接为一个字符串，如果其中一个为 NULL，则结果用 NULL 表示。

count 用法——count(expression)：统计在一个 bag 中所有元素的数量，不包含 NULL 值统计，同时需要以 group 的支持为前提。

diff 用法——diff(expression1,expression2)，比较一个元组中的两个 fields 集合的差异性，与 Linux 或 Python 里面的 diff 函数类似。

IsEmpty 用法——IsEmpty(expression)：判断一个 bag 或 map 是否为空(没有数据)，可以用在 filter 数据过滤中。

max 用法——max(expression)：计算单列中最大的数值，或者字符串的最大值(字典排序)，同 count 一样需要 group 支持。

min 用法——min(expression)：计算单列中最小的数值，或者字符串的最小值(字典排序)，同 count 一样需要 group 支持。

size 用法——size(expression)：计算任何 Pig 字符串的大小长度，或者集合类型的长度。

subtract 用法——subtract(expression1,expression2)：对两个 bag 里面的元组做差值操作。

sum 用法——sum(expression)：对某列求和，需要提前使用 group 分组。

tokenize 用法——tokenize(expression,'field_delimiter')：按照指定分隔符拆分一句话，然后转成一系列的 words。

需要注意的是，不能单独使用表达式和函数，而必须在关系运算符中使用它们来转换数据。

7.5.5 关系型运算符

Pig Latin 作为一种数据处理语言，关系型运算符是它最为显著的特征。

下面举例对关系型运算符加以说明。该例子定义了两个关系 a 与 b，它们的内容分别来自于文件 A 与文件 B。

A 文件内容如下：

```
0,1,2
1,3,4
```

B 文件内容如下：

```
0,5,2
1,7,8
```

定义关系 a 与关系 b，代码如下：

```
grunt> a = load 'A' using PigStorage(',') as ( a1:int, a2:int, a3:int);
grunt> b = load 'B ' using PigStorage (',') as (b1:int, b2:int, b3:int);
grunt> DUMP a;
(0,1,2)
(1,3,4)
grunt> DUMP b;
(0,5,2)
(1,7,8)
```

1. UNION 和 SPLIT

本例中，UNION 将多个关系归并在一起，SPLIT 则将一个关系分割为多个，代码如下：

```
grunt> c =UNION a , b ;
grunt> DUMP c;
```

```
(0,1,2)
(1,3,4)
(0,5,2)
(1,7,8)
grunt> SPLIT c INTO d IF $0 == 0 , e IF $0 == 1;
grunt> DUMP d;
(0,1,2)
(0,5,2)
grunt> DUMP e;
(1,3,4)
(1,7,8)
```

UNION 运算符允许重复，可以使用 DISTINCT 运算符对关系进行去重(dis=distinct c;)。在关系 c 上的 SPLIT 操作将一个元组传给另一个关系，如果第一个字段($0)为 0，则送到关系 d；如果为 1，则送到关系 e。

2. FILTER

单独的 FILTER 运算符会将一个关系裁剪为能够通过某种测试的元组，代码如下：

```
grunt> f = FILTER c BY $1 > 3;
grunt> DUMP f;
(0,5,2)
(1,7,8)
```

上述代码的意思是：如果第二个字段($1)>3，则将此元组传送给关系 f。

3. SAMPLE

LIMIT 被用于从一个关系中取出指定个数的元组，而 SAMPLE 运算符则根据特定的比例从一个关系中随机地取样出元组，用法为"SAMPLE 别名 size，size 范围[0,1]"，示例如下：

```
grunt> c_sample = SAMPLE c 0.4 ;
grunt> DUMP c_sample;
(1,3,4)
(0,5,2)
```

4. GROUP

下列代码生成了一个新的关系 g，它是对关系 c 中第 3 列($2，也被命名为"a3")的相同元组进行组合的结果。

```
grunt> g = GROUP c BY $2 ;
grunt> DUMP g;
```

```
(2,{(0,1,2),(0,5,2)})
(4,{(1,3,4)})
(8,{(1,7,8)})
grunt> DESCRIBE c;
c: {a1: int,a2: int,a3: int}
grunt> DESCRIBE g;
g: {group: int,c: {(a1: int,a2: int,a3: int)}}
```

GROUP 的输出通常有两个字段：第一个字段为组键，本例中为 a3；第二个字段是一个包(bag)，包含组键相同的所有元组。观察关系 g 的 dump 值，可以看到它有 3 个元组，分别对应于关系 c 中第 3 列的 3 个专有值：第一个元组中的包代表关系 c 中第 3 列等于 2 的所有元组；在第二个元组中的包代表关系 c 中第 3 类等于 4 的所有元组，以此类推。

GROUP 输出关系的第一个字段总是名为"group"，代表组键。这里似乎把第一个字段叫作"a3"更自然些，但是当前 Pig 并不允许指定其他名字来取代"group"。

GROUP 输出关系的第二个字段通常以其操作的关系为名，这里就是"c"，它总是一个包，由于这个包承载了来自关系 c 的元组，因此这个包的 schema 与关系 c 的 schema 相同，由整数构成的 3 个字段分别被命名为"a1"、"a2"和"a3"。

使用 GROUP 时，可以把关系中的所有元组都放入一个大的包中，这有助于对关系进行聚集分析，因为函数是对包而不是对关系进行操作的，示例如下：

```
grunt> h = GROUP c ALL ;
grunt> DUMP h;
(all,{(1,3,4),(0,1,2),(1,7,8),(0,5,2)})
grunt> i = FOREACH h GENERATE COUNT($1);
grunt> dump i ;
```

上述代码是计算关系 c 中元组个数的一种方法。GROUP ALL 输出的第一个字段总是字符串"all"。

5. JOIN

类似于 SQL JOIN，通过两个或多个表中的键将不同的关系联系起来，示例如下：

```
grunt > j= JOIN a BY $2 , b BY $2;
grunt > dump j;
(0,1,2,0,5,2)
grunt> DESCRIBE j;
j: {a::a1: int,a::a2: int,a::a3: int,b::b1: int,b::b2: int,b::b3: int}
```

左外连接示例如下：

```
grunt > l= JOIN a BY $2 LEFT OUTER , b BY $2;
grunt > dump l;
```

```
(0,1,2,0,5,2)
(1,3,4,,,)
```

全外连接示例如下：

```
grunt > f = JOIN a BY $2 FULL , b BY $2;
grunt > dump f;
(0,1,2,0,5,2)
(1,3,4,,,)
(,,,1,7,8)
```

右外连接示例如下：

```
grunt > l= JOIN a BY $2 RIGHT OUTER , b BY $2;
grunt > dump l;
(0,1,2,0,5,2)
(,,,1,7,8)
```

6. FOREACH 和 FLATTEN

FOREACH 和 FLATTEN 浏览一个关系中的所有元组，并在输出中生成新的元组。

```
grunt> k = FOREACH c GENERATE a2, a2 * a3;
grunt> DUMP k;
(1,2)
(3,12)
(5,10)
(7,56)
```

FOREACH 后面通常跟着一个别名(关系的名字)和关键字 GENERATE，在 GENERATE 之后的表达式中控制输出结果。最简单的情况下，可以使用 FOREACH 将一个关系中的特定列投影到输出中，还可使用任意表达式，例如上面示例中的乘法。

对有嵌套包(例如，由组合操作生成的嵌套包)的关系，FOREACH 有特别的投影语法和更丰富的功能。例如，下面应用嵌套的投影操作使每个包仅保留第 1 个字段。

```
grunt> k = FOREACH g GENERATE group , c.a1;
grunt> DUMP k;
(2,{(0),(0)})
(4,{(1)})
(8,{(1)})
```

如需获取每个包中的两个字段，代码如下：

```
grunt > k = FOREACH g GENERATE group, c. (a1, a2) ;
grunt> DUMP k;
```

```
(2,{(0,1),(0,5)})
(4,{(1,3)})
(8,{(1,7)})
```

大多数的内置 Pig 函数都可以很好地支持对包操作，代码如下：

```
grunt> k = FOREACH g GENERATE group, COUNT(c);
grunt> DUMP k;
(2,2)
(4,1)
(8,1)
```

上面例子是基于对关系 c 的第 3 列进行组合的结果，因此 FOREACH 语句在关系 c 的第 3 列的值上生成一个频度计数。如前所述，组合运算符主要用于生成中间数据，这些中间数据会被其他运算符(如 FOREACH)简化。

FLATTEN 函数可以移除嵌套的层次，将嵌套式数据类型平坦化，几乎就是建包的反向操作。FLATTEN 函数可以改变由 FOREACH...GENERATE 产生输出的结构，其平坦化的特性也会根据应用方式和应用目标的不同而有所不同。例如，语句 FOREACH...GENERATE $0，FLATTEN ($1)会为每个输入元组生成一个形式为(a,b,c)的输出元组，代码如下：

```
grunt> k = FOREACH g GENERATE group, FLATTEN(c);
grunt> DUMP k;
(2,0,1,2)
(2,0,5,2)
(4,1,3,4)
(8,1,7,8)
grunt> DESCRIBE k;
k: {group: int,c::a1: int,c::a2: int,c::a3: int}
```

FOREACH 的一个嵌套形式允许对包进行更为复杂的处理。假设有一个关系(如 l)，其字段之一(如 a)是一个包，则有嵌套块的 FOREACH 形式如下：

```
alias = FOREACH l {
tmp1 = operation on a;
[ more operations...]
GENERATE expr [, expr ... ]
}
```

语句 GENERATE 必须始终出现在嵌套块的末尾，它将在关系 l 中为每个元组生成一些输出结果。例如，可以在关系 l 中元组的每个元素上裁剪出包 a，代码如下：

```
grunt> g = GROUP c BY $2 ;
```

```
grunt> DUMP g;
(2,{(0,1,2),(0,5,2)})
(4,{(1,3,4)})
(8,{(1,7,8)})
grunt> DESCRIBE g;
g: {group: int,c: {(a1: int,a2: int,a3: int)}}

grunt > m= FOREACH g { tmpl = FILTER c BY a2 >1; GENERATE group, tmpl;}
grunt> DUMP m;
(2,{(0,5,2)})
(4,{(1,3,4)})
(8,{(1,7,8)})
```

注意，有时 FOREACH 输出的 schema 可以和输入的完全不同，这种情况下，用户可以在每个字段后面使用 AS 来指定输出的 schema。

7. 其他操作

CROSS：计算两个或多个关系的交叉乘，这种操作比较费时，应该尽量避免，代码如下：

```
alias = CROSS alias, alias [, alias …];
```

ORDER：使用关系中的一个或多个字段排序，代码如下：

```
alias = ORDER alias BY { * [ASC|DESC] | field_alias [ASC|DESC] [, field_alias [ASC|DESC] …] };
```

例如：

```
A = order Table by id desc;
```

STREAM：通过外部脚本处理一个关系，代码如下：

```
alias = STREAM alias [, alias ... ] THROUGH {'command' | cmd_alias } [AS schema];
```

7.5.6 执行优化

像许多流行的编译器一样，只要执行计划与原始程序在逻辑上保持一致，Pig 编译器就可以重排执行顺序以优化性能。想象一下，某个程序对每个记录的特定字段(如身份证号码)应用了一个庞大的函数(如加密)，之后再通过一个过滤函数根据另一个字段来选择记录(如限定仅包含特定地域的人群)，如果编译器将这两个运算符的执行顺序反转，并不会影响最终的结果，却可以让性能大大改善，因为先进行过滤处理可以极大地减少加密阶段必须处理的数据量和工作量。

随着 Pig 的成熟，更多的优化会被添加到编译器中，因此，及时使用最新版本是十分必要的。但是无论优化哪些代码，编译器的能力总会有一定的局限。

7.5.7　用户定义函数

Pig Latin 设计的基本理念是通过用户定义函数(User Defined Function，简称 UDF)获得扩展性，并为编写 UDF 提供一组定义良好的 API，但这并不意味着用户必须编写所需的全部函数，Pig 生态系统中有一部分称为 PiggyBank，这是一个供用户共享函数的在线库，用户可以自由使用其中提供的函数。

1．注册 UDF

UDF 需要使用 Java 编写并打包成 jar 文件。例如，当使用来自 PiggyBank 的函数时，就需要使用 Piggybank.jar 文件。

要使用一个 UDF，首先要使用 REGISTER 语句在 Pig 中注册这个 jar 文件，之后就可以通过该 jar 文件中对应的 Java 类名调用这个 UDF。例如，在 PiggyBank 中有一个函数 UPPER，它可以将一个字符串转换为大写，过程如下：

```
REGISTER Piggybank/java/Piggybank.jar;
b = FOREACH a GENERATE org.apache.pig.piggybank.evaluation.string.UPPER ($0) ;
```

如果多次使用一个 UDF，则可以使用 DEFINE 语句为其指定一个名称，就不需要每次都输入完整的类名，这种情况下，就可将上面的过程表示如下：

```
REGISTER Piggybank/java/Piggybank.jar;
DEFINE Upper org .apache.pig.piggybank.evaluation.string.UPPER();
b = FOREACH a GENERATE Upper($0) ;
```

2．编写 UDF

Pig 支持两种主要类型的 UDF(用户定义函数)：eval 和 load/store。load/store 函数仅在 LOAD 和 STORE 语句中使用来帮助 Pig 读写特殊的格式；大多数的 UDF 为 eval 函数，即取出一个字段值，然后返回另一个字段值。

用户可以使用 UDF 来编写特定的处理函数，从而方便用户对 Pig Latin 语言进行扩充和完善，大大地增强了 UDF 的功能。Pig 为 UDF 提供了大量的支持，使其几乎可以作为 Pig 所有操作符的一部分来使用。

下面将通过一个实例来学习如何编写 UDF，以及如何让 Pig 使用用户编写的 UDF。

给出一个学生表(学号，姓名，性别，年龄，所在系)，其中含有如下几条记录：

```
201000101:李勇:Boy:20:计算机软件与理论
201000102:王丽:Giri:19:计算机软件与理论
201000103:刘花:Girl:18:计算机应用技术
201000104:李肖:Boy:19:计算机系统结构
201000105:吴达:Boy:19:计算机系统结构
```

201000106:李可:Boy:19:计算机系统结构

它们所对应的数据类型如下所示，各字段与数据类型之间通过冒号(半角英文标点)隔开。

Student(Sno:chararray,sname:chararray,Ssex:chararray,Sage:int,Sdept:chararray)

下面我们将编写一个 UDF，将所有的小写字母转换成对应的大写字母，代码如下：

```
1 import java.io.IOException;
2 import org.apache.pig.EvalFunc;
3 import org.apache.pig.pigWarning;
4 import org.apache.pig.data.Tuple;
5 public class UPPER extends EvalFunc<String> {
6       public String exec(Tuple input) throws IOException {
7        if(input != null && input.size() != 0 && input.get(0) != null) {
8           String str = null;
9           try {
10              str = (String)input.get(0);
11              return str.toUpperCase();
12          } catch (ClassCastException var4) {
13              this.warn("unable to cast input " + input.get(0) , PigWarning.UDF_WARNING_1);
14              return null;
15          } catch (Exception var5) {
16              this.warn("Error processing input " + input.get(0), PigWarning.UDF_WARNING_1);
17              return null;
18          }
19      } else {
20          return null;
21      }
22   }
23 }
```

这个 UDF 类是 EvalFunc 类的继承，而 EvalFunc 是所有 eval 函数的基类。本例中，该 UDF 类使用返回值类型为 Java String 的参数进行参数化。现在，我们需要实现 EvalFunc 类的 exec 函数。这个函数的输入是一个元组集合，这些元组按照 Pig 脚本加载的顺序依次被调用——每当输入一个元组时，UDF 就将被调用一次。在本例中，函数的返回值是一个与学生的信息相一致的字符串域。

我们首先要处理无效的数据，这取决于数据的格式：如果数据为字节数组，则意味着它不需要被转化为其他的数据类型；如果输入的数据为其他类型，就需要将数据转换成适当的数据类型；如果输入数据的格式不能被系统识别或转换，就会返回 NULL 值，这就是本例代码的第 12 行抛出一个错误的原因。另外注意第 7～9 行的作用，这几行的作用是检查输入数据是否为 NULL 或空，如果为 NULL 或空，系统将返回 NULL。

很容易看出，exec 函数的实现部分在第 10～11 行，它们使用 Java 函数将输入的小写字母转换为相应的大写字母。如果要使用这个函数，它需要被编译为一个 jar 包。

3．使用 UDF

下列代码为 Pig 脚本 myscript.pig，它使用之前编写的 UDF(已编译为 myudf.jar)对上面给出的学生表进行了相应的操作。

```
--myscript.pig
REGISTER myudf.jar;
A = LOAD 'Student' using PigStorage(':')
as(Sno:chararrayy,Sname:chararray,Ssex:chararray,Sage:int,Sdept:chararray);
B = FOREACH A GENERATE myudf.UPPER(Ssex);
DUMP B;
```

执行该脚本文件，命令如下：

```
Pig -x mapreduce myscript.pig
```

使用参数 -x mapreduce 可以指定函数运行的模式，如果只是为了对函数进行测试，建议在本地模式下运行。因为对于小文件来说，MapReduce 模式的准备时间显得过长，有时甚至让用户觉得 MapReduce 模式下文件的运行效率比本地模式下还要低。但是为了验证函数的通用性，本例会使用 MapReduce 模式。

脚本 myscript.pig 的第 2 行提供了 myudf.jar 文件的位置，该 jar 文件中包含我们刚刚编写的 UDF。为了找到 myudf.jar 文件的位置，Pig 会首先检查环境变量 classpath，如果在 classpath 中找不到 jar 文件，Pig 将假定地址为绝对地址或一个相对于 Pig 被调用位置的地址，如果 jar 文件依旧不能被发现，系统将返回一个错误。

多个 UDF 可以在相同的脚本中使用，如果完全相同且合格的函数出现在多个 jar 文件中，那么根据 Java 语义，第一个出现的函数将被一直使用。

UDF 的名称和包名必须要完全合格，否则系统将返回错误"java.io.IOException"。另外，函数的名称需要区分大、小写(比如 UPPER 和 upper 是不同的)，UDF 也可以包含一个或更多的参数。

操作完成之后，可以在终端上看到 Pig 输出的正确结果。

```
BOY
GIRL
BOY
BOY
BOY
```

UDF 还包括很多其他的内容，限于篇幅，在这里只作简单介绍。

7.6 Pig **脚本**

在很大程度上，编写 Pig Latin 脚本就是将已在 Grunt 中测试成功的 Pig Latin 语句打包在一起，但 Pig 脚本也有其特有功能，即注释和参数替换。

7.6.1 注释

由于 Pig Latin 脚本可能会被重用，因此需要为他人(或自己)留下些注释，以方便将来理解。Pig Latin 支持单行和多行两种形式的注释：单行注释以双斜杠开始，在行尾结束；多行注释以"/**/"标记包裹，类似 Java 中的多行注释。

例如，一个带有注释的 Pig Latin 脚本代码如下：

```
/ *
* Myscript .pig
* 用Pig 编程
*/
log = LOAD 'excite-small.log' AS (user, time, query);
lmt = LIMIT log; -- Only show 4 tuples
DUMP lmt ;
--End of program
```

7.6.2 参数替换

在编写一个可重用的脚本时，通常将变量以参数的形式传入，以便于在每次运行时作出改变。Pig 支持参数替换，允许用户在运行时指定参数信息，这些参数通过脚本中的前缀"$"来表示。

例如，下面的脚本显示了用户指定日志文件的一组由用户设定的元组。

```
log = LOAD '$input' AS (user, time , query);
lmt = LIMIT log $size;
DUMP lmt ;
```

此脚本中的参数为$input 和$size，如果使用 Pig 命令运行此脚本，则可以使用 param name=value 指定这些参数，代码如下：

```
Pig -param input=excite-small.log -param size=4 Myparams.pig
```

注意，不需要在参数中使用$前缀，如果一个参数值包含多个单词，可以将它用单引号或双引号标记。

如果必须指定多个参数，一种更方便的做法是把它们放在某个文件中，并告知 Pig 执行脚本时使用基于该文件的参数替换。

例如，创建 Myparams.txt 文件，代码如下：

```
# Comments in a parameter file start with hash
input=excite-small.log
size=4
```

将参数文件通过变量 param_file 传递给 Pig 命令，代码如下：

```
Pig -param_file Myparams.txt Myscript.pig
```

可以指定多个参数文件，或者把参数文件方式与 param 参数方式相混合，如果多次指定一个参数，则最后指定者有优先权。

在 Grunt Shell 中执行 exec 命令和 run 命令，以运行 Pig Latin 脚本。exec 命令和 run 命令支持使用相同的-param 和-param_file 参数进行参数替换，代码如下：

```
grunt> exec –param input=excite-small.log -param size=4 Myscript.pig
```

注意，在 exec 命令和 run 命令中所作的参数替换并不支持 UNIX 命令，也没有 debug 和 dryrun 选项。

本 章 小 结

✧ Pig 有两个主要的组成部分：高级数据处理语言 Pig Latin 及其编译器，后者依据可供抽样的评价机制编译与运行 Pig Latin 脚本。

✧ Pig 有两种运行模式，分别是 Local 模式和 MapReduce 模式，默认使用 MapReduce 模式。

✧ Pig Latin 文本语言的三个主要特性：易于编程、自动优化和可扩展性。

✧ Pig Latin 与 SQL 查询有两个主要区别：首先，Pig Latin 是一种数据处理语言，它使用的是一个数据处理步骤的序列，而不是子句组成的复杂 SQL 查询；其次，SQL 中的关系通常有固定的 schema，在数据填充之前会先定义关系的 schema，而 Pig 在 schema 方面则采取更为宽松的态度。

✧ Pig Latin 的基本设计理念是通过用户定义函数(UDF)获得扩展性，并为编写 UDF 提供一组定义良好的 API。

✧ Pig 有六个简单的原子类型和三个复杂的类型。原子类型包括数字标量、字符串和二进制对象等。三个复杂数据类型分别是元组(tuple)、包(bag)和映射表(map)。

✧ Pig 脚本的两个特有功能是注释和参数替换。

本 章 练 习

1．Pig 的两个主要组成部分是什么？两种运行模式是什么？

2．Pig Latin 与 SQL 有哪些不同？

3．Pig Latin 支持哪两种注释？各起什么作用？

4．Pig Latin 文本语言的主要特性有哪些？

第 8 章　HBase 简介

本章目标

- 掌握 HBase 的概念和作用
- 了解 HBase 的使用场景和成功案例
- 了解 HBase 和传统关系型数据库的对比分析
- 掌握 HBase 数据模型
- 掌握 HBase 的组成架构
- 掌握 HBase 的安装运行方法
- 了解 HBase 的访问接口

HBase 是一个分布式的、面向列的开源数据库。HBase 是 Apache 的 Hadoop 项目的一个子项目，该技术来源于 Google 公司发表的论文《BigTable：一个结构化数据的分布式存储系统》。与 BigTable 利用了 Google 文件系统 GFS(Google File System)提供的分布式数据存储一样，HBase 在 Hadoop 文件系统 HDFS(Hadoop Distributed File System)之上提供了类似于 BigTable 的功能。HBase 不同于一般的关系数据库，它是一个适用于非结构化数据存储的数据库，而且，HBase 采用基于列而不是基于行的模式。

8.1　HBase 的概念和作用

HBase-Hadoop DataBase 是一个高性能、高可靠性、面向列、可伸缩的分布式存储系统，使用 HBase 技术，可以在廉价 PC 服务器上搭建起大规模结构化存储集群。

HBase 是 Google BigTable 的开源实现，它模仿并提供了基于 Google 文件系统的 BigTable 数据库的所有功能：Google BigTable 使用 GFS 作为其文件存储系统，HBase 使用 Hadoop HDFS 作为其文件存储系统；Google 使用 MapReduce 来处理 BigTable 中的海量数据，HBase 同样使用 Hadoop MapReduce 来处理 HBase 中的海量数据；Google BigTable 使用 Chubby 作为协同服务，HBase 则使用 ZooKeeper 作为协同服务。

HBase 位于 Hadoop 生态系统中的结构化存储层，HDFS 为 HBase 提供了高可靠性的底层存储支持，MapReduce 为 HBase 提供了高性能的计算能力，ZooKeeper 则为 HBase 提供了稳定的服务和失效恢复机制。

此外，Pig 和 Hive 还为 HBase 提供了高层语言支持，使得在 HBase 上进行数据统计变得非常简单；Sqoop 则为 HBase 提供了方便的传统关系数据库数据导入功能，使得传统数据库数据向 HBase 中迁移变得非常方便。

HBase 仅能通过行键(RowKey)和行键的值域区间范围(Range)来检索数据，并且仅支持单行事务(但可通过 Hive 支持来实现多表连接等复杂操作)。HBase 主要用来存储非结构化和半结构化的松散数据。

HBase 可直接使用本地文件系统或者 Hadoop 作为数据存储方式，不过，为了提高数据可靠性和系统的健壮性，充分发挥 HBase 的大数据处理机能，最好使用 Hadoop 作为数据存储方式。与 Hadoop 一样，HBase 的运行主要依靠横向扩展，即通过不断增加廉价的商用服务器来增加计算和存储能力。

HBase 的设计目的是处理非常庞大的表，甚至能使用普通的计算机处理超过 10 亿行的、由数百万列元素组成的数据表的数据。

HBase 对表的处理一般具有如下特点：

(1) 大：一个表可以有上亿行、上百万列。

(2) 面向列：采用面向列(族)的存储和权限控制，对列(族)独立检索。

(3) 稀疏：为空(NULL)的列并不占用存储空间，因此表可以设计得非常稀疏。

8.2　HBase 使用场景和成功案例

HBase 已被证实是一个强大的工具，尤其是在使用了 Hadoop 的场合。在 HBase 仍处于"婴儿期"的时候，它就已经被快速部署到了其他公司的生产环境中，并得到开发人员的广泛支持。今天，HBase 已经是 Apache 的顶级项目，有着众多的开发人员和兴旺的用户社区，它已成为一个核心的基础架构部件，运行在世界上许多知名公司(如 StumbleUpon、Trend Micro、Facebook、Twitter、Salesforce 和 Adobe)的大规模生产环境中。

　　由于 HBase 模仿的是 Google 的 BigTable，让我们先从典型的 BigTable 应用场景——互联网搜索开始。

8.2.1　互联网搜索功能

　　搜索是一种定位所关心信息的行为。例如，搜索一本书的页码，是因为该页中含有你想读的主题，搜索一个网页，是因为该网页中含有你想找的信息。同理，搜索含有特定词语的文档，就需要查找、索引，该索引提供了特定词语和包含该词语的所有文档的映射，因此，为了能够搜索，首先必须建立索引。Google 和其他搜索引擎正是这么做的，它们的文档库是整个互联网，搜索的特定词语就是在搜索框里输入的任何东西。

　　BigTable 及其开源仿制品 HBase 为这种文档库提供存储：BigTable 提供行级访问，因此爬虫可以在 BigTable 中插入和更新单个文档，每个文档则保存为 BigTable 中的一行。MapReduce 计算作业会运行在 BigTable 的整张表上，这样就可以高效地生成搜索索引，为网络搜索应用作准备。当用户发起网络搜索请求时，网络搜索应用就会查询已经建立好的索引，直接从 BigTable 中得到匹配的文档，然后把搜索结果反馈给用户。BigTable 在互联网搜索应用中所扮演的关键角色如图 8-1 所示。

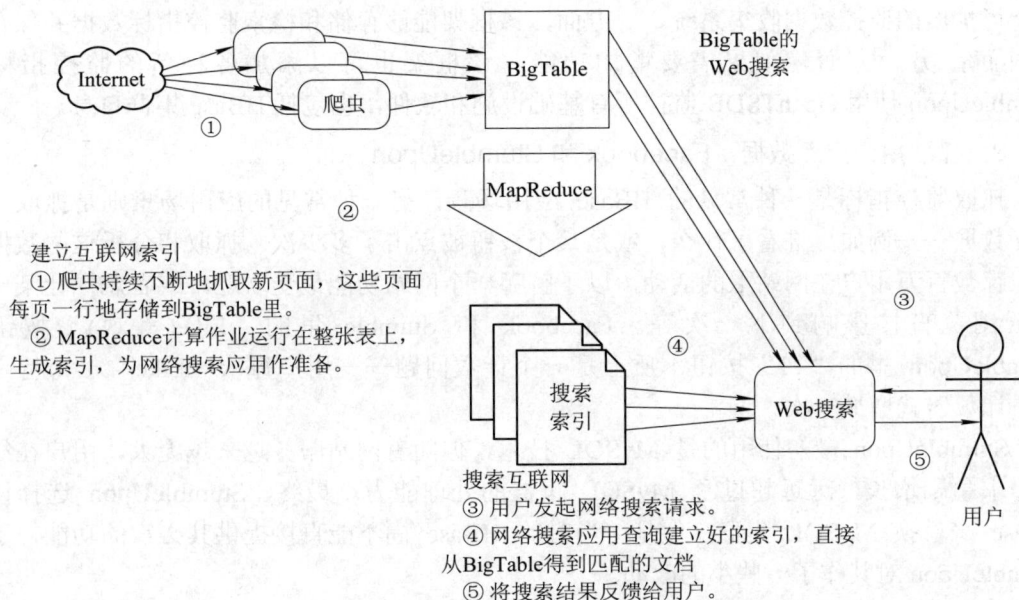

建立互联网索引
①爬虫持续不断地抓取新页面，这些页面每页一行地存储到BigTable里。
②MapReduce计算作业运行在整张表上，生成索引，为网络搜索应用作准备。

搜索互联网
③用户发起网络搜索请求。
④网络搜索应用查询建立好的索引，直接从BigTable得到匹配的文档
⑤将搜索结果反馈给用户。

图 8-1　使用 BigTable 提供网络搜索结果

　　HBase 的设计初衷之一就是用来存储互联网持续更新的网页副本，该功能在互联网服务的其他领域也同样适用。例如，由于 HBase 能完成从个人之间的通信信息存储到通信信息分析等多种任务，因而成为了 Facebook、Twitter 和 StumbleUpon 等多家社交网络公

司的关键基础设施，在这一领域，HBase 拥有众多的应用场景，接下来我们将介绍其中主要的三种：抓取增量数据、内容服务和信息交换。

8.2.2 抓取增量数据

数据通常是细水长流的，需要不断累加到已有的数据库中以备将来进行分析、处理和服务。HBase 会抓取来自各种数据源的增量数据，这种数据源可能是网页爬虫，也可能是记录用户看了什么广告和看了多长时间广告的广告效果数据，还可能是记录各种参数的时间序列数据。下面介绍 HBase 在该领域的几个成功案例。

1. 抓取监控指标：OpenTSDB

服务数百万用户的 Web 产品的后台基础设施一般都有数百或数千台服务器，这些服务器承担了各种功能，包括服务流量、抓取日志、存储数据和处理数据等。为了保证产品正常运行，监控这些服务器及其上面运行的软件的健康状态是至关重要的。而对整个环境进行大规模监控，需要能够采集和存储来自不同数据源的各种监控指标的监控系统。针对此问题，每个公司都有自己的解决方案，一些公司使用商业工具来收集和展示监控指标，而另外一些公司则使用开源框架。

StumbleUpon 创建了一个开源框架 OpenTSDB，它是 Open Time Series DataBase(开放时间序列数据库——按照时间收集监控指标一般被称为时间序列数据，即按照时间顺序收集和记录的数据)的缩写。OpenTSDB 收集服务器的各种监控指标，并使用 HBase 作为核心平台来存储和检索所收集的监控指标。StumbleUpon 创建 OpenTSDB 的目的是为了拥有一个可扩展的监控数据收集系统，一方面，该框架能够存储和检索监控指标数据并保存很长时间；另一方面，如果需要增加功能，该框架也可以添加各种新的监控指标。StumbleUpon 使用 OpenTSDB 监控所有基础设施和软件，也包括 HBase 集群自身。

2. 抓取用户交互数据：Facebook 和 StumbleUpon

抓取监控指标是一种常见的 HBase 应用场景，另一种常见的应用场景则是抓取用户交互数据——例如，谁看了什么，或是某个按钮被点击了多少次。抓取和分析这些数据可以跟踪数百万用户在网站上的活动，以了解哪一个网站功能最受欢迎，或者怎样让某一次网页浏览直接影响到下一次等。Facebook 和 Stumble 里的"Like(喜欢)"按钮和 StumbleUpon 里的"+1"按钮本质上是一个计数问题——用户每次"Like"一个特定主题，计数器就增加一次。

StumbleUpon 最初使用的是 MySQL 技术，但随着网站服务越来越庞大，用户在线负载需求急剧增长，远远超过了 MySQL 集群的处理能力。最终，StumbleUpon 选择使用 HBase 来替换 MySQL 集群，但是，当时的 HBase 尚不能直接提供其必需的功能，于是 StumbleUpon 对其作了一些小的改动。

FaceBook 使用 HBase 的计数器来计量用户对特定网页的"Like"次数。使网页内容创作者和网页主人可以得到接近实时的用户偏好数据信息，从而更精准地判断应该为用户提供什么内容。为此，Facebook 还创建了一个名为 Facebook Insights 的系统，由于该系统需要一个可扩展的存储系统，Facebook 考虑了很多可能的选择，包括关系型数据库管理系统、内存数据库和 Cassandra 数据库，最后决定使用 HBase。基于 HBase，Facebook 可以很方便地横向扩展服务规模，为数百万用户提供服务，并可继续沿用自身运行大规模 HBase 集群的已有经验。如今，Facebook Insights 每天处理数百亿条事件，记录数百个监控指标。

3. 遥测技术：Mozilla 和 Trend Micro

软件崩溃报告是非常有用的软件运行数据，经常用于探究软件质量和规划软件开发路线图，而使用 HBase，可以成功地捕获和存储用户计算机上生成的软件崩溃报告。

Mozilla 基金会旗下有两款主要软件产品——FireFox 网络浏览器和 Thunderbird 电子邮件客户端，这些软件产品安装在全世界数百万台计算机上，支持各种操作系统，当这些软件崩溃时，会以 Bug 报告的形式返回一个软件崩溃报告给 Mozilla。那么 Mozilla 是如何收集这些数据的？收集后又是如何使用的呢？答案是：Mozilla 的 Socorro 系统收集了这些报告，用于指导研发部门研制更稳定的产品，而 Socorro 系统的数据存储和分析功能则建构在 HBase 上。

Trend Micro 为企业客户提供互联网安全服务。安全服务的重要环节是感知，而日志的收集和分析对于提供这种感知能力至关重要。为此，Trend Micro 使用 HBase 来管理网络信誉数据库，该数据库有点像 Socorro 系统，需要对行级更新和 MapReduce 批处理的支持，而 HBase 被用来收集和分析日志活动，每天可以收集数十亿条记录。HBase 灵活的数据模式允许数据结构出现变化，因此当分析流程重新调整时，允许 Trend Micro 增加新属性。

4. 广告效果和点击流分析

过去的 10 年，在线广告成为互联网产品的一个主要收入来源，主流模式为先提供免费服务给用户，在用户使用服务的同时，再投放广告给目标用户。这种精准投放需要对用户交互数据进行充分地捕获和详细地分析，以便理解用户的特征，再基于这种特征，选择并投放广告。精细的用户交互数据有利于塑造更好的用户特征模型，进而产生更好的广告投放效果，并获得更多的收入。用户交互数据有两个特点：一是往往以连续流的形式出现，二是很容易按用户划分。理想情况下，用户交互数据一旦产生就应该能够马上使用，使用户特征模型可以没有延迟地持续优化。

8.2.3　内容服务

传统数据库最主要的使用场景之一是为用户提供内容服务。各种各样的数据库支撑着提供各种内容服务的应用系统，多年来，这些应用系统一直在发展，因此，它们所依赖的数据库也在发展。一方面，用户希望使用和交互的内容种类越来越多；另一方面，互联网以及终端设备的迅猛增长，对这些应用的接入方式也提出了更高的要求，因为各种各样的终端设备需要以不同的格式使用同样的内容。

除了上面所说的用户消费内容，内容服务的另一大部分则是用户生成内容，如 Twitter 帖子、Facebook 帖子、Instagram 图片和微博等，两种内容的相同之处在于都要由大量用户通过应用系统来使用或生成，而这些应用系统多数时候都需要以 HBase 作为基础。

内容管理系统(Content Management System，简称 CMS)，可以用来存储内容和提供内容服务。但是，当用户越来越多，生成的内容也越来越多的时候，就需要一个更具可扩展性的 CMS 解决方案。例如，可扩展的 Lily CMS 就使用 HBase 作为基础，加上其他开源框架(如 Solr)，构成了一个完整的功能组合。

多年来，Salesforce 一直提供托管的 CRM 产品，该产品通过网络浏览器界面提交给用户使用，具备丰富的关系型数据库功能。在 Google 发表 NoSQL 原型概念论文之前很长一段时间，如需在生产环境中使用大型关系型数据库，最合理的选择就是商用关系型数据库管理系统，Salesforce 正是在此基础上，通过结合数据库分库和尖端性能优化手段，极大地强化了关系型数据库系统的处理能力，达到每天处理数亿事务的效能。而当 Salesforce 把分布式数据库系统列入数据库选择范围后，他们评测了所有 NoSQL 技术产品，最后决定部署 HBase。这个决定首先出于对一致性的高度需求，使得结合了无缝水平扩展能力和行级强一致性能力的 BigTable 类型系统成为唯一可选的架构方式；另一个原因则是 Salesforce 已经在使用 Hadoop 完成大型离线批处理任务，使用 HBase 可以沿用在 Hadoop 上面积累的宝贵经验。

除此之外，HBase 在内容服务上还可以应用于以下几个方面。

1. URL 短链接

URL 短链接指将长的 URL 转换为短的 URL，这种 URL 短链接在最近非常流行，许多公司都推出了类似的产品，而 StumbleUpon 使用名字为 su.pr.的短链接产品，该产品以 HBase 为基础，可以用来缩短 URL，存储大量的短链接与和原始长链接的映射关系，而 HBase 则帮助这个产品实现扩展功能。

2. 用户模型服务

用户模型是对网站目标群体真实特征的勾勒，是真实用户的虚拟代表。建立用户模型可以减少主观猜测，走近用户，理解他们真正的需要，从而能更好地为不同类型的用户服务。

经 HBase 处理过的内容往往不直接提交给用户使用，而是用来决定应该提交给用户什么内容，这种中间数据常用于丰富用户的交互。前面提到的广告服务场景里的用户特征(或者说模型)就来自 HBase，这类模型多种多样，可用于多种不同场景，例如决定针对特定用户投放什么广告；决定用户在电商网站购物时的实时报价；决定用户用搜索引擎检索时增加的背景信息和关联内容等。

8.2.4　信息交换

随着各种社交网站不断涌现，世界正变得越来越小。社交网站的一个重要作用就是帮助人们进行互动，这种互动有时在群组内发生(小规模和大规模)，有时在两个人之间发生，实际上，每时每刻都有数亿人正在通过社交网络进行对话。但是，仅和远处的人对话并不足以让用户满意，他们还希望能查看和其他人对话的历史记录，而让社交网站公司感到幸运的是，大数据领域的创新让保存和使用这些历史记录的成本变得十分廉价。

在这方面，Facebook 的短信系统是个经常被讨论的案例——当你使用 Facebook 时，你可以随时收到短信，或者发送短信给你的朋友。Facebook 的这一特性完全依赖于

HBase，因为用户读写的所有短信都存储在 HBase 里。Facebook 的短信系统要求具备高的写吞吐量、极大的表以及数据中心内的强一致性，而 HBase 则是一个理想的解决方案，因为它具备上述所有特性，且拥有一个活跃的用户社区，而 Facebook 的运营团队也已从 Hadoop 部署中获取了丰富的经验。

在 HBaseCon 2012 大会上，Facebook 的工程师分享了一些惊人的数据：在 Facebook 平台上每天会交换数十亿条短信，带来大约 750 亿次操作。在高峰时刻，Facebook 的 HBase 集群平均每秒发生 150 万次操作。从数据规模角度看，Facebook 的 HBase 集群每月增加 250TB 的新数据，这可能是已知最大的 HBase 部署，无论是在服务器的数量方面，还是服务器所承载的用户量方面，从某种意义上说，Facebook 的短信系统也极大地推动了 HBase 的发展。

上述案例解释了 HBase 如何解决一些有趣的老问题和新问题，它们揭示的一个共同点是 HBase 可以对相同数据进行在线服务和离线处理，而这正是 HBase 的独特之处。

8.3　HBase 和传统关系型数据库的对比分析

HBase 与以前的关系型数据库管理系统(Relational DataBase Management System，简称 RDBMS，又称传统关系型数据库)存在很大区别，它按照 BigTable 模型开发，是一个稀疏的、分布式的、持续多维度的排序映射数组。HBase 是一个基于列模式的映射数据库，它只能表示很简单的"键-数据"映射关系，因而大大简化了传统的关系型数据库。

当前的传统关系型数据库几乎都从上世纪 70 年代发展而来，基本都具备以下特点：

(1) 面向磁盘存储和索引结构。

(2) 多线程访问。

(3) 基于锁的同步访问机制。

(4) 基于日志记录的恢复机制。

而 HBase 和传统关系型数据库的具体区别如下：

(1) 数据类型：HBase 只有简单的字符串类型，所有其他类型都由用户自己定义，它只保存字符串，而关系型数据库有丰富的数据类型和存储方式。

(2) 数据操作：HBase 只提供很简单的插入、查询、删除、清空等操作，且 HBase 的表和表之间是分离的，没有复杂的表间关系，也没必要实现表和表之间的关联等操作，而传统的关系型数据库通常有各种各样的函数和连接操作。

(3) 存储模式：HBase 是基于列存储的，几个文件保存在一个列族中，不同列族的文件是分离的，而传统的关系型数据库是基于表格结构和行模式保存的。

(4) 数据维护：HBase 的更新其实不是更新，只是一个主键或者列对应的新版本，其旧版本仍然会保留，所以实际上只是插入了新的数据，而不是传统关系型数据库里的替换修改。

(5) 可伸缩性：HBase 能够轻易地增加或者减少(在硬件错误的时候)硬件数量，且对错误的兼容性较高，而传统关系型数据库通常需要增加中间层才能实现类似的功能，这也是 HBase 和 BigTable 等分布式数据库最初开发的主要目的。

相比之下，BigTable 和 HBase 这类基于列模式的分布式数据库显然更适应海量存储和互联网应用的需求：首先，灵活的分布式架构使其可以利用廉价的硬件设备组建庞大的数据仓库；其次，互联网应用是以字符为基础的。而 BigTable 和 HBase 正是针对这些应用而开发出来的数据库，由于二者具备时间戳特性，因此特别适用于 wiki、archive.org 之类服务的开发，HBase 甚至就是作为搜索引擎的一部分被开发出来的。

8.4　HBase 数据模型

HBase 中，表的索引包括行关键字、列关键字和时间戳，每个值是一个不加解释的字符数组，数据则都是字符串，没有其他类型。HBase 数据实例的模型如表 8-1 所示。

表 8-1　HBase 数据实例的模型

RowKey	Time Stamp	Column Family	
		URI	Parser
r1	t3	url=http://www.taobao.com	title=天天特价
	t2	host=taobao.com	
	t1		
r2	t5	url=http://www.alibaba.com	content=每天…
	t4	host=alibaba.com	

用户在表中存储数据，每一行都有一个可排序的主键和任意多的列，由于是稀疏存储的，所以同一张表里面的每一行数据都可以有截然不同的列。

列名字的格式为 "<family>:<label>"，都由字符串组成，每一张表有一个 family 集合，这个集合相当于表的结构，是固定不变的，只能通过改变表结构来改变，但 label 值相对于每一行来说都是可以改变的。

所有数据库的更新都有一个时间戳标记，每次更新都会生成一个新的版本，而 HBase会保留一定数量的版本，这个值是可以设定的。客户端可以选择获取距离某个时间最近的版本，或者一次性获取所有版本。

8.4.1　数据模型的相关概念

在 HBase 数据模型中，存在以下三个重要概念：

(1) 行键(RowKey)：HBase 表的主键，表中的记录按照行键排序。

(2) 时间戳(Time Stamp)：每次数据操作对应的时间戳，可以看作数据的版本号。

(3) 列族(Column Family)：表在水平方向由一个或者多个列族组成，一个列族则可以由任意多个列组成，即列族支持动态扩展，无需预先定义列的数量及类型，所有列均以二进制格式存储，用户需要手动进行类型转换。

1．行键

行键是用来检索记录的主键。访问 HBase 表中的行可采用以下三种方式：

(1) 通过单个行键访问。

(2) 通过行键的区间范围检索。

(3) 全表扫描。

行键可以是任意字符串(最大长度是 64 KB，实际应用中长度一般为 10～100 B)。在 HBase 内部，行键保存为字节数组，存储数据时，数据按照行键的字典序(byte order)排序存储，因此设计行键时，要充分考虑这个特性，将经常一起读取的行存储放到一起(位置相关性)。注意：字典序对整型数据排序的结果是 1，10，100，11，12，13，14，15，16，17，18，19，2，20，21，…，9，91，92，93，94，95，96，97，98，99。如果要保持整型数据的自然序，行键必须用 0 作为左填充。

行的一次读写是原子操作(不论一次读写多少列)，这一设计使用户可以很容易地理解程序在对同一个行进行并发更新操作时的行为。

2．列族

HBase 表中的每个列都归属于某个列族。列族是表的模式的一部分(但列并不是表的模式的一部分)，必须在使用表之前定义。列名都以列族作为前缀，例如 courses:history、courses:math 都属于 courses 这个列族。访问控制、磁盘和内存的使用统计都是在列族层面进行的。在实际应用中，位于列族上的控制权限能帮助用户管理不同类型的应用，比如允许一些应用添加新的基本数据，允许另一些应用读取基本数据并创建继承的列族，而其他一些应用则只允许浏览数据(甚至可能因为隐私的原因不能浏览所有数据)。

3．时间戳

在 HBase 中，通过行和列确定的一个存储单元称为 Cell。每个 Cell 都保存着同一份数据的多个版本，不同的版本通过时间戳来进行索引，而时间戳的类型是 64 位整型。时间戳可以由 Hbase 在数据写入时自动赋值，此时的时间戳是精确到毫秒的当前系统时间；也可以由用户显式赋值，如果应用程序要避免数据版本冲突，就必须自己生成具有唯一性的时间戳。每个 Cell 中的不同版本的数据按照时间倒序排序，即最新的数据排在最前面。Cell 中的数据是没有类型的，全部以字节码形式存储。

为避免数据存在过多版本而造成管理(包括存储和索引)负担，HBase 提供了两种数据版本的回收方法：一是保存数据的最后 n 个版本，二是保存最近一段时间内的版本(比如最近七天)。用户可以针对每个列族设置不同的回收方法。

8.4.2　概念视图

可以将一个 HBase 表看作一个大的映射关系，通过主键，或者主键+时间戳，就可以定位一行数据，由于是稀疏数据，所以某些列可以是空白的。HBase 表所存储数据的概念视图如表 8-2 所示。

表 8-2　HBase 数据的概念视图

RowKey	Time Stamp	Column "contents:"	Column "anchor:"		Column "mime:"
"com.cnn.www"	t9		"anchor:cnnsi.com"	"CNN"	
	t8		"anchor:my.look.ca"	"CNN.com"	
	t6	"<html>c..."			"text/html"
	t5	"<html>b..."			
	t3	"<html>a..."			

该表是一个 Web 网页数据的存储片断，其中，行键名是一个反向 URL(即 com.cnn.www)；contents 列族用来存放网页内容；anchor 列族存放引用该网页的锚链接文本；CNN 的主页被 Sports Illustrater(即 SI，CNN 的王牌体育节目)和 MY-look 的主页引用，因此该行包含了名为"anchor:cnnsi.com"和"anchhor:my.look.ca"的两个列；每个网页的锚链接只有一个版本(由时间戳标识，如 t9、t8)，而 contents 列族则有三个版本，分别由时间戳 t3、t5 和 t6 标识。

8.4.3　物理视图

虽然从概念视图来看，HBase 中的每个表是由很多行组成的，但是，在物理存储时，它是按照列来保存的，这点在数据设计和程序开发的时候必须牢记。例如，表 8-2 的概念视图在物理存储时应该呈现出类似于表 8-3 的形态。

表 8-3　HBase 数据的物理视图

RowKey	Time Stamp	Column "anchor:"	
"com.cnn.www"	t9	"anchor:cnnsi.com"	"CNN"
	t8	"anchor:my.look.ca"	"CNN.com"

RowKey	Time Stamp	Column "contents:"
"com.cnn.www"	t6	"<html>c..."
	t5	"<html>b..."
	t3	"<html>a..."

RowKey	Time Stamp	Column *"mime:"*
"com.cnn.www"	t6	"text/html"

需要注意的是，在表 8-2 的概念视图中，有些列是空白的，这种列实际上不会被存储，当请求这些单元格的时候，会返回 NULL 值。

如果在查询的时候不提供时间戳，则会返回距现在最近的那个版本的数据，因为存储时数据会按照时间戳排序。

8.4.4　物理存储

每个列族存储在 HDFS 上的一个单独文件中，空值不会被保存。Key 和 Version Number 在每个列族中均有一份。每个列族的值具有多级索引，由 HBase 来维护，格式为 <key,column family,column name,timestamp>。

物理存储特点如下：

(1) Region 是 HBase 数据存储和管理的基本单位，一个表可以包含一个或多个

Region，Table 在行的方向上分割为多个 Region。

(2) Table 中的所有行都按照 RowKey 的字典顺序排列。

(3) Region 是按大小分割的，每个表开始只有一个 Region，随着数据增多，Region 会不断增大，当增大到一个阀值的时候，Region 就会等分成两个新的 Region，以此类推，会产生越来越多的 Region。

(4) 不同 Region 分布到不同的 RegionServer 上，如图 8-2 所示。

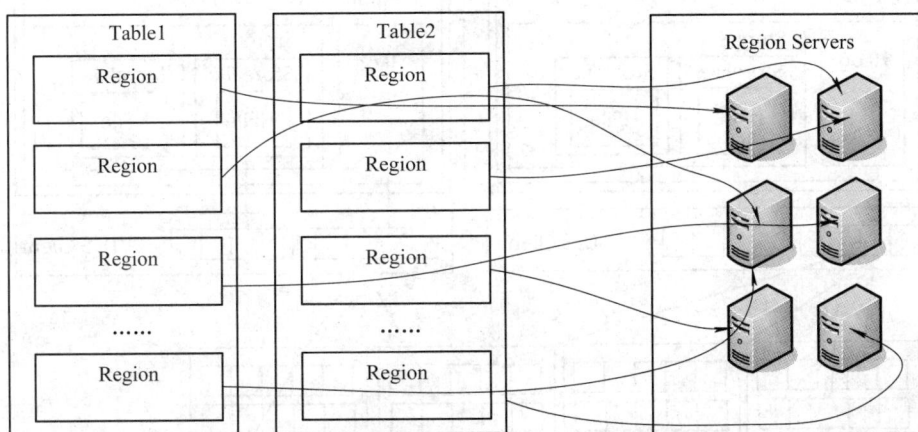

图 8-2　RegionServer 与 Region

(5) Region 虽然是分布式存储的最小单元，但并不是存储的最小单元。Region 由一个或者多个 Store 组成，每个 Store 保存一个列族，每个 Store 又由一个 MemStore 和 0 至多个 StoreFile 组成，StoreFile 则包含 HFile。MemStore 存储在内存中，StoreFile 存储在 HDFS 上，如图 8-3 所示。

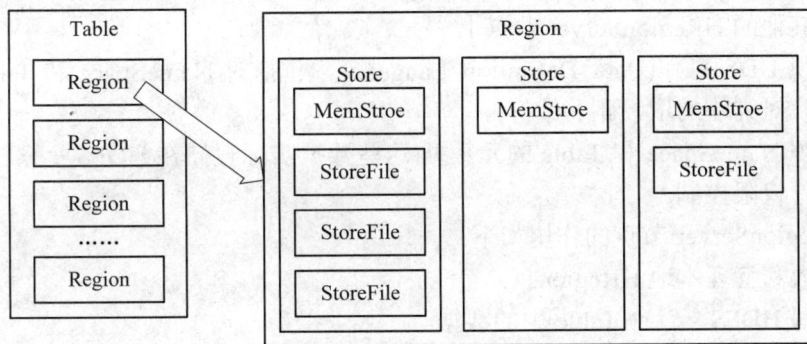

图 8-3　Region 的组成

8.5　HBase 组成架构

HBase 采用 Master/Slave 架构搭建集群，它隶属于 Hadoop 生态系统，由三种类型的节点组成——HMaster 节点、HRegionServer 节点、ZooKeeper 集群。而在底层，HBase 将数据存储于 HDFS 中，因而也涉及到 HDFS 的 NameNode 节点、DataNode 节点等。

HBase 的总体架构如图 8-4 所示。

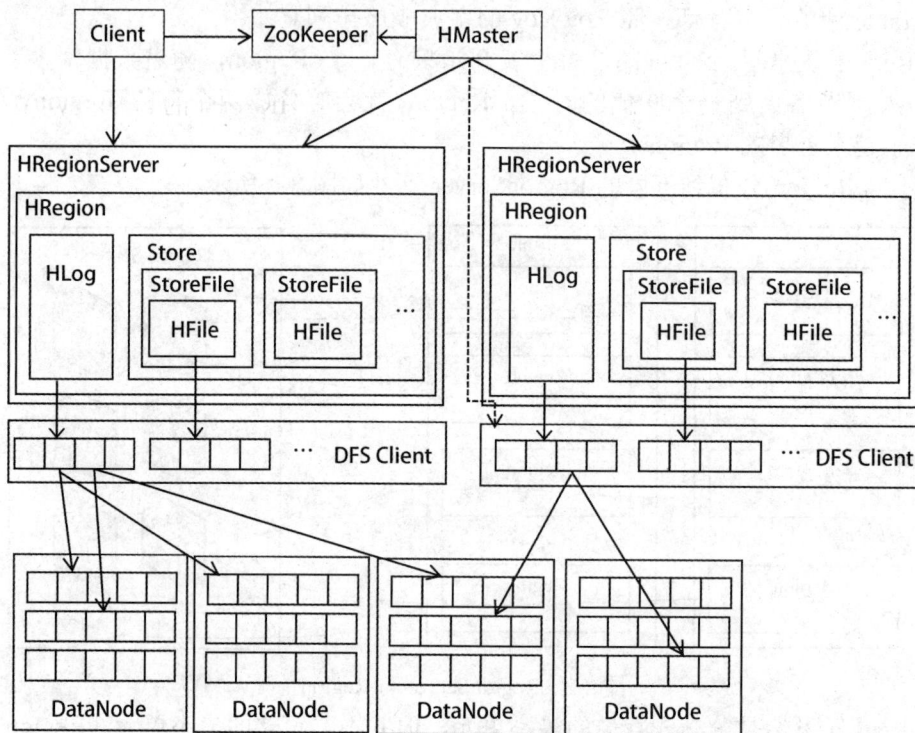

图 8-4　HBase 架构

(1) HMaster 节点的作用如下：

◇　管理 HRegionServer 节点，实现其负载均衡。

◇　管理和分配 HRegion，在某个 HRegionServer 节点退出时将其中的 HRegion 迁移到其他的 HRegionServer 节点上。

◇　实现 DDL 操作(Data Definition Language，包括对 NameSpace 和 Table 的增、删、改，对列族的增、删、改等)。

◇　管理 NameSpace 和 Table 的元数据(这些数据实际存储在 HDFS 上)。

◇　进行权限控制。

(2) HRegionServer 节点的作用如下：

◇　存放和管理本地 HRegion。

◇　读写 HDFS，管理 Table 中的数据。

◇　使用 Client 直接通过 HRegionServer 节点读写数据。

(3) ZooKeeper 集群负责协调系统，作用如下：

◇　存放整个 HBase 集群的元数据以及状态信息。

◇　实现 HMaster 主/从节点的宕机。

HBase Client 使用 RPC 方式与 HMaster 节点以及 HRegionServer 节点通信。一个 HRegionServer 节点最多可以存放 1000 个 HRegion；底层 Table 数据存储于 HDFS 中，而 HRegion 处理的数据应尽量与数据所在的 DataNode 节点分布在同一台服务器上，实现数据的本地化。

8.5.1　HRegion

HBase 使用 RowKey 将表水平切割为多个 HRegion，从 HMaster 的角度，每一个 HRegion 都记录了 RowKey 的 StartKey 和 EndKey(第一个 HRegion 的 StartKey 为空，最后一个 HRegion 的 EndKey 为空)。由于 RowKey 是可以排序的，因此 Client 可以通过 HMaster 节点快速定位每一个 RowKey 都在哪个 HRegion 中。HRegion 由 HMaster 节点分配到相应的 HRegionServer 节点中，然后由 HRegionServer 节点负责 HRegion 的启动和管理以及和 Client 的通信，并实现数据的读操作(使用 HDFS)，如图 8-5 所示。

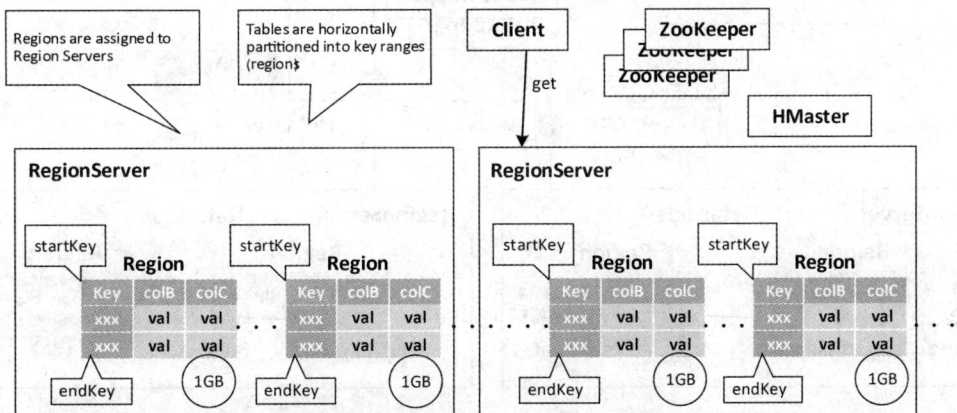

图 8-5　HRegionServer 节点与 HRegion

8.5.2　HMaster

HMaster 避免了单点故障问题，用户可以启动多个 HMaster 节点，并通过 ZooKeeper 的 Master Election 机制保证同时只有一个 HMaster 节点处于 active 状态，其他的 HMaster 节点则处于热备份状态。但是，一般情况下只会启动两个 HMaster 节点，因为非 active 状态的 HMaster 节点会定期和 active 状态下的 HMaster 节点通信，获取其最新状态来保证自身的实时更新，如果启动的 HMaster 节点过多，反而会增加 active 状态下的 HMaster 节点的负担。

前面已经讲到，HMaster 节点主要用于对 HRegion 的分配和管理，以及对 DDL 的实现等，其职责主要包括两大部分，如图 8-6 所示。

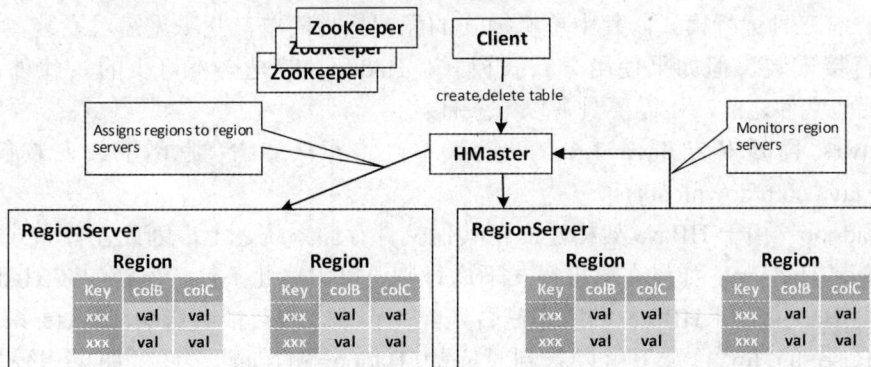

图 8-6　HMaster 节点的作用

8.5.3　ZooKeeper

　　ZooKeeper 为 HBase 集群提供协调服务，它管理着 HMaster 节点和 HRegionServer 节点的状态(available/alive 等)，并且会在它们宕机时通知 HMaster 节点，从而实现 HMaster 节点之间的故障切换，或对宕机的 HRegionServer 节点中的 HRegion 进行修复(将它们分配给其他的 HRegionServer 节点)，如图 8-7 所示。

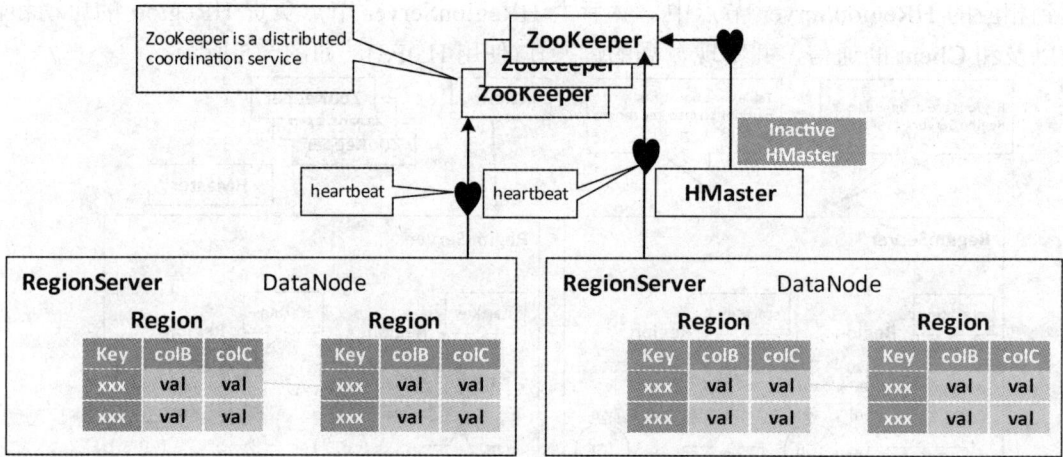

图 8-7　ZooKeeper 的作用

　　ZooKeeper 使用一致性协议(PAXOS 协议)保证自身每个节点状态的一致性。

8.6　HBase 的安装和运行

　　介绍完 HBase 的基本特性之后，本节将讲解如何安装和运行 HBase。

　　HBase 有单机、伪分布和全分布三种运行模式，因此本节将先介绍安装过程，再介绍如何对 HBase 进行详细设置，以提高系统的可靠性和执行速度。

8.6.1　安装 HBase

　　HBase 有三种运行模式，其中单机模式的配置最为简单，几乎无需对安装文件作任何修改就可直接安装，但如果使用分布式模式，Hadoop 就是必不可少的。此外，在配置 HBase 的某些文件之前，还需要具备以下条件：

　　(1) Java：需要安装 Java 1.6.x 以上版本，推荐从 SUN 官网下载安装包(地址：http://www.java.com/download/)。

　　(2) Hadoop：由于 HBase 架构建立在其他文件存储系统之上，因此在分布式模式下运行时必须安装 Hadoop，如果在单机模式下运行则可以省略此条件。但在安装 Hadoop 的时候，要注意 Hadoop 和 HBase 的版本是否匹配，否则，很可能会影响 HBase 系统的稳定性。在 HBase 的 lib 目录下可以看到对应的 Hadoop 的 jar 文件，如果想使用其他的 Hadoop 版本，就需要将 Hadoop 系统安装目录中的 hadoop-*.*.*-core.jar 文件和 hadoop-

..*-test.jar 文件拷贝到 HBase 的 lib 文件夹下，以替换其他版本的 Hadoop 文件。

　　(3) SSH：注意 SSH 是必须安装的，并且要保证用户可以远程登录到系统的其他节点(包括本地节点)。

　　下面分别介绍 HBase 在三种模式下的具体安装过程。注意：由于本书中使用的 Hadoop 是 2.7.0 版本，因此使用的 HBase 是 1.2.4 版本，其他版本 HBase 的安装方法和过程与本版本大同小异，具体参考 HBase 官方网站(http://abloz.com/hbase/book.html)。

1．单机模式安装

　　HBase 安装文件默认支持单机模式，就是说在单机模式下，HBase 的安装包解压后可直接运行。单机模式下 HBase 并不使用 HDFS，可以使用如下命令解压安装包。

```
tar xfz hbase-1.2.4-bin.tar.gz
cd hbase-1.2.4
```

　　运行安装文件之前，建议用户修改 hbase-site.xml 文件，该文件是 HBase 的配置文件，通过它可以更改 HBase 的基本配置。例如，默认情况下 HBase 的数据是存储在根目录的 tmp 文件夹下的，但熟悉 Linux 的用户都知道，此文件夹为临时文件夹，也就是说，系统重启时此文件夹中的内容将被清空，保存在 HBase 中的数据也会丢失，这当然是用户不想看到的，因此，有必要将 HBase 的数据存储目录修改为其他存储位置，具体修改内容如下：

```
<configuration>
<property>
<name>hbase.rootdir</name>
<value>file:///tmp/hbase</value>
</property>
</configuration>
```

2．伪分布模式安装

　　伪分布模式是一种运行在单个节点(单台机器)上的分布式模式，在这种模式下，HBase 所有的守护进程都运行在同一个节点之上。由于分布式模式的运行需要依赖分布式文件系统，因此，在安装 HBase 前必须确保 HDFS 已经成功安装运行，用户可以在 HDFS 系统上执行 Put 和 Get 操作来验证 HDFS 是否安装成功。

　　一切准备就绪后，开始配置 HBase 的参数(即修改 hbase-site.xml 文件)，通过设定 hbase.rootdir 参数，指定 HBase 的数据存放位置，进而让 HBase 运行在 Hadoop 之上，具体配置如下：

```
<configuration>
<property>
<name>hbase.rootdir</name>
<value>hdfs://localhost:9000/hbase</value>
<description>此参数指定了数据存放位置
</description>
</property>
<property>
```

```
<name>dfs.replication</name>

<value>l</value>

<description>此参数指定了 Hlog 和 Hfile 的副本个数，此参数的值不能大于 HDFS 的节点数。伪分布模式
下 DataNode 只有一台，因此此数应设置为 1</description>

</property>

</configuration>
```

注意：hbase.rootdir 指定的目录需要由 Hadoop 自己创建，否则可能出现警告提示，而且由于目录为空，HBase 检查目录时可能会报出"所需要的文件不存在"之类的错误提示。

3．全分布模式安装

在全分布模式下安装 HBase，需要修改 hbase-site.xml 文件来配置本机的 HBase 功能，并修改 hbase-env.sh 文件来配置全局 HBase 的特性。此外，各个 HBase 实例之间都需要通过 ZooKeeper 进行通信，因此还需要维护一个(一组)ZooKeeper 系统。

下面分别介绍这三个重要方面的配置。

1) 配置 conf/hbase-site.xml

配置参数 hbase.rootdir 和 hbase.cluster.distributed 对 HBase 来说是必需的：通过参数 hbase.rootdir 指定 HBase 数据的本机存储目录；通过参数 hbase.cluster.distributed 说明 HBase 的运行模式——true 为全分布模式，false 为单机模式或伪分布模式，具体配置如下：

```
<configuration>

<property>

<name>hbase.rootdir</name>

<value>hdfs://192.168.1.224:9000/hbase</value>

<description>存储 Hbase 数据库数据的目录</deacription>

</property>

<property>

<name>hbase.cluster.distributed</name>

<value>true</value>

<description>HBase 运行的模式，false:单机模式或伪分布模式，true:全分布模式

</description>

</property>

</configuration>
```

2) 配置 conf/regionservers

regionservers 文件列出了所有运行 HBase 的服务器(即 HRegionServer)，对该文件的配置与 Hadoop 中对 Slaves 文件的配置十分相似：在文件中的每一行指定一台服务器，当 HBase 启动的时候，会将该文件中指定的所有服务器启动，而当 HBase 关闭的时候，也会同时关闭它们。

例如，三台服务器的 IP 地址分别为：192.168.1.224、192.168.1.231、192.168.1.232。修改每台服务器的/etc/hosts 文件，内容如下所示，注意对每台服务器的修改必须完全相同。

```
192.168.1.224  hbase-0
192.168.1.231  hbase-l
192.168.1.232  hbase-2
```

上述配置表明，三台服务器中的 HBase Master 与 HDFS NameNode 运行在 HBase-0 上，RegionServers 则运行在 HBase-1 和 HBase-2 上。

完成上述配置后，修改每台服务器 HBase 安装目录下的 conf/regionservers 文件，修改内容如下：

```
hbase-1
hbase-2
```

上述配置表明，HBase RegionServer 运行在 HBase-1、HBase-2 两台服务器上。

3) 配置 ZooKeeper

全分布模式的 HBase 集群需要 ZooKeeper 实例才能运行，而且所有的 HBase 节点都要能够与 ZooKeeper 实例通信。默认情况下，HBase 自身维护着一组 ZooKeeper 实例，但用户也可以配置独立的 ZooKeeper 实例，这样可以使 HBase 系统更加健壮。

要使用独立的 ZooKeeper 实例，需要修改配置文件 conf/hbase-env.sh，更改其中 HBASE_ MANAGES_ZK 变量的值，该变量的默认值为 true，若将其修改为 false，则意味着不使用默认的 ZooKeeper 实例。

本例中使用 HBase 默认的 ZooKeeper 实例。首先，修改配置文件 conf/hbase-env.sh，修改内容如下：

```
export HBASE_MANAGES_ZK=true
```

然后，修改配置文件 conf/hbase-site.xml，修改内容如下：

```
<configuration>
<property>
<name>hbase.zookeeper.quorum</name>
<value>Hbase-1,Hbase-2</value>
<description>ZooKeeper 集群服务器的位置</description>
</property>
</configuration>
```

上述配置表明：当使用默认的 ZooKeeper 实例时，HBase 将自动启动或停止 ZooKeeper 实例；而当使用独立的 ZooKeeper 实例时，则需要用户手动启动或停止 ZooKeeper 实例。

需要注意：启动时，要先启动 ZooKeeper 实例再启动 HBase；关闭时，则要先关闭 HBase，然后再关闭 ZooKeeper 实例。另外，Hadoop 集群的 NameNode 节点即为 HBase 集群的 HMaster 节点。

8.6.2　运行 HBase

HBase 有三种运行模式，不同模式下启动/停止 HBase 服务的步骤略有不同。下面分别讲解如何在三种模式下启动/停止 HBase 服务。

1. 单机模式

单机模式下，直接在终端中输入如下命令，即可启动 HBase 服务：

```
start-hbase.sh
```

启动成功后的界面如图 8-8 所示。

```
hadoop@master:~/soft/hbase-1.2.4$ ./bin/start-hbase.sh
starting master, logging to /home/hadoop/soft/hbase-1.2.4/bin/../logs/hbase-hado
op-master-master.out
Java HotSpot(TM) 64-Bit Server VM warning: ignoring option PermSize=128m; suppor
t was removed in 8.0
Java HotSpot(TM) 64-Bit Server VM warning: ignoring option MaxPermSize=128m; sup
port was removed in 8.0
```

图 8-8　启动 Hbase 服务

输入如下命令，即可停止 Hbase 服务：

```
stop-hbase.sh
```

在停止过程中，可以看到如图 8-9 所示的界面。

```
hadoop@master:~/soft/hbase-1.2.4$ ./bin/stop-hbase.sh
stopping hbase....................
```

图 8-9　停止 HBase 服务

2. 伪分布模式

HBase 在伪分布模式下的运行是基于 HDFS 的，因此在运行 HBase 之前需要先启动 HDFS，在终端上执行如下命令即可：

```
start-dfs.sh
```

3. 全分布模式

与在伪分布模式下相同，全分布模式下的 HBase 运行之前也需要保证 HDFS 已经成功启动，此时，只需在 NameNode 节点(即 HMaster 节点)上运行文件 start-hbase.sh 即可。

8.6.3　HBase Shell

HBase 为用户提供了一种非常方便的工具 HBase Shell，它支持大多数的 HBase 命令，可以高效地创建、删除及修改表，还可以向表中添加数据，或者列出表中的相关信息。

启动 HBase 后，执行如下命令，即可进入 HBase Shell：

```
hbase shell
```

成功进入后的界面如图 8-10 所示。

```
hadoop@master:~/soft/hbase-1.2.4$ bin/hbase shell
HBase Shell; enter 'help<RETURN>' for list of supported commands.
Type "exit<RETURN>" to leave the HBase Shell
Version 1.2.4, r67592f3d062743907f8c5ae00dbbe1ae4f69e5af, Tue Oct 25 18:10:20 CD
T 2016

hbase(main):001:0>
```

图 8-10　HBase Shell 界面

进入 HBase Shell 后，执行 help 命令，可获取对 HBase Shell 所支持命令的基本介绍，如表 8-4 所示。

表 8-4　HBase Shell 支持的命令

HBase Shell 命令	描　述	HBase Shell 命令	描　述
alter	修改列族(Column Family)模式	get	获取行或单元(Cell)的值
count	统计表中行的数量	incr	增加指定表、行或列的值
create	创建表	list	列出 HBase 中存在的所有表
describe	显示表相关的详细信息	put	向指向的表单元添加值
delete	删除指定对象的值(可以为表、行、列对应的值，也可以指定时间戳的值)	tools	列出 HBase 所支持的工具
deleteall	删除指定行的所有元素值	scan	通过对表的扫描来获取对应的值
disable	使表无效	status	返回 HBase 集群的状态信息
drop	删除表	shutdown	关闭 HBase 集群(与 exit 不同)
enable	使表有效	truncate	重新创建指定表
exists	测试表是否存在	version	返回 HBase 版本信息
exit	退出 HBase Shell		

注意，shutdown 命令与 exit 命令是不同的：shutdown 命令的作用是关闭 HBase 服务，必须重新启动 HBase 才可以恢复服务；而 exit 命令只是退出 HBase Shell，退出之后还可以重新进入。

下面详细介绍常用的 HBase 命令及其使用方法。

1) create

使用表名和列族信息来创建表，各列族之间用逗号分隔，格式如下：

```
hbase> create 't1', {NAME => 'f1', VERSIONS => 5}
hbase> create 't2', {NAME => 'f1'}, {NAME => 'f2'}, {NAME => 'f3'}
```

上面的命令也可以简写为以下格式：

```
hbase> create 't2', 'f1', 'f2', 'f3'
```

"=>"箭头左侧为参数变量，右侧为参数对应的值；NAME 表示列族的名称；VERSIONS 表示数据保存的版本数(每更新一次数据即为一个版本)；TTL 表示过期时间(单位为秒)。

2) list

列出 HBase 中的所有表。

3) put

向指定的 HBase 表单元添加值。例如，向表 t1 的行 r1、列 f1:1 添加值 v1，命令如下：

```
hbase> put 't1','r1','f1:1','v1'
```

4) scan

获取指定表的相关信息，与 create 命令类似，可以通过以逗号间隔的命令来指定扫描参数。

例如，获取表 t1 的所有值，命令如下：

hbase> scan 't1'

获取表 t1 的 f1 列的所有值，命令如下：

hbase> scan 't1', {COLUMNS=>'f1'}

获取表 t1 的 f1 列的第一行的值，命令如下：

hbase>scan 't1', {COLUMNS=>'f1', LIMIT=>1}

5）get

获取行或者单元的值，可以指定表名、行值、可选的列值和时间戳。

例如，获取表 t1 行 r1 的值，命令如下：

hbase> get 't1','r1'

获取表 t1 行 r1 的 f1:1 列的值，命令如下：

hbase> get 't1','r1',{COLUMN=>'f1:1'}

需要注意的是，COLUMN 和 COLUMNS 是不同的：scan 命令中的 COLUMNS 参数指定的是表的列族，而 get 命令中的 COLUMN 参数指定的是特定的列，COLUMN 参数的值实质上为"列族+：+列修饰符"。

另外，在 Shell 中，常量外面不加引号，但二进制的值需要外加双引号，其他值则需要外加单引号。可以在 Shell 中执行 Object.constants 命令来查看 HBase Shell 的常量。

下面来看一个使用 HBase Shell 的具体例子。首先，创建表并插入数据，如图 8-11 所示。

```
hbase(main):007:0> create 'test', 'c1', 'c2'
0 row(s) in 1.2410 seconds

=> Hbase::Table - test
hbase(main):008:0> list
TABLE
t1
t2
t3
t4
test
5 row(s) in 0.0190 seconds

=> ["t1", "t2", "t3", "t4", "test"]
hbase(main):009:0> put
put    putc    puts
hbase(main):009:0> put'test','r1','c1:1','value1-1/1'
0 row(s) in 0.0910 seconds

hbase(main):010:0> put 'test', 'r1','c1:2','value1-1/2'
0 row(s) in 0.0210 seconds

hbase(main):011:0> put 'test', 'r1','c1:3','value1-1/3'
0 row(s) in 0.0150 seconds

hbase(main):012:0> put 'test', 'r1','c2:1','value1-2/1'
0 row(s) in 0.0160 seconds

hbase(main):013:0> put 'test', 'r1','c2:2','value1-2/2'
0 row(s) in 0.0210 seconds

hbase(main):014:0> put 'test', 'r2','c1:1','value2-1/1'
0 row(s) in 0.0160 seconds

hbase(main):015:0> put 'test', 'r2','c2:1','value2-2/1'
```

图 8-11 创建表并插入数据

然后，查看数据并删除表，最后退出 Shell，如图 8-12 所示。

```
hbase(main):001:0> scan 'test'
ROW                 COLUMN+CELL
 r1                 column=c1:1, timestamp=1482188188098, value=value1-1/1
 r1                 column=c1:2, timestamp=1482188202702, value=value1-1/2
 r1                 column=c1:3, timestamp=1482188218654, value=value1-1/3
 r1                 column=c2:1, timestamp=1482188231553, value=value1-2/1
 r1                 column=c2:2, timestamp=1482188253163, value=value1-2/2
 r2                 column=c1:1, timestamp=1482188263064, value=value2-1/1
2 row(s) in 0.4530 seconds

hbase(main):002:0> get 'test', 'r1',{COLUMN=>'c2:2'}
COLUMN              CELL
 c2:2               timestamp=1482188253163, value=value1-2/2
1 row(s) in 0.0710 seconds

hbase(main):003:0> disable 'test'
0 row(s) in 2.3700 seconds

hbase(main):004:0> drop 'test'
0 row(s) in 1.2800 seconds

hbase(main):005:0> exit
hadoop@master:~/soft/hbase-1.2.4$
```

图 8-12　查看数据、删除表及退出 Shell

8.7　HBase 的访问接口

HBase 客户端可以选择多种方式与 HBase 集群交互，最常用的方式为 Java API，除此之外还有 Rest 和 Thrift 接口。

1）Java API

HBase 是由 Java 编写的，因此最常选用的交互方式即为 Java API。用户可以通过 Java API 接口与 HBase 交互，并执行增、删、改、查等操作。

2）Rest 和 Thrift 接口

HBase 还支持 Rest(Representation State Transfer)，一种满足客户端和服务器之间的无状态条件的交互接口。

Thrift 接口一般用来进行可扩展的、跨语言服务的开发，它能够提供将 C++、Java、Go、Python、PHP 和 Ruby 等多种编程语言无缝结合的高效服务。

8.7.1　HBase Java API 介绍

主要 Java API 相关类与 HBase 数据模型的对应关系如表 8-5 所示。

表 8-5　Java API 相关类与 HBase 数据模型的对应关系

Java API 类	HBase 数据模型
HBaseAdmin	数据库(DataBase)
HBaseConfiguration	
HTable	表(Table)
HTableDescriptor	列族(Column Family)
Put	列修饰符(Column Qualifier)
Get	
Scanner	

1. HBaseConfiguration

关系：org.apache.hadoop.hbase.HBaseConfiguration。

作用：对 HBase 进行配置，如表 8-6 所示。

表 8-6　HBaseConfiguration 类的函数

返回值	函　　数	描　　述
void	addResource(Path file)	使用给定路径所指的文件来添加资源
void	clear()	清空所有已设置的属性
string	get(String name)	获取属性名对应的值
String	getBoolean(String name, boolean defaultValue)	获取 boolean 类型的属性值，如果其属性值类型不为 boolean，则返回默认类型的属性值
void	set(String name, String value)	通过属性名来设置值
void	setBoolean(String name, boolean value)	设置 boolean 类型的属性值

用法示例如下：

```
HBaseConfiguration hconfig = new HBaseConfiguration();
hconfig.set("hbase.zookeeper.property.clientPort","2181");
```

上述代码中，使用 set 方法将"hbase.zookeeper.property.clientPort"的端口号设置为 2181。一般情况下，HBaseConfiguration 会使用构造函数进行初始化，然后再使用其他方法。

2. HBaseAdmin

关系：org.apache.hadoop.hbase.client.HBaseAdmin。

作用：提供一个管理 HBase 数据库中表信息的接口，其提供的方法包括创建表、删除表、列出表项、使表有效或无效以及添加或删除表列族成员等，如表 8-7 所示。

表 8-7　HBaseAdmin 类的函数

返回值	函　　数	描　　述
void	addColumn(String tableName, HColumnDescriptor column)	向一个已经存在的表添加列
	checkHBaseAvailable(HBaseConfiguration conf)	静态函数，查看 HBase 是否处于运行状态
	createTable(HTableDescriptor desc)	创建一个表，并且同步操作
	deleteTable(byte[] tableName)	删除一个已经存在的表
	enableTable(byte[] tableName)	使表处于有效状态
	disableTable(byte[] tableName)	使表处于无效状态
HTableDescriptor[]	listTables()	列出所有用户控件表项
void	modifyTable(byte[] tableName, HTableDescriptor htd)	修改表的模式，为异步操作，可能需要花费一定的时间
boolean	tableExists(String tableName)	检查表是否存在

用法示例如下：

```
HBaseAdmin admin = new HBaseAdmin(config);
admin.disableTable("tablename");
```

3．HTableDescriptor

关系：org.apache.hadoop.hbase.HTableDescriptor。

作用：描述表的名字及其对应的表的列族，如表 8-8 所示。

表 8-8　HTableDescriptor 类的函数

返回值	函　　数	描　　述
void	addFamily(HColumnDescriptor)	添加一个列族
HColumnDescriptor	removeFamily(byte[] column)	移除一个列族
byte[]	getName()	获取表的名字
byte[]	getValue(byte[] key)	获取属性的值
void	setValue(String key, String value)	设置属性的值

用法示例如下：

```
HTableDescriptor htd = new HTableDescriptor(table);
htd.addFamily(new HColumnDescriptor("family"));
```

上述代码通过创建一个 HColumnDescriptor 实例，为 HTableDescriptor 添加了一个名为"family"的列族。

4．HColumnDescriptor

关系：org.apache.hadoop.hbase.HColumnDescriptor。

作用：维护列族的有关信息，例如版本号，压缩设置等，通常在创建表或者为表添加列族的时候使用。注意，列族被创建后不能直接修改，只能删除然后重新创建，列族被删除的时候，列族里面的数据也会同时被删除，如表 8-9 所示。

表 8-9　HColumnDescriptor 类的函数

返回值	函　　数	描　　述
byte[]	getName()	获取列族的名字
byte[]	getValue(byte[] key)	获取对应的属性的值
void	setValue(String key, String value)	设置对应的属性的值

用法示例如下：

```
HTableDescriptor htd = new HTableDescriptor(tablename);
HColumnDescriptor col = new HColumnDescriptor("content:");
htd.addFamily(col);
```

上述代码添加了一个名为"content"的列族。

5．HTable

关系：org.apache.hadoop.hbase.client.HTable。

作用：与 HBase 表直接通信，对更新操作来说是非线程安全的，如表 8-10 所示。

表 8-10　HTable 类的函数

返回值	函　数	描　述
void	checkAdnPut(byte[] row, byte[] family, byte[] qualifier, byte[] value, Put put)	自动检查列 row/family/qualifier 是否与给定的值匹配
void	close()	释放所有的资源或挂起内部缓冲区中的更新
boolean	exists(Get get)	检查 Get 实例指定的值是否在 HTable 的列中
Result	get(Get get)	获取指定行的某些单元格所对应的值
byte[][]	getEndKeys()	获取当前已打开的表每个区域的结束键值
ResultScanner	getScanner(byte[] family)	获取当前给定列族的 Scanner 实例
HTableDescriptor	getTableDescriptor()	获取当前表的 HTableDescriptor 实例
byte[]	getTableName()	获取表名
static boolean	isTableEnabled(HBaseConfiguration conf, String tableName)	检查表是否有效
void	put(Put put)	向表中添加值

用法示例如下：

```
HTable table = new HTable(conf, Bytes.toBytes(tablename));
ResultScanner scanner =  table.getScanner(family);
```

6. Put

关系：org.apache.hadoop.hbase.client.Put。

作用：对单个行执行添加操作，如表 8-11 所示。

表 8-11　Put 类的函数

返回值	函　数	描　述
Put	add(byte[] family, byte[] qualifier, byte[] value)	将指定的列和对应的值添加到 Put 实例中
Put	add(byte[] family, byte[] qualifier, long ts, byte[] value)	将指定的列、对应的值及时间戳添加到 Put 实例中
byte[]	getRow()	获取 Put 实例的行
RowLock	getRowLock()	获取 Put 实例的行锁
long	getTimeStamp()	获取 Put 实例的时间戳
boolean	isEmpty()	检查 familyMap 是否为空
Put	setTimeStamp(long timeStamp)	设置 Put 实例的时间戳

用法示例如下：

```
HTable table = new HTable(conf,Bytes.toBytes(tablename));
Put p = new Put(brow);//为指定行创建一个 Put 操作
p.add(family,qualifier,value);
table.put(p);
```

7. Get

关系：org.apache.hadoop.hbase.client.Get。

作用：获取单个行的相关信息，如表 8-12 所示。

表 8-12 Get 类的函数

返回值	函　数	描　述
Get	addColumn(byte[] family, byte[] qualifier)	获取指定列族和列修饰符对应的列
Get	addFamily(byte[] family)	通过指定的列族获取其对应的所有列
Get	setTimeRange(long minStamp,long maxStamp)	获取指定区间的列的版本号
Get	setFilter(Filter filter)	当执行 Get 操作时，设置服务器端的过滤器

用法示例如下：

```
HTable table = new HTable(conf, Bytes.toBytes(tablename));
Get g = new Get(Bytes.toBytes(row));
```

8. Result

关系：org.apache.hadoop.hbase.client.Result。

作用：存储 Get 或者 Scan 操作后获取的表的单行值，使用此命令，可直接获取值或者各种 Map 结构(键值对)，如表 8-13 所示。

表 8-13　Result 类的函数

返回值	函　数	描　述
boolean	containsColumn(byte[] family, byte[] qualifier)	检查指定的列是否存在
NavigableMap<byte[],byte[]>	getFamilyMap(byte[] family)	获取对应列族所包含的修饰符与值的键值对
byte[]	getValue(byte[] family, byte[] qualifier)	获取对应列的最新值

9. ResultScanner

关系：org.apache.hadoop.hbase.client.ResultScanner。

作用：客户端获取值的接口，如表 8-14 所示。

表 8-14　ResultScanner 类的函数

返回值	函　数	描　述
void	close()	关闭 Scanner 并释放分配给它的资源
Result	next()	获取下一行的值

8.7.2　HBase Java API 程序示例

　　下面学习一个简单的 HBase Java API 程序示例，以便对 Java API 的使用方法及特点有更深入的认识，示例代码如下：

```java
package hbase;

import java.io.IOException;

import org.apache.hadoop.conf.Configuration;
import org.apache.hadoop.hbase.HBaseConfiguration;
import org.apache.hadoop.hbase.HColumnDescriptor;
import org.apache.hadoop.hbase.HTableDescriptor;
import org.apache.hadoop.hbase.KeyValue;
import org.apache.hadoop.hbase.client.Delete;
import org.apache.hadoop.hbase.client.Get;
import org.apache.hadoop.hbase.client.HBaseAdmin;
import org.apache.hadoop.hbase.client.HTable;
import org.apache.hadoop.hbase.client.Put;
import org.apache.hadoop.hbase.client.Result;
import org.apache.hadoop.hbase.client.ResultScanner;
import org.apache.hadoop.hbase.client.Scan;
import org.apache.hadoop.hbase.util.Bytes;

public class HBaseTestCase {
    // 声明静态配置
    static Configuration conf = null;
    static {
        conf = HBaseConfiguration.create();
        System.out.println(conf.get("hbase.zookeeper.quorum"));
        System.out.println(conf.get("hbase.rootdir"));
    }

    /*
     * 创建表
     *
     * @tableName 表名
     *
     * @family 列族列表
```

```
    */
    public   void creatTable(String tableName, String[] family)
            throws Exception {
        HBaseAdmin admin = new HBaseAdmin(conf);
        HTableDescriptor desc = new HTableDescriptor(tableName);
        for (int i = 0; i < family.length; i++) {
            desc.addFamily(new HColumnDescriptor(family[i]));
        }
        if (admin.tableExists(tableName)) {
            System.out.println("table Exists!");
          // System.exit(0);
        } else {
            admin.createTable(desc);
            System.out.println("create table Success!");
        }
    }


    /*
     * 为表添加数据(适合知道有多少列族的固定表)
     *
     * @rowKey rowKey
     *
     * @tableName 表名
     *
     * @column1 第一个列族列表
     *
     * @value1 第一个列的值的列表
     *
     * @column2 第二个列族列表
     *
     * @value2 第二个列的值的列表
     */
    public   void addData(String rowKey, String tableName,
            String[] column1, String[] value1, String[] column2, String[] value2)
            throws IOException {
        Put put = new Put(Bytes.toBytes(rowKey));// 设置 rowkey
        HTable table = new HTable(conf, Bytes.toBytes(tableName));// HTabel 负责跟记录相关的操作如增删
改查等//
                                                        // 获取表
        HColumnDescriptor[] columnFamilies = table.getTableDescriptor() // 获取所有的列族
```

```
            .getColumnFamilies();

    for (int i = 0; i < columnFamilies.length; i++) {
        String familyName = columnFamilies[i].getNameAsString(); // 获取列族名
        if (familyName.equals("article")) { // article 列族 put 数据
            for (int j = 0; j < column1.length; j++) {
                put.add(Bytes.toBytes(familyName),
                        Bytes.toBytes(column1[j]), Bytes.toBytes(value1[j]));
            }
        }
        if (familyName.equals("author")) { // author 列族 put 数据
            for (int j = 0; j < column2.length; j++) {
                put.add(Bytes.toBytes(familyName),
                        Bytes.toBytes(column2[j]), Bytes.toBytes(value2[j]));
            }
        }
    }
    table.put(put);
    System.out.println("add data Success!");
}

/*
 * 根据 rowkey 查询
 *
 * @rowKey rowKey
 *
 * @tableName 表名
 */
public   Result getResult(String tableName, String rowKey)
        throws IOException {
    Get get = new Get(Bytes.toBytes(rowKey));
    HTable table = new HTable(conf, Bytes.toBytes(tableName));// 获取表
    Result result = table.get(get);
    for (KeyValue kv : result.list()) {
        System.out.println("family:" + Bytes.toString(kv.getFamily()));
        System.out
                .println("qualifier:" + Bytes.toString(kv.getQualifier()));
        System.out.println("value:" + Bytes.toString(kv.getValue()));
        System.out.println("Timestamp:" + kv.getTimestamp());
        System.out.println("-----------------------------------------");
```

```
    }
    return result;
}


/*
 * 遍历查询 hbase 表
 *
 * @tableName 表名
 */
public   void getResultScann(String tableName) throws IOException {
    Scan scan = new Scan();
    ResultScanner rs = null;
    HTable table = new HTable(conf, Bytes.toBytes(tableName));
    try {
        rs = table.getScanner(scan);
        for (Result r : rs) {
            for (KeyValue kv : r.list()) {
                System.out.println("row:" + Bytes.toString(kv.getRow()));
                System.out.println("family:"
                        + Bytes.toString(kv.getFamily()));
                System.out.println("qualifier:"
                        + Bytes.toString(kv.getQualifier()));
                System.out
                        .println("value:" + Bytes.toString(kv.getValue()));
                System.out.println("timestamp:" + kv.getTimestamp());
                System.out
                        .println("--------------------------------------");
            }
        }
    } finally {
        rs.close();
    }
}


/*
 * 遍历查询 hbase 表
 *
 * @tableName 表名
 */
public void getResultScann(String tableName, String start_rowkey,
```

```
            String stop_rowkey) throws IOException {
        Scan scan = new Scan();
        scan.setStartRow(Bytes.toBytes(start_rowkey));
        scan.setStopRow(Bytes.toBytes(stop_rowkey));
        ResultScanner rs = null;
        HTable table = new HTable(conf, Bytes.toBytes(tableName));
        try {
            rs = table.getScanner(scan);
            for (Result r : rs) {
                for (KeyValue kv : r.list()) {
                    System.out.println("row:" + Bytes.toString(kv.getRow()));
                    System.out.println("family:"
                            + Bytes.toString(kv.getFamily()));
                    System.out.println("qualifier:"
                            + Bytes.toString(kv.getQualifier()));
                    System.out
                            .println("value:" + Bytes.toString(kv.getValue()));
                    System.out.println("timestamp:" + kv.getTimestamp());
                    System.out
                            .println("------------------------");
                }
            }
        } finally {
            rs.close();
        }
    }

/*
 * 查询表中的某一列
 *
 * @tableName 表名
 *
 * @rowKey rowKey
 */
public void getResultByColumn(String tableName, String rowKey,
        String familyName, String columnName) throws IOException {
    HTable table = new HTable(conf, Bytes.toBytes(tableName));
    Get get = new Get(Bytes.toBytes(rowKey));
    get.addColumn(Bytes.toBytes(familyName), Bytes.toBytes(columnName)); // 获取指定列族和列修饰
符对应的列
```

```
        Result result = table.get(get);
        for (KeyValue kv : result.list()) {
            System.out.println("family:" + Bytes.toString(kv.getFamily()));
            System.out
                    .println("qualifier:" + Bytes.toString(kv.getQualifier()));
            System.out.println("value:" + Bytes.toString(kv.getValue()));
            System.out.println("Timestamp:" + kv.getTimestamp());
            System.out.println("-----------------------------------------");
        }
    }

    /*
     * 更新表中的某一列
     *
     * @tableName 表名
     *
     * @rowKey rowKey
     *
     * @familyName 列族名
     *
     * @columnName 列名
     *
     * @value 更新后的值
     */
    public void updateTable(String tableName, String rowKey,
            String familyName, String columnName, String value)
            throws IOException {
        HTable table = new HTable(conf, Bytes.toBytes(tableName));
        Put put = new Put(Bytes.toBytes(rowKey));
        put.add(Bytes.toBytes(familyName), Bytes.toBytes(columnName),
                Bytes.toBytes(value));
        table.put(put);
        System.out.println("update table Success!");
    }

    /*
     * 查询某列数据的多个版本
     *
     * @tableName 表名
     *
```

```
 * @rowKey rowKey
 *
 * @familyName 列族名
 *
 * @columnName 列名
 */
public void getResultByVersion(String tableName, String rowKey,
        String familyName, String columnName) throws IOException {
    HTable table = new HTable(conf, Bytes.toBytes(tableName));
    Get get = new Get(Bytes.toBytes(rowKey));
    get.addColumn(Bytes.toBytes(familyName), Bytes.toBytes(columnName));
    get.setMaxVersions(5);
    Result result = table.get(get);
    for (KeyValue kv : result.list()) {
        System.out.println("family:" + Bytes.toString(kv.getFamily()));
        System.out
                .println("qualifier:" + Bytes.toString(kv.getQualifier()));
        System.out.println("value:" + Bytes.toString(kv.getValue()));
        System.out.println("Timestamp:" + kv.getTimestamp());
        System.out.println("-------------------------------------------");
    }
    /*
     * List<?> results = table.get(get).list(); Iterator<?> it =
     * results.iterator(); while (it.hasNext()) {
     * System.out.println(it.next().toString()); }
     */
}

/*
 * 删除指定的列
 *
 * @tableName 表名
 *
 * @rowKey rowKey
 *
 * @familyName 列族名
 *
 * @columnName 列名
 */
public void deleteColumn(String tableName, String rowKey,
```

```
            String falilyName, String columnName) throws IOException {
        HTable table = new HTable(conf, Bytes.toBytes(tableName));
        Delete deleteColumn = new Delete(Bytes.toBytes(rowKey));
        deleteColumn.deleteColumns(Bytes.toBytes(falilyName),
                Bytes.toBytes(columnName));
        table.delete(deleteColumn);
        System.out.println(falilyName + ":" + columnName + "is deleted!");
    }

    /*
     * 删除指定的列
     *
     * @tableName 表名
     *
     * @rowKey rowKey
     */
    public void deleteAllColumn(String tableName, String rowKey)
            throws IOException {
        HTable table = new HTable(conf, Bytes.toBytes(tableName));
        Delete deleteAll = new Delete(Bytes.toBytes(rowKey));
        table.delete(deleteAll);
        System.out.println("all columns are deleted!");
    }

    /*
     * 删除表
     *
     * @tableName 表名
     */
    public void deleteTable(String tableName) throws IOException {
        HBaseAdmin admin = new HBaseAdmin(conf);
        admin.disableTable(tableName);
        admin.deleteTable(tableName);
        System.out.println(tableName + "is deleted!");
    }

    public static void main(String[] args) throws Exception {

        // 创建表
        String tableName = "blog2";
```

```
String[] family = { "article", "author" };

HBaseTestCase instance = new HBaseTestCase();

instance.creatTable(tableName, family);

// 为表添加数据

String[] column1 = { "title", "content", "tag" };
String[] value1 = {
        "Head First HBase",
        "HBase is the Hadoop database. Use it when you need random, realtime read/write access to your
Big Data.",
        "Hadoop,HBase,NoSQL" };
String[] column2 = { "name", "nickname" };
String[] value2 = { "nicholas", "lee" };

instance.addData("rowkey1", "blog2", column1, value1, column2, value2);
instance.addData("rowkey2", "blog2", column1, value1, column2, value2);
instance.addData("rowkey3", "blog2", column1, value1, column2, value2);

// 遍历查询
instance.getResultScann("blog2", "rowkey4", "rowkey5");
// 根据 rowkey 范围遍历查询
instance.getResultScann("blog2", "rowkey4", "rowkey5");

// 查询
instance.getResult("blog2", "rowkey1");

// 查询某一列的值
instance.getResultByColumn("blog2", "rowkey1", "author", "name");

// 更新列
instance.updateTable("blog2", "rowkey1", "author", "name", "bin");

// 查询某一列的值
instance.getResultByColumn("blog2", "rowkey1", "author", "name");

// 查询某列的多版本
instance.getResultByVersion("blog2", "rowkey1", "author", "name");
```

```
    // 删除一列
    instance.deleteColumn("blog2", "rowkey1", "author", "nickname");

    // 删除所有列
    instance.deleteAllColumn("blog2", "rowkey1");

    // 删除表
    instance. deleteTable("blog2");

    }
}
```

　　由上述代码可知，该程序首先创建了一个默认的 HBase 配置实例 Configuration，该实例会自动读取 Java 工程的 bin 目录下的配置文件，如 hbase-site.xml 等；然后通过 HBaseAdmin 接口，对现有的数据库进行管理；接着通过 HTableDescriptor(指定表相关信息)和 HcolumnDescriptor(指定表内列族相关信息)，创建了一个 HBase 数据库，并设置其拥有的列族成员，再通过 HTable 实例及其方法给这个刚创建的数据库添加值；最后，通过 HTable 实例及其相关方法获取现有数据库表中的值。

本 章 小 结

◇ HBase 是一个分布式的、面向列的开源数据库，该技术来源于 Google 公司发表的论文《BigTable：一个结构化数据的分布式存储系统》。

◇ HBase 采用 Master/Slave 架构搭建集群，它隶属于 Hadoop 生态系统，由三种类型的节点组成——HMaster 节点、HRegionServer 节点、ZooKeeper 集群，在底层则将数据存储于 HDFS 中。

◇ HBase-Hadoop Database 是一个高性能、高可靠、面向列、可伸缩的分布式存储系统，使用 HBase 技术，可以在廉价的 PC 服务器上搭建起大规模结构化存储集群。

◇ HBase 是一个类似 BigTable 的分布式数据库，大部分特性与 BigTable 相同，是一个稀疏的、长期存储的(存在硬盘上)、多维度的、排序的映射表，这张表的索引是行关键字、列关键字和时间戳，每个值都是一个字符数组，数据都是字符串，没有其他数据类型。

◇ HBase 有三种运行模式：单机模式、伪分布模式和全分布模式。

◇ HBase 客户端可以选择多种方式与 HBase 集群交互，最常用的方式为 Java API，除此之外还有 Rest 和 Thrift 接口。

本 章 练 习

1. HBase 主要用来存储_____和_____的松散数据。

2. 在 HBase 数据模型中，存在_____、_____、_____三个重要概念。

3. HBase 存在_____、_____、_____三种运行方式。

4. 简述 HBase 和传统数据库的区别。

第 9 章　云计算与大数据安全

本章目标

- 了解云计算面临的安全威胁
- 了解云计算安全相关解决方案
- 了解大数据面临的安全威胁
- 了解不同领域的大数据安全需求
- 了解大数据安全的相关解决方案

云计算近几年来呈现迅猛的发展态势。一方面，云计算技术确实为如今的企业带来了新的业务模式，并大大提升了效率与价值；而另一方面，面对云时代所带来的利好，企业对云计算技术安全问题的担忧却从未减退。

大数据的产生使数据分析与应用更加复杂且难于管理，数据的增多亦使数据安全和隐私保护问题日渐突出，各类安全事故的频繁发生更是给企业和用户敲醒了警钟。

本章介绍云计算和大数据的安全问题，并给出相应的解决方案。

9.1 云计算安全

云计算作为一种新的计算与信息服务模式，安全问题显然是其能否真正被广大用户接受并应用的关键前提。实际上，自云计算提出并推广到现在为止，已经出现过好几起相当有影响的安全事故。

(1) 2009 年 2 月 24 日，Google 的 Gmail 电子邮箱爆发全球性故障，服务中断时间长达 4 小时。根据 Google 的解释，事故原因是在对欧洲的数据中心进行例行维护时，部分新输入的程序代码存在副作用，导致欧洲另一个资料中心过载，引发连锁效应波及其他数据中心接口，导致其他数据中心也无法正常工作，最终酿成全球性的断线。

(2) 2010 年 1 月，68 000 名 Salesforce.com 的用户经历了至少 1 小时的宕机，原因是网站自身数据中心出现"系统性错误"，导致包括备份在内的全部服务发生了短暂瘫痪的情况。

(3) 2011 年 3 月，Google Gmail 邮箱再次爆出大规模的用户数据泄漏事件，大约有15 万 Gmail 用户在周日早上发现自己的所有邮件和聊天记录被删除，部分用户发现自己的账户被重置，Google 表示受到该问题影响的用户约为用户总数的 0.08%。

(4) 2011 年 4 月 21 日凌晨，云计算服务提供商 Amazon 公司发生了史上最大规模的宕机事件。由于该公司在北弗吉尼亚州的云计算中心宕机，导致包括回答服务 Quora、新闻服务 Reddit、Hootsuite 和位置跟踪服务 Foursquare 在内的一系列服务受到了影响，因为这些服务都是依靠 Amazon 这个云计算中心提供的。

以上事件一次又一次地提醒人们：百分之百可靠的云计算服务目前还不存在。由于云计算的集中规模化信息服务方式，使得云计算系统一旦产生安全问题，其波及面之广、扩散速度之快、影响层面之深、各类问题纠缠以及相互叠加之复杂远胜于其他计算系统。当用户的业务数据以及业务处理完全依赖于远方的云服务提供商时，用户有理由问："我的数据存放得是否安全保密，云服务真的完全可依赖吗？"因此，云计算安全理所当然地成为云计算理论与应用研究关注的焦点问题。

9.1.1 云计算面临的安全威胁

如本书前文所述，云计算的四种模式有：设施即服务(IaaS)、数据即服务(DaaS)、平台即服务(PaaS)和软件即服务(SaaS)，四种服务模式各自可能遭到的攻击如下：

(1) 在 IaaS 模式下，攻击者可以发动的攻击包括：针对虚拟机管理器 VMM，通过 VMM 中驻留的恶意代码发动攻击；对虚拟机 VM 发动攻击，主要是通过 VM 发动对

VMM 及其他 VM 的攻击；通过 VM 之间的共享资源与隐藏通道发动攻击，以窃取机密数据；通过 VM 的镜像备份来发动攻击，分析 VM 镜像窃取数据；通过 VM 迁移，把 VM 迁移到自己掌控的服务器，再对 VM 发动攻击。

(2) 在 PaaS 模式下，攻击者可以通过共享资源、隐匿的数据通道，盗取同一个 PaaS 服务器中其他 PaaS 服务进程中的数据，或针对这些进程发动攻击；进程在 PaaS 服务器之间迁移时，也会被攻击者攻击；此外，由于 PaaS 模式部分建立在 IaaS、DaaS 上，所以 IaaS、DaaS 中存在的可能攻击位置，PaaS 模式也相应存在。

(3) 在 DaaS 模式下，攻击者可以通过其掌握的服务器，直接窃取用户机密数据；也可以通过索引服务，把用户的数据定位到自己掌握的服务器再窃取；同样，DaaS 模式可能依赖于 IaaS、PaaS 创建的虚拟化数据服务器，因此也可能受到上述两类攻击。

(4) 在 SaaS 模式下，除了上述三种模式中可能存在的攻击，由于 SaaS 模式可能存在于 Web 服务器易被攻击的位置，攻击者也可能针对 SaaS 的 Web 服务器发动攻击。

除了上述四种模式中存在的攻击位置外，网络也是云计算重要的攻击位置，通过网络，攻击者可以窃听网络中传递的云计算数据。

由此可见，云计算各模式中几乎各处都存在有可能被利用的攻击位置，这是由云计算的本质所决定的。与传统的并行计算、分布式计算等计算技术和计算模式相比，云计算模式的结构与技术层次更具复杂性，主要体现在以下几个方面：

(1) 虚拟化资源的迁移特性。虚拟化技术是云计算中最为重要的技术，通过虚拟化技术，云计算可以实现 SaaS、IaaS、DaaS 等多种云计算模式。虚拟化技术的应用带来了云计算与传统计算技术的一个本质性区别，就是资源的迁移特性——云计算模式可以通过虚拟化技术来实现计算资源和数据资源的动态迁移，而这一特性，特别是数据资源的动态迁移，是传统安全研究很少涉及的领域。

(2) 虚拟化资源带来的意外耦合。由于虚拟化资源的迁移特性，引发了虚拟化资源的意外耦合，即本来不可能位于同一计算环境中的资源，由于迁移而处于同一环境中，这也可能会带来新的安全问题。

(3) 资源属主所有权与管理权的分离。在云计算中，虚拟化资源动态迁移而发生所有权与管理权的分离，即资源的所有者无法直接控制资源的使用情况，这也是云计算安全研究最为重要的组成部分之一。

(4) 资源与应用的分离。在云计算模式下，PaaS 是一个重要的组成部分，其通过云计算服务商提供的应用接口来实现相应的功能，而调用应用接口来处理虚拟化的数据资源，会导致应用与资源的分离——应用来自一个服务器，资源来自另一个服务器，二者位于不同的计算环境，给云计算的安全增添了更多复杂性。

因此，通过分析云计算可能受到攻击的位置与方式，结合上述由云计算本质引发的安全问题，可以把当前有关云计算安全的研究分为三类：

(1) 云计算的数据安全。由于云计算的 DaaS 模式，使得云计算中数据成为独立的服务，包括各类远程的数据存储、备份、查询分析等数据服务，用户的数据开始逐渐离开用户的掌控，由云计算服务提供商管理，而上述资源的属主所有权与管理权，以及 DaaS 平台的安全问题都属于这类问题的研究范围之内。

(2) 云计算的虚拟化安全。显然，虚拟化的应用必然会带来各种安全问题，而且虚拟化是云计算的底层技术架构之一，PaaS、SaaS 与 IaaS 都有可能基于虚拟化的设备提供服务，因此，虚拟化技术的安全直接影响到云计算系统的整体安全。

(3) 云计算的服务传递安全。由于云计算的所有服务都是基于网络远程传递给用户的，因此，云计算服务能否在可靠的服务质量保证下，将服务完整地、保密地传递给用户，显然是云计算安全所必须要解决的问题。

9.1.2 云计算安全相关解决方案

针对云计算安全的几方面威胁，目前常用的解决方案有如下几种。

1. 云计算的数据安全解决方案

对于云计算中的数据存储安全问题，一个最有效的解决方案就是对数据采取加密的方式存储。在云环境下的加密方式可以分为两种：一种是采用对象存储加密的方式；另一种是采用卷标存储加密的方式。

云计算环境中，对象存储系统是一个文件/对象库，可以理解为文件服务器或硬盘驱动器。为了实现数据的存储加密，可以将对象存储系统配置为加密状态，即系统默认对所有数据进行加密。但若该对象存储系统是一个共享资源，即多个用户共享这个对象存储系统时，则除了将对象存储系统配置为加密状态外，单个用户还需要采用"虚拟私有存储"的技术进一步提高个人私有数据存储的安全。所谓虚拟私有存储，是由用户先对数据进行加密处理后，再上传到云环境中，而数据加密的密钥由用户自己掌握，云计算环境中的其他用户甚至是管理者都无权拥有这个密钥，这样就可以保证用户私有数据存储的安全。

数据存储安全问题的另一种解决方案是卷标存储加密。在云计算环境中，卷标被模拟为一个普通的硬件卷标，对卷标的数据存储加密可以采用两种方式：一种是对实际的物理卷标数据进行加密，由加密后的物理卷标虚拟出来的用户卷标则不加密，即用户卷标在实例化的过程中采用透明的方式完成了加/解密的过程；另一种是采用特殊的加密代理设备，将这类设备串行部署在计算实例与存储卷标或文件服务器之间，以实现加/解密，这些加密代理设备一般也是云计算环境中的虚拟设备，通过串行的方式来实现计算实例与物理存储设备之间透明的数据加/解密，其工作原理是当计算实例向物理存储设备写数据时，由加密代理设备将计算实例的数据进行加密后存储到物理存储设备中，当计算实例读取物理存储设备数据时，由加密代理将物理存储设备中的数据解密后，再将明文交给计算实例。

2. 云服务器安全解决方案

为保障云服务器的安全，云服务器中也需安装病毒防护系统，并及时升级系统补丁，但与传统服务器不同的是，在云服务器中应用的病毒防护系统和补丁系统也要相应地进行升级以适应新的环境。例如，某些病毒防护系统为在不增加系统冗余度的前提下提供更好的病毒查杀能力，提出了在一个虚拟服务器中安装病毒防护系统，而在其他系统中只安装探测引擎的模式，在系统需要提供病毒查杀服务时，由引擎将请求传递给安装病毒防护系统的服务器，从而完成病毒查杀任务。

除了外部的安全防护手段之外，云服务器上部署的操作系统自身的安全对云服务器的安全也起着至关重要的作用。目前，国外的许多云服务提供商都推出了云安全操作系统，这些系统大都具备了身份认证、访问控制、行为审计等方面的安全机制。

3．虚拟化安全解决方案

在信息安全的实践中，人们逐渐认识到：产生信息安全事故的技术原因主要是现有计算机的软、硬件结构简化，可信性差，导致资源易被非法使用。而"可信计算"概念和技术的出现和发展，正是为了从根本上解决这种基础性安全缺陷。

"可信计算"概念由工业界引入计算机系统，很快就掀起了可信计算研究和产品开发的新高潮。普通计算机没有相对封闭的运行环境，而可信计算技术则能保证从硬件、引导过程直到终端的用户体验界面和应用程序都没有被变更和篡改，从而保证计算机有"可信"的运行环境。

可信计算技术的研究为虚拟化技术的安全保障提供了解决方案。通过可信计算技术提供的可信度量、可信存储和可信报告机制，能够净化终端的计算环境，搭建终端之间的可信连接，构建诚实、互相信任的虚拟空间。可信计算技术的主要思路是：通过可信度量机制保障虚拟机的动态完整性；通过可信报告机制实现不同虚拟环境的可信互通；通过可信存储机制保障数据迁移、存储和访问控制的解决方案。

可信计算技术一方面可以实现对虚拟机的安全保障，另一方面还可以融入基于虚拟机技术的应用业务中，例如云计算等，为上层服务提供更好的安全支撑。

4．数据传输安全解决方案

云计算环境中的数据传输包括两种类型：一种是用户与云之间跨越互联网的远程数据传输；另一种是在云内部不同虚拟机之间的数据传输。为了保证云中数据传输的安全，需要在信息的传输过程中实施端到端的传输加密，具体的技术手段可以采用协议安全套接层或传输层安全协议，在云终端与云服务器、云应用服务器之间基于 SSL(Secure Socket Layer，安全套接字层)协议实现数据传输加密。

在某些安全级别要求高的应用场景，还应该尽可能地采用同态加密机制，以提高用户终端通信的安全。同态加密是指云计算平台能够在不对用户数据进行解密的情况下，直接对用户的密文数据进行处理，并返回正确的密文结果。使用同态加密技术，可以进一步提高云计算环境中用户数据传输的安全可靠性，但这种技术目前仍然处于研究阶段，尚未投入商业应用领域。

9.2 大数据安全

新兴的"大数据"实际是虚拟技术、云计算和数据中心三者使用率增加后的逻辑衍生物。大数据带来的巨大变革使我们的世界面貌焕然一新，却也给我们提出了新的挑战：我们需要管理大量不断增加的数据，需要应对数据处理格式的可变性和数据速率的不确定性，需要处理非结构化数据，也需要以具有成本效益的方式及时地利用大数据。

从另一个角度看，虽然大数据提供了一个可有效利用数据的平台，但也存在着严重的安全和合规性问题，如大量的敏感数据分布在大量节点上；极少的安全控件和审查机制；软件应用发展迅速；目前的工具和数据存取方法较为粗糙与粗暴等。

随着云的落地，相关业界开始更多地探讨大数据及大数据安全问题。大数据安全的概念很大，既包括对大数据本身的安全保护，也包括通过对大数据的搜集、整合和分析所提供的更多更好的安全情报。用户将数据上传到云或从云中下载数据时，都需要扫描和屏蔽恶意数据，在云中也需要通过定时扫描，检查和屏蔽恶意数据。

将所有的数据都存储在同一个地方，固然会使得保护数据变得更加简单，但也方便了黑客，使其目标变得更有诱惑力。大数据时代，数据量是非线性增长的，而绝大多数企业都没有专门的工具或流程来应对这种非线性增长，而数据量的不断增长，也让传统安全工具已经不再像以前那么有效。对于企业而言，安全隐患是大数据部署的重要障碍，而在过去十年，数据库活动监测技术致力于解决的也是安全方面的隐患。

9.2.1 大数据面临的安全问题

大数据面临的信息安全问题主要集中在隐私泄露、外界攻击及数据存储三个方面。

1. 隐私泄露的风险大幅度增加

事实证明，在大数据技术的背景下，由于大量数据的汇集使得其用户隐私泄露的风险逐渐增大，而用户的隐私数据被泄露后，其人身安全也有可能受到一些影响，但是，当前互联网管理实践中并没有针对隐私信息保护制定合理的标准，也就是并没有界定其隐私数据的所有权和使用权，尤其是进行很多大数据分析工作时并没有对个人隐私问题加以考虑。

2. 黑客的攻击意图更加明显

在互联网中，可以说大数据模式下的数据是更容易被攻击的，因为大数据中包含着大量的数据，而在数据较多且复杂的背景下，黑客可以更容易地检测其存在的漏洞并进行攻击，而随着数据量的增大，会吸引更多潜在的攻击者，黑客攻击成功之后也会通过突破口获取更多的数据，从而可以在一定程度上降低攻击成本，并获得更多的收益，因此，很多黑客都喜欢攻击大数据技术下的数据。

3. 存在数据安全的先天不足

大数据存储的模式也会给数据安全防护带来一些新的问题。由于大数据技术是将数据集中后存储在一起的，就有可能出现将某些生产数据放在经营数据存储位置中的这类情况，致使企业的安全受到一定的影响。此外，大数据技术的模式还会对安全控制的措施产生一定的影响，主要表现为安全防护手段的更新升级速度跟不上数据量非线性增长的步伐，因而暴露了大数据安全防护的漏洞。

可以说，云服务和大数据服务是共同发展起来的，云服务在实际运行过程中也很有可能面临着大数据所遭遇的问题，因此，在云服务处理和存储数据的过程中同样存在着无法预测的风险。鉴于云端的大数据对于犯罪分子往往具有更大的吸引力，从而引来更多的攻击，因此必须使用安全性高的云来为企业服务。

9.2.2 不同领域的大数据安全需求

在理解大数据安全的内涵并制定相应策略之前，需要先对各领域大数据的安全需求有一个全面的了解和掌握，才能分析大数据环境下的安全特征与问题。

1．互联网行业

互联网企业在应用大数据时，常会涉及到数据安全和用户隐私问题。随着电子商务与移动网络的发展，互联网企业受到的攻击比以往更为隐蔽，防止数据被损坏、篡改、泄露或窃取的任务十分艰巨；同时，由于用户隐私和商业机密涉及的技术领域繁多，机理复杂，很难有专家能贯通法理与专业技术，界定出哪部分损失是因个人隐私和商业机密的泄露而造成的，也很难界定侵权主体是基于个人目的还是企业行为。

鉴于此，互联网行业的大数据安全需求主要包括可靠的数据存储，安全的挖掘分析，严格的运营监管，以及针对用户隐私制定的安全保护标准、法律法规及行业规范等，以期保障合理利用海量数据中的商业机会，发掘商业价值。

2．电信行业

大量数据的生产、存储和分析，使得运营商在数据对外开放应用过程中面临着数据保密、用户隐私、商业合作等一系列问题。运营商需要利用企业平台、系统和工具实现数据的科学建模，确定并归类这些数据的价值。由于数据通常散乱在众多系统中，信息来源十分庞杂，因此运营商需要进行有效的数据收集与分析，保障数据的完整性和安全性。在对外合作时，运营商要能准确地将外部业务需求转换成实际的数据需求，建立完善的数据对外开放访问控制机制。在此过程中，如何有效保护用户隐私，防止企业核心数据泄露，就成为了运营商对外开展大数据应用需要考虑的重要问题。

鉴于此，电信运营商的大数据安全需求主要是确保核心数据与资源的保密性、完整性和可用性，以求在保障用户利益、体验和隐私的前提下充分发挥数据价值。

3．金融行业

金融行业的系统具有相互牵连、使用对象多样化、安全风险多方位、信息可靠性要求高、保密性要求高等特征，而且金融业对网络的安全性、稳定性要求更高，系统需要能够高速处理数据，提供冗余备份和容错功能，还要具备较好的管理能力和灵活性，以应对复杂的业务应用。虽然金融行业一直在数据安全方面追加技术研发投资，但由于金融领域业务链条的拉长、云计算模式的普及、自身系统复杂度的提升以及对数据的不当利用等因素，金融业大数据的安全风险不断增加。

鉴于此，金融行业的大数据安全需求主要集中在数据访问控制、处理算法、网络安全、数据管理和应用等方面，以期利用大数据安全技术加强金融机构的内部控制，提高金融监管和服务水平，防范和化解金融风险。

4．医疗行业

随着医疗数据日益增长，数据存储的压力也越来越大。医疗数据存储是否安全可靠，对于医院业务能否顺利开展非常重要，因为一旦系统出现故障，首先考验的就是数据的存储、灾备和恢复能力，如果数据不能迅速恢复，或者恢复不到断点，则会对医院的业务水平与患者满意度构成直接损害。同时，医疗数据还具有极强的隐私性，大多数医疗数据拥有者不愿意将数据直接提供给其他单位或个人进行研究利用，而数据处理技术和手段的有限也造成了宝贵医疗数据资源的浪费。

鉴于此，医疗行业的大数据安全需求首先强调数据的隐私性高于安全性和机密性，同时需要安全可靠的数据存储及完善的数据备份与管理机制，以帮助院方进行疾病诊疗、药物开发与管理决策，完善医院服务，提高病人满意度，降低病人流失率。

5．政府组织

大数据分析可以帮助国家构建更加安全的网络环境的潜能已被各国政府所重视。例如，美国进口安全申报委员会宣布：有六个关键性的调查结果证实，大数据分析不仅具备强大的数据分析能力，而且能够保障数据的安全性。美国国防部已经在行动中积极部署了大数据技术，利用海量数据挖掘高价值情报，以提高快速响应能力，实现决策自动化；而美国中央情报局则试图借助大数据技术，提高从大规模的复杂数字数据集当中提取知识和观点的能力，加强国家安全建设。

鉴于此，政府组织对大数据安全的需求主要包括：隐私保护的安全监管、网络环境的安全感知、大数据安全标准的制定和安全管理机制的规范等。

9.2.3　大数据安全问题解决方案

解决大数据安全问题的模型必须满足以下基本条件：
(1) 利用自动化工具，在收集数据的过程中划分数据类型。
(2) 持续分析高价值数据，对数据价值及其变化作出评估。
(3) 确保加密安全通信框架的实施。
(4) 制定相关联的数据处理策略。
基于上述条件，保障大数据安全可以采取以下几种措施。

1．对数据进行标记

大数据类型繁多、数量庞大的特性直接导致了大数据较低的价值密度，而对大数据进行分类标识，有助于从海量数据中筛选出有价值的数据，既能保证其安全性，又能实现大数据的快速运算，是一种简单、易行的安全保障措施。

2．设置用户权限

分布式系统架构应用在具有超大数据集的应用程序上时，可以对用户访问权限进行设置：首先对用户群进行划分，为不同的用户群赋予不同的最大访问权限；然后再对用户群中的具体用户进行权限设置，实现细粒度划分，不允许任何用户超过其所在用户群的最大权限。

3．强化加密系统

为保证大数据传输的安全性，需要对数据进行加密处理：对要上传的数据流，需要通过加密系统进行加密；对要下载的数据，同样要经过对应的解密系统才能查看。为此，需要在客户端和服务端分别设置一个对应的文件加/解密系统处理传输数据，同时为了增强安全性，应将密钥与加密数据分开存放，方法可借鉴 Linux 系统中的 shadow 文件(该文件实现了口令信息和账户信息的分离，在账户信息库中的口令字段只用一个"x"作为标识，不再存放口令信息)。

本 章 小 结

❖ 云计算的四种模式分别为：设施即服务(IaaS)、数据即服务(DaaS)、平台即服务(PaaS)、软件即服务(SaaS)。

❖ 相对于传统的并行计算、分布式计算等计算技术与计算模式，云计算模式的结构与技术层次更具复杂性，主要体现在四个方面：虚拟化资源的迁移特性、虚拟化资源带来的意外耦合、资源属主所有权与管理权的分离、资源与应用的分离。

❖ 云计算安全研究分为三类：云计算的数据安全、云计算的虚拟化安全、云计算的服务传递安全。

❖ 大数据面临的信息安全问题主要集中在隐私泄露、外界攻击及数据存储三个方面。

本 章 练 习

1. 云计算安全研究分为哪三类？
2. 请简述在 IaaS 模式下，攻击者可以发动的攻击手段。
3. 请列举三条可以保障大数据安全的措施。